中国北方小扁豆栽培

邢宝龙　刘小进　王小英　主编

内容简介

小扁豆是食、菜两用,兼有多种成分和用途的食用豆类作物,在我国有一定的种植传统,各地均可栽培,在中国北方有一定的种植面积和优势。本书较全面地介绍和论述了小扁豆栽培中的科研成果和生产成就。全书由 5 章组成。第一章分为 2 节,介绍了中国北方小扁豆的生产布局和种质资源。第二章有 3 节内容,撰述了小扁豆栽培的生物学基础,包括生长发育进程;环境因素(包括自然因素温度、光照、水分、栽培措施)对生长发育的影响;碳代谢、氮代谢和水分代谢等。第三章分 2 节,全面而系统地阐述了小扁豆的常规栽培技术和对环境胁迫的应对措施。第四章分为 3 节,结合小扁豆种植实际,阐述了小扁豆种植过程中的病害种类、危害和防治措施;害虫种类、危害和防治措施;杂草种类、危害和防除措施。第五章全面介绍了小扁豆的综合利用,包括小扁豆的主要化学成分和小扁豆的多方面用途两节内容。本书可供从事小扁豆种植相关的教学和科研人员参考,也可供广大读者增加对小扁豆的了解。

图书在版编目(CIP)数据

中国北方小扁豆栽培/邢宝龙,刘小进,王小英主编. —北京:气象出版社,2021.8
ISBN 978-7-5029-7485-5

Ⅰ.①中… Ⅱ.①邢… ②刘… ③王… Ⅲ.①兵豆—栽培技术 Ⅳ.①S529

中国版本图书馆 CIP 数据核字(2021)第 127377 号

Zhongguo Beifang Xiaobiandou Zaipei

中国北方小扁豆栽培

邢宝龙 刘小进 王小英 主编

出版发行:气象出版社	
地　　址:北京市海淀区中关村南大街 46 号	邮政编码:100081
电　　话:010-68407112(总编室) 010-68408042(发行部)	
网　　址:http://www.qxcbs.com	E-mail:qxcbs@cma.gov.cn
责任编辑:王元庆	终　　审:吴晓鹏
责任校对:张硕杰	责任技编:赵相宁
封面设计:地大彩印设计中心	
印　　刷:北京建宏印刷有限公司	
开　　本:787 mm×1092 mm 1/16	印　　张:10.25
字　　数:262 千字	
版　　次:2021 年 8 月第 1 版	印　　次:2021 年 8 月第 1 次印刷
定　　价:52.00 元	

本书如存在文字不清、漏印以及缺页、倒页、脱页等,请与本社发行部联系调换。

本书编委会

策　划　曹广才（中国农业科学院作物科学研究所）
主　编　邢宝龙（山西农业大学高寒区作物研究所）
　　　　　　刘小进（延安市农业科学研究所）
　　　　　　王小英（榆林市农业科学研究院）
副主编（以作者姓名的汉语拼音排序）：
　　　　　　冯　钰（山西农业大学高寒区作物研究所）
　　　　　　李振姣（榆林市农业科学研究院）
　　　　　　李　倩（延安市农业科学研究所）
　　　　　　刘　飞（山西农业大学高寒区作物研究所）
　　　　　　谭爱萍（延安市农业科学研究所）
　　　　　　王桂梅（山西农业大学高寒区作物研究所）
　　　　　　王　孟（榆林市农业科学研究院）
编　委（以作者姓名的汉语拼音排序）：
　　　　　　丁　婉（山西农业大学高寒区作物研究所）
　　　　　　杜　娟（延安市农业科学研究所）
　　　　　　封　伟（延安市农业科学研究所）
　　　　　　郝爱静（山西农业大学高寒区作物研究所）
　　　　　　李海涛（延安市农业科学研究所）
　　　　　　李霄峰（山西农业大学高寒区作物研究所）
　　　　　　刘冠男（山西农业大学高寒区作物研究所）
　　　　　　刘支平（山西农业大学高寒区作物研究所）
　　　　　　马　涛（山西农业大学高寒区作物研究所）
　　　　　　强羽竹（榆林市农业科学研究院）
　　　　　　任春喜（富县果业技术推广和营销服务中心）
　　　　　　王　斌（榆林市农业科学研究院）

王金明(延安市农业科学研究所)
杨　芳(山西农业大学高寒区作物研究所)
杨　霞(延安市农业科学研究所)
殷　霞(延安市农业科学研究所)
张　强(延安市农业科学研究所)

作者分工

前　言 ……………………………………………	邢宝龙

第一章

第一节 ………………………………	邢宝龙、刘　飞、马　涛
第二节 ………………………………………	刘支平、杨　芳

第二章

第一节 ………………………………	邢宝龙、丁　婉、冯　钰
第二节 ……………………………	邢宝龙、王桂梅、李霄峰
第三节 ……………………………	邢宝龙、郝爱静、刘冠男

第三章

第一节 …………………	王小英、李振姣、王　斌、王　孟、强羽竹
第二节 ………………………………	李振姣、王小英、王　斌

第四章

第一节 ………………………	李　倩、殷　霞、封　伟、张　强
第二节 ……………………………	谭爱萍、刘小进、任春喜
第三节 …………………………	谭爱萍、刘小进、任春喜、杜　娟

第五章

第一节 ………………………………	王金明、李　倩、李海涛
第二节 ………………………………	王金明、李　倩、杨　霞

全书统稿 …………………………………………	曹广才

前　言

小扁豆(Lens culinaris Medik)是野豌豆族(Viceae)小扁豆属(Lens culinaris Medikus)的一个栽培种,别名兵豆、滨豆、鸡眼豆、小金扁豆、洋扁豆等,一年生草本植物,是世界性食用豆类作物之一,也是中国重要的小宗豆类作物之一。小扁豆起源于亚洲西南部和地中海东部地区,在土耳其西部、伊拉克等地都有野生小扁豆分布。小扁豆栽培历史悠久,很早就在亚洲西部的温带地区以及希腊、意大利、埃及栽培,约在青铜器时代传播到地中海、亚洲和欧洲,后来传入西半球,遍布于美国、墨西哥、智利等地,并从印度传入中国。世界上约有40个国家栽培小扁豆,亚洲生产最多,分大粒和小粒两个亚种,欧洲南部、非洲北部和南、北美洲栽培的主要是大粒亚种,亚洲南部和欧洲东部主要是小粒亚种。

中国小扁豆种植面积不大,主要分布在山西、陕西、甘肃、河北、河南、内蒙古、云南等地区,青海等地也有零星种植。据联合国粮食及农业组织统计资料,1971—2016年,中国小扁豆种植面积有一个逐渐增加再减少的过程,单产水平逐渐增加,近年来西北地区种植面积又有增加的趋势。

小扁豆适应性广、抗逆性强、耐旱、耐瘠,生育期短,是适宜间作、套种和混种的豆科作物,也是禾谷类作物的良好前茬,是适合旱区、寒区发展的特色优势作物,在农业经济结构调整和种植业资源的合理配置中具有举足轻重的作用。

小扁豆营养价值较高,成熟的干籽粒富含蛋白质、碳水化合物、维生素和矿物质元素,常被人们加工成粉面、粉条和淀粉,或与其他谷类面粉混合做面食、糕点,并制成婴儿和病人的营养食品。其豆芽更是良好的蔬菜,嫩荚可炒食,质嫩微甜。

小扁豆鲜茎叶柔嫩,适口性好,干草营养也较高,是优质的饲草原料,荚壳也可饲用。新鲜茎叶柔软易腐烂,是优良的绿肥。

小扁豆是特色杂粮(豆)作物之一,在中西部贫困地区发展特色杂粮(豆)生产中具有地域优势、资源优势、品质优势、品牌优势等整体优势。由于种植面积相对较小,人们对其认识和熟知的程度存在一定的局限性。本书主要介绍了小扁豆在中国的生产布局、种质资源分布、小扁豆栽培的生物学基础、中国北方小扁豆栽培和小扁豆的利用等领域的研究进展和结果,并理论和实际相结合,对其进行了综合性阐述。

本书由山西农业大学高寒区作物研究所、延安市农业科学研究所、榆林市农业科学研究院的科研人员共同完成。

本书在撰写过程中,除反映作者的试验研究结果和成果外,还大量引用了同类研究的资料、结果和结论,并反映在参考文献中。

本书作者按章节署名,参考文献按章编排,以作者姓名的汉语拼音顺序排列,同一作者的文献,则按年代先后的排序。所引文献皆为在正式发行刊物上发表的文章和由出版社出版发行的书籍,未公开发表的资料不作为参考文献引用。

在本书的编写过程中,承蒙中国农业科学院作物科学研究所曹广才研究员为此书策划以及统稿等方面付出了很多精力和时间。本书的出版也得力于气象出版社的大力配合,谨致谢忱。

本书可供农业管理部门、农业院校、科研单位及小扁豆生产、加工等领域的人员参考。

本书的出版得到了"十三五"国家食用豆产业技术体系(CARS-09)及陕西省农业农村厅农业科技创新转化项目"小杂粮种质资源征集鉴定和保护利用"(NYKJ-2018-YA-01)专项资金的资助。

限于作者水平,不当之处敬请同行专家和读者指正。

邢宝龙
2020 年 11 月

目　　录

前言

第一章　中国北方小扁豆生产布局和种质资源 1
　　第一节　中国北方小扁豆生产布局 1
　　第二节　中国北方小扁豆种质资源 8
　　参考文献 18

第二章　小扁豆栽培的生物学基础 20
　　第一节　生育进程 20
　　第二节　环境因素对小扁豆生育进程的影响 28
　　第三节　小扁豆的碳、氮代谢和水分代谢 37
　　参考文献 53

第三章　中国北方小扁豆栽培 55
　　第一节　常规栽培 55
　　第二节　应对环境胁迫 78
　　参考文献 84

第四章　病、虫、草害防治与防除 87
　　第一节　病害及其防治 87
　　第二节　虫害及其防治 97
　　第三节　杂草及其防除 109
　　参考文献 123

第五章　小扁豆的利用 125
　　第一节　小扁豆主要成分 125
　　第二节　小扁豆用途 137
　　参考文献 151

第一章　中国北方小扁豆生产布局和种质资源

第一节　中国北方小扁豆生产布局

一、小扁豆的植物分类地位、形态特征和生活习性

(一) 植物分类地位

小扁豆(Lens culinaris Medik)是豆科(Leguminosae)兵豆属(Lens)一年生草本植物，别名兵豆、滨豆、鸡豌豆、小金扁豆、洋扁豆等，是一种粮食和绿肥兼用作物。据《中国植物志》记载，兵豆属植物约有5～6个种，分布于地中海地区和亚洲西部，中国只有1个栽培种。世界上约有40个国家栽培小扁豆，亚洲生产最多。中国主产于山东、山西、陕西、甘肃、河北、河南、云南、宁夏南部山区等。

小扁豆属中的所有成员都是自花授粉植物，二倍体，染色体数目为 $2n=2x=14$。该属有5个种：$L.\ ercoidesL$、$L.\ orientalisL$、$L.\ nigricansL$、$L.\ montbretiL$ 和 $L.\ culinaris\ Medic.$，只有最后一个种是栽培种。该栽培种根据种子的大小和性状又分为两个亚种：

1. 大粒亚种 $L.\ culinaris\ subsp.\ macroperma$：花较大，白色有纹，少数为浅蓝色；荚果和籽粒均大而扁，种皮浅绿色带斑点；小叶大，卵形。

2. 小粒亚种 $L.\ Culnaris\ subsp.\ Microperma$：花较小，白、紫或浅粉红色；荚果与籽粒小至中等；籽粒形状如凸透镜，种皮浅黄、黑色、花纹不一；小叶，小长条形或披针形。两者主要差别如表1-1所示。通常认为大粒亚种比小粒亚种进化程度更高。

栽培类型的单倍体染色体基因组大小为4063 Mbp。但是，杨秀英等(2000)以中国甘肃省兰州产的浅红色种皮和中国东北所产的绿色种皮小扁豆为材料，对其核型分析的研究结果表明，绿小扁豆和红小扁豆的核型公式均为 $2n=2x=16=6m+6sm+2st+2st(SAT)$，多出了一对染色体，与其他学者的研究有所差异。

表1-1　小扁豆亚种的区别(龙静宜等，1989)

项目	大粒亚种	小粒亚种
种子	大，扁平，直径6～8 mm，千粒重40～90 g，种皮浅绿或带斑点	小或中，扁圆，直径2～6 mm，千粒重10～40 g，凸透镜形，种皮浅黄至黑色，花纹不一
子叶色	黄色、橙色	红色、橙色、黄色、绿色
荚果	大，扁平，长15～20 mm	小至中，凸面，长6～15 mm
花	大，长7～9 mm，白色有纹，少有浅蓝色，花梗上着生2～3朵花	小，长4～7 mm，白色、紫色或浅粉红色，花梗上着生1～4朵花

续表

项目	大粒亚种	小粒亚种
小叶	大,卵形	小长条或披针形
株高	25～75 cm	15～35 cm
主产地区	地中海、西半球(欧美)	印度次大陆,近东、亚洲西部和东南部

小扁豆属的分类至今是有争议的,曾经历过几次修正(刘金,2008)。Ferguson 等(2000)通过同工酶和 RAPD 的实验证据对小扁豆属的分类提出了新的观点,即 *L odemensis* 和 *L. tomentosus* 降级到 *L. culinaris* 中的亚种之内,认为小扁豆属由含有 4 个种的 7 个分类群组成 *Lens culinaris* ssp. *culinaris*, *Lens culinaris* ssp. *orientalis*, *Lens culinaris* ssp. *tomentosus*, *Lens culinaris* ssp. *odemensis*, *L. ervoides*, *L. nigricans*, *L. lamotte*。然而,Galasso 利用荧光原位杂交的实验结果并不能支持 *L. tomentosus* 与 *L. culinaris* 具有密切亲缘关系的说法,建议将 *L. tomentosus* 作为一个独立的种(刘金,2008)。

(二)形态特征

小扁豆是碟形花亚科野豌豆族小扁豆属植物中的一个栽培种(图 1-1),为一年生或越年生草本植物,植株有细小绒毛或无毛,分枝多。

图 1-1 小扁豆植株形态(程须珍,2016)
1. 具叶和花絮的枝;2. 具叶和荚的枝;3. 旗瓣(侧面);4. 旗瓣;5. 翼瓣;6. 龙骨瓣;7. 雄蕊鞘和雌蕊;
8. 花柱和柱头;9. 花柱和柱头(侧面);10. 种子;11. 幼苗

1. 根 小扁豆的根属直根系,由主根、侧根和根瘤三部分组成。有三种类型:①浅根系,根深约 15 cm,侧根多,并有旺盛的根瘤;②深根系,主根细长,入土约 35 cm,侧生根少;③中间成杯类型。根瘤是小扁豆作物根上的瘤状结构,是根瘤细菌和小扁豆作物共生并进行固氮的场所。根瘤的固氮效率因品种、植株生育时期而有所不同。植株生长早期,根瘤固氮量较低,到开花时迅速增加,一般开花到籽粒形成初期固氮量达到最高点,占根瘤一生全部固氮量的 80%。到接近成熟期,固氮活性下降。在小扁豆生育期中,根瘤数、固氮量、干物质量三者的增长是一致的,呈正相关。

2. 茎 小扁豆的茎秆呈四方形,有棱,髓部中空,基部木质化,茎上有节,节上分枝,茎上的分枝数目和分枝部位因品种和环境条件而不同。按茎秆的生长特点,可分为直立型、半直立型和丛生型3种。大部分小扁豆在开花前,茎秆嫩脆,水分含量多,茎秆表皮为浅绿色,有的基部以上为紫色到浅紫色。小扁豆株高通常为30~75 cm,下部节间较短,上部节间逐渐加长。在株高约为3/4处向上,节间又开始缩短。按其生长习性可分为有限生长型和无限生长型。有限生长型的植株,在生长数节后,其生长点即分化花芽,在各茎节的腋芽,抽出若干侧枝、各侧枝也是生长数节后其生长点分化花芽,不再继续延伸,故植株矮生而为直立型。无限生长型的植株,其顶端常为叶芽,最初生长数节,节间短,仍可直立生长,其后主茎生长逐渐加快,在主茎生长的同时,其基部腋芽抽出侧枝,侧枝的顶芽通常也是叶芽,不断生长,主茎和侧枝各茎节的腋芽多数可以分化花芽。同时侧枝的腋芽还可抽出侧枝。因此,一株丛生的小扁豆植株,主茎和侧枝在一般情况下,无论是生长速度,还是生长量和结荚多少是不相上下的。小扁豆侧枝的多少因品种的分枝能力和环境条件而定。在良好的栽培条件下,分枝多,生长繁茂,生长量和结荚数常超过主茎。一般直立型植株花期较短,生长期也较短,产量较低,但适于密植和机械收割。丛生型植株一般大部分为无限结荚习性,花期较长,生长期亦较长,产量较高。

3. 叶 小扁豆作物的种子有两片肥大的子叶,其中贮藏大量营养物质,利于发芽。由于子叶下胚轴的延伸能力不同,在出苗时有子叶出土和子叶不出土两种类型。凡下胚轴能延伸的则子叶出土。子叶出土的,播种时覆土不宜太多,否则不易出苗。下胚轴不能延伸的,则子叶不出土。不出土的子叶,仅是贮藏养分的器官。当幼苗形成后子叶就失去功能而在土壤中腐烂掉。子叶不出土的,在播种时可根据气候和地墒情况适当调整播种深度。最初生成的真叶称为初生真叶。小扁豆的叶为羽状复叶,小叶多对生,极少互生。一般4~7对,最多时达14对,叶尖有的有卷须或刚毛。小叶披针形或卵形。通常有短尖,一般小叶长1~1.25 cm。小叶因品种不同颜色有差异,有浅绿色、绿色或深绿色,少数的浅绿色带有紫色。初生的第1~2片叶是单叶,随后多数为2片小叶,再后便是羽状复叶。每片小叶基部有一对叶枕,每片复叶基部有一对托叶,托叶细小,全缘。小扁豆的叶片有借助于叶柄基部叶枕薄膜组织膨压的变化而自动调节光照角度的能力。上午与光线垂直,中午与光线平行。因此平时可观察到,上午小扁豆叶片平展,中午光线强烈时,叶片合拢。因此小扁豆叶片的光合能力极强,光合作用效率较高。

4. 花 小扁豆的花是蝶形花,因品种不同,花的大小、颜色各不相同。花萼上部5裂,下部合成杯状,有两片小苞片。花冠5瓣,下方的两片边缘联合,称为龙骨瓣。龙骨瓣包被雄蕊和雌蕊。雄蕊10枚,有9枚在基部联合成管状,另一枚分离,称之为(9+1)二体雄蕊。雌蕊一枚,位于雄蕊中央。柱头短而弯曲,有茸毛,并分泌有腺体。子房周围密生茸毛,子房上位一室,内含1~2个或数个胚珠。花冠颜色因品种的不同而异,有白色、粉红色、紫色和蓝色或白色上有紫色条纹等。花冠较小,一般4~9 mm。花腋生,总状花序,花梗细,长3~6 mm,通常每个花序上有1~3朵小花。极少有每个花序着生4朵小花以上。一般每株有10~50个花序。小扁豆为自花授粉作物,但也有异花授粉现象,一般是在上午9—10时开花,如遇阴天则推迟到下午才开花,每朵花可持续开放2~3天。一般开花较多,但只有少量的花能够授粉结荚成熟。

5. 荚果 小扁豆的果实为荚果,呈长椭圆形,两侧扁,基部圆或稍带楔形,顶部短而尖,无毛,长1~2 cm,宽0.35~1 cm,每荚有种子1~2粒,少有3粒或4粒。多数花梗上只结1个荚,有的结2个荚,极少数结3~4个荚,成熟的荚黄色或褐色。荚果由一个心皮组成,荚的腹缝线由心皮的边缘结合而成,种子就着生在腹缝线上。成熟后的荚果,自然状态下一般不裂开,给一定外力则沿背缝线裂开或沿背、腹缝线两边裂开。荚果外表光滑无茸毛。

6. 种子 小扁豆的种子是真正的种子(不同于禾谷类作物的种子),由胚珠生育而成。通常无胚乳(胚乳在种子成熟过程中被胚吸收利用),种皮发育完全,种子即由种皮和胚两部分组成。小扁豆种皮在一般情况下光滑,只有在营养供应不良或其他不良环境条件下,种皮才出现网状皱缩现象。种子的形状、大小、色泽因品种的不同而有很大的差别。籽粒是典型的凸透镜形,形状有扁平形和圆扁形等类型。籽粒大小差别也很大,小粒种子一般为2~6 mm,百粒重为1~4 g。大粒种子7~9 mm,百粒重为5~9 g。种皮颜色有土灰色、褐色、棕色黑色、灰麻色、紫灰色等多种。有的种皮还有各种各样的花纹和斑点,有的种皮甚至是杂色。

小扁豆种子以种柄着生在荚缝上,种脐是种子脱离豆荚后残留的痕迹(种脐是种柄固着于胚珠的地方,种子是从这里开始发育的,种子成熟后就从这里脱离母株)。种脐的形状、颜色大小、位置因品种而异。种脐很小,几乎肉眼看不到,只能看到脐痕。脐痕位于种脐的中央,这是胚珠维管束的痕迹。种脐表面一般没有角质层,因此在种子吸水膨胀时,水分很容易从脐部渗入种子。种脐的一端有一小孔,称为珠孔(种孔),是种子发芽时胚根伸出的地方。

小扁豆种子的生活力,一般与种子所含蛋白质、脂肪的多少有关,并随着贮存年限的增加而逐渐降低。在良好的贮存条件下,小扁豆种子寿命可保持5~6年,甚至7~8年。种子含蛋白质较多,具有强烈的亲水性,需要吸附较多的水分,种子才能萌芽。

7. 花果期 花期8—9月,果期9—11月。

(三)生活习性

小扁豆在生长发育过程中,开花结荚时期较长,对外界环境条件的变化比较敏感。因此,对光照温度、水分、养分等生活条件有一定的要求。

1. 光照 小扁豆各品种在光饱和点(光强继续上升而光合强度不变时的光照强度)和光合强度(单位叶面积上干重增加的速度)上也是有区别的,如品种Large Blond需要在14~16小时光照条件下才开花,而另一品种Ancia在9~16小时光照条件下都能开花结荚。一般15~16小时光照下,小扁豆可明显提早开花,说明不同品种对光强的反应是不同的。但是在实际大田群体情况下,它们的群体光合作用产物也是随着光强增加而增加,说明小扁豆在不同程度上都是喜光的,耐阴是相对的。小扁豆根瘤菌类菌体固氮酶固氨所需的能量来自植物的光合作用所产生的糖分。据测定,类菌体每固定1 g氮,需消耗4 g以上糖,固氮和固碳是相互依存的,因而小扁豆作物般需要光照而不耐阴。

2. 温度 小扁豆适于温带和亚热带冷凉气候,在北纬15°~45°低海拔地区都有栽培。小扁豆种子在土壤温度为5℃时就能发芽,18~21℃为最适发芽温度。据国际干旱地区农业研究中心报道,冬播时气温和土温低于10℃,需要25~30天才出苗;而春播气温和土温约为20℃时,7~9天就可出苗。一般情况下,生长最适温度约24℃。温度在27℃以上,对多数品种生长不利;严寒或霜冻对其生长也有害。但不同类型小扁豆品种,对温度反应各异。张传乃等(1990)报道了小扁豆生育期与≥10℃积温的关系:营养生长期≥10℃积温为6102.5~7331.4℃·d,地区间差异是陕北>关中>陕南;生殖生长期≥10℃积温为679.3~720.2℃·d,地区间差异是陕北<关中<陕南。可见生育日数与≥10℃积温密切相关,生育期愈短,需有

效积温愈少。小扁豆开花与温度的关系：在14～22 ℃开花较多，占80.1%；10 ℃以下和26 ℃以上开花极少，甚至没有。品种间有差异，大荔小扁豆在10～26 ℃开花；彬县小扁豆在10 ℃以下还有1.1%开花，24 ℃以上不再开花。

3. 水分 小扁豆种子发芽需要吸收相当于其自身干重的水分，通常24～32小时可以吸足水分并开始萌动。小扁豆种子胀性较大，吸水膨胀后体积增加一倍以上，因此，发芽时需水较多，但播种后如水分过多，则容易引起种子腐烂而丧失发芽率。种子的吸水多少又和种子的大小、品种特性、种子来源有密切关系。一般来说，大粒种子，原产干旱地区的种子需水较多；小粒种子，生长在湿润条件下的种子，需水较少。也就是小粒的种子比大粒的种子能在更为干旱的土壤中发芽。种子消耗水分的多少，因气候条件、田间管理、生长季节长短的不同而异。在不同的发育阶段消耗的水量不同。据测定，小扁豆在开花、结荚、鼓粒至成熟时期是耗水最多的时期，也是需水的关键时期。此时必须有充足的水分供应，才能保证叶片正常进行光合作用和干物质积累，减少落花落荚，使荚粒饱满。在干旱地区或干旱季节，进行灌溉或人工降雨，尤其是人为地用有机物覆盖地面，可明显提高产量。有机物覆盖能提高土壤水分有效性，减轻水蚀和风蚀，减少水分蒸发和保持土壤水分。小扁豆作物与其他豆类作物相比，一般耐旱而不耐涝，因此多种植于干旱地区或山区，靠自然降雨或底土水分生长发育。在有条件的情况下，在开花结荚期供给足量的水分，不失为提高产量行之有效的方法。

4. 养分 据报道，对生于美国同一地区（北纬46°46′）的3个小扁豆品种测定的结果表明：每100 g小扁豆籽粒中，含有氮43 g、磷5 g、钾11.7 g、钙0.7 g、镁0.7 g和硫2 g。

（1）氮：据试验，根部能有效结瘤的小扁豆，共生固氮足以提供其生长发育所需的氮素。但在幼苗阶段，根瘤菌尚未有效固氮前，土壤中氮素又不足时，应施少量氮肥，使小扁豆得以度过"氮饥饿期"。在初次种植小扁豆或连续几年未种过小扁豆的地块上，可接种适当的根瘤菌。

（2）锌：小扁豆生长初期缺锌，在各小扁豆种植区是普遍现象。播种前，施入锌肥做基肥，可满足小扁豆需求。

（3）钼：对于促进小扁豆根瘤形成和共生固氮是必要的。

（4）硫：施用硫肥，对提高小扁豆产量和品质有良好作用。硫是含硫氨基酸的组成成分。

5. 土壤 小扁豆对土壤质地要求不严，黏土、轻壤土、冲积土等均可种植。一般要求中性或微酸性、微碱性土壤。在土壤pH为4.5～8.2的范围内均能生长，但以在微酸性（pH为5.5～6.5）土壤中生长最好。多数小扁豆品种对含有硫酸镁、氯化镁的盐渍土比含有其他盐类的盐渍土更为敏感。

冬播小扁豆，其根瘤数目在播种后90～100天时达到高峰，以后急剧下降。春播小扁豆，根瘤在出苗后35天左右时最多，到开花初期，主根上根瘤数下降。与小扁豆共生的根瘤菌是小扁豆属（*Lens rhizobium Leguminosa-rum*），但也经常感染豌豆（*Pisum* Spp.）和蚕豆（*Vicia faba*）的根瘤菌系而生成根瘤。小扁豆在黏土上种植时产量增加32%，在沙壤土上种植时产量可增加50%～90%。

总体来说，小扁豆作物比较耐瘠，但与共生的根瘤菌只有在水分适宜、通气良好的情况下才能正常地发育和进行旺盛的固氮作用。因此，疏松和保水性能良好的土壤环境条件是获取高产的必要保证。同时，要特别重视改良土壤的酸碱度，调节好土壤中各种营养元素的平衡比例。

二、中国北方小扁豆生产布局

（一）小扁豆的起源和栽培历史

据介绍，小扁豆起源于亚洲西南部和地中海东部地区。在土耳其西部和伊拉克等地都发现有野生小扁豆。早在公元前7000年—前6000年，小扁豆在西亚地区和土耳其南部已开始种植，史前传入埃及，并于新石器时代由爱琴海经多瑙河谷传入欧洲中部，到青铜器时代已广泛分布到地中海、亚洲和欧洲，后来传入美洲，在美国、墨西哥、智利等国家都有分布。

小扁豆与小麦和大麦同时被驯化。到目前为止，关于栽培小扁豆的最原始类型，仅发现于叙利亚北部。在同一地区的新石器时代早期的遗址中，鉴定出公元前9000年—前8000年间小扁豆残存物的情况有多处。

刘金等（2008a；2008b）介绍，考古学研究表明，小扁豆（Lens culinaris Medik.，$2n=2x=14$）起源于近东地区，是世界上最古老的作物之一，它与小麦和大麦同时被驯化，是种植在北非、西亚、中东、印度次大陆和北美的重要冷季作物。小扁豆是世界上第七大食用豆类作物，全世界有55个国家种植。近20年间，小扁豆已在澳大利亚、加拿大、美国种植，并发展成为重要的农业出口商品。

小扁豆栽培历史悠久，并从印度传入中国。中国小扁豆面积不大，主要分布在陕西、甘肃、宁夏、山西、内蒙古、云南等省（区），青海等地也有零星种植。小扁豆适应性广、抗逆性强，耐旱、耐瘠，生育期短，是适宜间作套种混种的豆科作物，也是禾谷类作物的良好前茬，在种植结构调整和轮作倒茬中具有重要作用。小扁豆营养价值较高，常被人们加工成粉面、粉条和淀粉，或与其他谷类面粉混合做面食、糕点，并制成婴儿和病人的营养食品，其豆芽更是良好蔬菜。

小扁豆在世界上栽培面积超过35万 hm^2，总产超过300万t。最主要的小扁豆生产地区是亚洲，占到世界种植面积的58%，其次是西亚和北非地区的一些发展中国家，占到总栽培面积的37%。小扁豆既可春播也可秋播，可与禾谷类作物间作、套种、混种，或用于填闲种植，可作为补救作物。它能忍受极其恶劣的环境条件，能在连鹰嘴豆都不能生长的环境中生长并有产量（郑卓杰等，1997）。单播时因茎秆匍匐，影响产量，常与大麦或小麦混播。一般在荚果约有三分之二呈黄褐色时收获、脱粒。主要病害有萎蔫病、根腐病和锈病等；主要害虫有蚜虫、豆象鼻虫、豆荚斑螟等。缺乏有效的根瘤菌以及根瘤受豆象幼虫侵害是小扁豆产量不高的原因之一。据世界粮农组织（FAO）统计，截至2005年，全世界小扁豆的种植面积约为525.3万亩，以世界平均产量为850 kg/hm^2 进行估算；全世界小扁豆产量约为330万t（FAOSTAT，2005）。中国小扁豆的产量近年来有所增加，1996年小扁豆总产为12万t，2005年总产达到16万t。由于小扁豆被种植在相对干旱、瘠薄的土壤里，受到生物或非生物等因素的限制，并且没有肥力投入和灌溉等措施，也只是近几年来才被重视和研究，因此在食用豆类中小扁豆单产相对极其低下（Frederick et al.，2006）。

（二）中国北方小扁豆生产布局

小扁豆是中国古老的栽培作物之一，主要分布在中西部地区。从地理位置看，主要分布于高原地区，即黄土高原、内蒙古高原、云贵高原、青藏高原等地；从自然条件看，主要分布于生态条件相对较差的高寒山区、干旱半干旱地区；从区域经济发展水平看，主要分布于经济欠发达地区,即老少边穷地区;从行政区域看,主要分布在陕西、甘肃、宁夏、山西、内蒙古、云南、西藏等地区。

中国在历史上曾大面积种植过小扁豆,20世纪80年代末至90年代初,曾是主要的出口创汇作物,近年来全国各地随着出口量的减少及农业产业结构的调整,种植面积有所减少。小扁豆大都在山区种植,多为广种薄收,粗放管理,栽培靠人,收获靠天,产品主要是自产、自用、自销,有种植而无规划,有产区而无规模,无法形成规模效益。小扁豆常与小麦、谷子、大豆、油菜等作物间、套、混种植,也有单作种植。留苗密度为4万~6万株/亩*,产量差异较大,一般单作产量约50~120 kg/亩,间、套、混种植35.33~42.67 kg/亩,但在陕西关中可达50 kg/亩;在山西北部可达60~75 kg/亩;在云南丽江可达100 kg/亩,个别年份最高可达200 kg/亩。小扁豆可春播,也可秋冬播种。在陕西的榆林、延安,甘肃的定西,宁夏的固原,山西的大同、朔州,河北的张家口,内蒙古的鄂尔多斯、乌兰察布市等地区,一般在3—4月播种,7—8月收获。在陕西的宝鸡、咸阳,甘肃的天水、平凉、庆阳,山西的临汾、运城,云南的丽江、迪庆等地区一般在10月初或11月初播种,第二年5—6月收获。

小扁豆可以忍受极其恶劣的环境条件,在年降水量少于350 mm,而且气候炎热的沙漠边缘可以生长,春播或秋播,在地中海气候条件下可在1000 m的高海拔地区种植。全世界5大洲55个国家生产小扁豆。亚洲是最主要的小扁豆生产地区,欧洲南部、非洲北部和南北美洲栽培的主要是大粒亚种,印度、阿富汗、埃及等国主要栽培的是小粒亚种,亚洲西部和欧洲东部,两个亚种都有广泛种植。

据FAO 2016年资料,世界小扁豆总播种面积为548.2万hm^2,总产量631.6万t,平均每公顷产量1152.1 kg。种植面积最大的国家加拿大为217.5万hm^2,其次印度为154.8万hm^2,大于20万hm^2的国家有土耳其、澳大利亚和尼泊尔,上述5国的种植面积占世界总种植面积的80.3%;每公顷单产超过1000 kg的国家有加拿大、土耳其、埃塞俄比亚、美国、尼泊尔和孟加拉国。

陕西、甘肃、宁夏、山西、内蒙古、云南等省(区)是中国小扁豆种植面积较大的省(区),总面积均在4万~6万hm^2,其中陕西2万hm^2,宁夏约1.48万hm^2,甘肃约2万hm^2,云南0.2万hm^2。

宁夏小扁豆种植主要分布在干旱、半干旱地区的固原、西吉、彭阳、隆德、海源、同心、盐池、中卫和贺兰山区。据资料记载,1980年1.48万hm^2,占粮食作物总面积的2.03%。其中宁南山区的固原0.24万hm^2,彭阳0.16万hm^2,西吉0.14万hm^2,同心0.26万hm^2,盐池0.22万hm^2,海源0.14万hm^2,隆德0.04万hm^2,占扁豆总面积的82%。以后随着土地承包经营,小麦面积扩大,扁豆减少,曾一度降到0.86万hm^2左右。近年来,随着种植业结构调整和市场销路看好,面积又有增长,到2004年全区小扁豆种植面积1.2万hm^2,其中山区7县1区0.86万hm^2,特别是同心长山头农场已发展成为宁夏扁豆新产区。单产最高2280 kg/hm^2,最低405 kg/hm^2,2004年全区年产量约1.8万t,约占粮食总产量的1.2%。

甘肃小扁豆种植主要分布在中部干旱地区的定西市。小扁豆常年种植面积1万hm^2左右,约占甘肃省种植面积的1/2,单产最高1595.20 kg/hm^2,最低836.58 kg/hm^2,全年总产2.8万t。

---

* 1亩≈666.67m^2。

小扁豆在山西省分布比较广泛,但种植面积较小,生产水平较低,一般产量在900～1125 kg/hm²,少数地区产量可超过1500 kg/hm²。山西省小扁豆种植面积估计在1万hm²左右,总产量约1000万kg。山西省小扁豆种植主要分布在大同盆地、晋北、晋西北地区;太原市的阳曲县、古交市、娄烦县;晋中市的寿阳县、和顺县、左权县、昔阳县等;吕梁市的离石区、中阳县、岚县、临县、石楼县等。本区特点是地多人少、耕作粗放、土地贫瘠、生产条件差。主要栽培作物是以荞麦、燕麦、谷子、马铃薯等作物为主,辅以其他小宗粮豆,是山西省小扁豆主产区。小扁豆种植面积占全省种植面积的75%～85%,一年熟。春播3月下旬到6月上旬,多窄行条播。

山西省境内的冬小麦种植区是小扁豆的夏播区。在该种植区小扁豆一般作为后茬作物。本区特点是人多地少,土地较为平整,耕作精细,是山西省冬小麦主产区。小麦收割后再播一茬小扁豆,一般在6月中旬到7月中旬播种,种植面积不大。本区盛行二年三熟制,小扁豆多为条播或撒播。

第二节　中国北方小扁豆种质资源

一、资源概况

杨秀英等(2000)采用去壁低渗火焰干燥法制备小扁豆染色体标本观察其核型。结果表明,绿小扁豆和红小扁豆的核型公式均为$2n=2x=16=6m+6sm+2st+2st(SAT)$,两种小扁豆的核型类型都是3B,染色体相对长度系数组成均为$2n=2x=16=4L+6M2+6M1+4S$,二者主要在第7号染色体臂和2号染色体大小方面有明显差异。

李云霞(2003)介绍,对引进的87份小扁豆种质资源进行鉴定评价,筛选出优异种质材料17份,其中综合农艺性状优良的有8份,抗旱性较强的有11份,丰产性状较好的有6份。其他优良性状诸如株型好、硬秆的有5份。

刘金等(2008a)从145对SSR引物中筛选到14对多态性引物,对选取国家种质库的440份小扁豆种质资源进行SSR标记遗传多样性分析,共检测出87个等位变异,平均每个SSR位点6.2143个;平均Shannon-Weaver指数(I)为1.1869。

16个不同地理来源群体间表现出显著的遗传多样性差异,国外群体的遗传多样性水平(0.9837)远高于国内群(0.3485)。PCA、UPGMA法聚类分析和Structure群体结构分析结果相互间完全吻合。440份参试材料从遗传结构上可划分为8个组群,揭示国外群体遗传分化大,群体间的亲缘关系较远;国内群体与之相反。研究结果显示,山西、宁夏和甘肃省是中国小扁豆资源遗传多样性最丰富、遗传关系较复杂的地区,应对该区域小扁豆资源进一步搜集、保护和研究;同时,应继续加强小扁豆资源的国外引种与交流,做进一步系统研究和开发利用。

刘金等(2008b)选取国家种质库保存的481份小扁豆种质资源进行形态标记遗传多样性分析,表明14个形态性状的平均变异类型达8.79个,平均遗传多样性指数(I)为1.8149。16个不同地理来源群体间显示出显著的形态标记遗传多样性差异,国外群体的遗传多样性水平略高于国内群体。国内山西小扁豆种质资源的I值(1.573)仅次于I值最高的国外ICARDA群体(1.683)。研究结果显示,西北部省份是中国小扁豆资源遗传多样性最丰富的地区,应加强该区域小扁豆资源的进一步搜集、保护和研究。Structure群体遗传结构分析将481份参试资源划分为6大组群,各组群特征表现各异,变化丰富。

其中,组群Ⅰ含有79份种质。以扁圆、扁球粒形为主,种皮图案以无种皮图案和混合型最多,紫色、浅紫色花居多。株高、单株产量、百粒重、开花至成熟日数、全生育日数、粒形、种皮底色、种皮图案等8个性状的各个变异类型都有所分布,特别是其优势变异的分布更加广泛。分枝数、荚长、荚宽、单株荚数、单荚粒数等5个性状的最低分级类型没有在该组群中出现,并且单荚粒数的最高级变异类型没有分布,花色为蓝色、浅蓝色的变异也没有分布。单荚粒数为8级类型(1.97～2.12个)、全生育日数为7级类型(103.2～106.7 d)的变异是6个组群中分布最多的。

组群Ⅱ含有77份种质。粒形几乎全部为扁圆和扁棱形,种皮图案类型主要为无和多小黑点的变异,花色为白底紫条纹、浅紫色的居多,种皮底色为黄橙色的变异没有分布。分枝数、荚长、单株荚数、百粒重、粒形、种皮图案6个性状的所有变异都有分布。株高和荚宽变异的最小分级类型,单荚粒数、单株产量、单株荚数、开花至成熟日数、全生育日数性状变异的最高分级类型均未在该组中体现。

组群Ⅲ含有139份种质。该组包含的资源最多,变异类型的分布特点也较突出,其最显著的特征是唯一能够体现花色的所有变异类型均有所分布,故本组花色变异丰富、分布广泛。粒形以扁圆、扁棱形为主,种皮图案变异主要是无、多小黑点的类型。该组在6大组群中分布最多的变异类型有:荚宽6级类型(0.67～0.71 cm),单株荚数2级(11.76～25.70个),单株产量2级(0.44～1.12 g),百粒重2级(2.06～2.70 g),全生育日数4级(92.6～96.1 d)。另外,株高、单荚粒数、开花至成熟日数、全生育日数性状变异的最高级分类类型都没有在该组出现。

组群Ⅳ含有60份种质。粒形的3种变异类型都有大量分布。种皮底色以褐绿色、灰褐色最多。种皮图案除了无种皮图案类型大量分布外,黑色斑纹的变异类型也有较多的分布。花色主要为浅紫色、白底紫条纹,而白色、白底蓝条纹、浅蓝色、蓝色都没有分布。株高、分枝数、单株荚数、单荚粒数、单株产量、百粒重、开花至成熟日数7个数量性状的各个变异类型都有所分布,并且分枝数5.35～6.85个,百粒重在2.06～4.23 g的范围内基本上是均匀分布的。

组群Ⅴ含有52份种质。粒形以扁圆为主,几乎全部为无种皮图案的类型。种皮底色褐绿色的变异较多,黄橙色、灰色、浅绿色有极少分布,浅白绿色的没有出现。花色以白底紫条纹、浅紫色的较多,浅蓝色、蓝色花没有分布。数量性状中,荚宽、单株荚数的各类变异均有分布,其他数量性状有个别稀有变异没有出现。另外,该组群全生育日数为110.2～113.7 d的居多。

组群Ⅵ含有74份种质。粒形以扁圆最多,扁棱次之。种皮底色以灰褐色居多,该类型也是所有组群中分布最多的。本组群是唯一没有出现零星大黑点种皮图案变异的组群,而且黑色斑纹、多小黑点、混合型的种皮图案变异分布也很均匀。花色以浅紫色最多,白底紫条纹、紫色、紫蓝色花的变异均匀分布,其他变异没有出现。荚长、单株产量、百粒重的所有变异类型都有分布,并且它们的优势变异大量出现,其他数量性状的稀有变异却未能表现。

苗昊翠等(2015)对新疆资源库中收集保存的71份小扁豆种质资源的株高、千粒重、单株分枝数等8个农艺性状进行主成分分析和聚类分析。结果表明:农艺性状前4个主成分的累积贡献率为89.0917%;71份小扁豆种质资源可分成2大组群,各个组群都有一定的形态学特征,其中组群1的25份种质资源的单株分枝数、单株产量、千粒重等指标都比较大,综合性状表现较好。

李凯等(2018)以宁夏49份小扁豆种质资源为试验材料,采用相关性分析、主成分分析及聚类分析等方法,对16个农艺性状进行多样性分析。结果表明,单株粒数、单株粒质量变异系数较高,分别为42.43%、44.29%,荚长变异系数最低,为12.00%;10个数量性状两两之间存在显著或极显著相关关系,单株粒数与单株粒质量、荚层数、千粒质量 4 个性状间呈显著或极显著相关;所有主成分主要信息集中在前 6 个主成分中,其累计贡献率达 81.81%;49 份扁豆种质资源在欧氏距离 0.8782 处分为五大类。第一类可作为选育矮秆大粒型品种的亲本。第二类群相应的变异系数较高,不适宜作为亲本。第三类可作为选配杂交组合的优选亲本。第四类群和第五类群均可作为选育高产型且株高适中的品种。

墨金萍等(2019)、王梅春等(2020)介绍,为筛选出适宜甘肃省定西地区推广的小扁豆优良品种,2016—2017 年对引自国际干旱地区农业研究中心的 15 份扁豆种质资源进行田间鉴选。结果表明,2134、2146、2128 折合产量分别为 1595.20 kg/hm²、1586.21 kg/hm²、1424.29 kg/hm²,较对照本地扁豆分别增产 57.63%、56.74%、40.74%,对其适应性、丰产性进行进一步试验后,可在定西市及同类地区推广种植;2142、2132 等 8 个参试材料均较对照本地扁豆增产,但增产幅度不大,通过改良可在适宜地区搭配种植;2139、2136 等 4 个参试材料产量较低,不适宜推广种植。

孙信成等(2019)曾对 5 份地方特色小扁豆资源的农艺性状、品质性状进行相关性分析和评价。结果表明:不同小扁豆种质资源主要农艺性状的变异系数存在较大差异,花的旗瓣色的变异系数最大,达到 74.69%,其次是单株产量,变异系数为 54.89%。与产量关系密切的单株荚数和单株产量 2 个农艺性状均与株高呈显著正相关,单株产量与每果节荚数、百粒重呈显著正相关;与可溶性总糖含量等品质性状呈显著正相关的有每花序花数、每果节荚数,与可溶性总糖、游离氨基酸、果糖、可溶性糖、葡萄糖等品质性状呈显著负相关的有初花节位、初荚节位和荚长。

小扁豆在中国栽培历史悠久,叶静渊等(1995)考证,小扁豆是一种古老的作物,栽培历史已有 8000~9000 年,起源于亚洲西南部和地中海地区,是通过古丝绸之路传入中国的。小扁豆引入后,明清时期主要在甘肃、宁夏、新疆、内蒙古、陕西和山西等省(区)栽培推广,民国年间扩展到河北、河南两省的北部以及云南省的个别地方,20 世纪初发展到四川省北部的个别地方。进入 21 世纪,小扁豆主要在中西部生态条件相对较差的高原、高寒、干旱半干旱地区种植。长期以来,对小扁豆各主产地区的种植面积和产量缺乏单独系统的统计,数据资料常被包括在夏杂粮和秋杂粮的统计数据之中。据 FAO 统计资料,1971—2016 年,中国小扁豆种植面积有一个逐渐增加再减少的过程,单产水平逐渐增加,近年来,西北地区种植面积又有增加的趋势。

据文献记载,目前全国共保存了 800 余份小扁豆种质资源。中国作物种质资源信息网中登记有 456 份小扁豆种质资源,李凯等(2018)以引进保存在宁夏农林科学院的 49 份小扁豆种质资源为试验材料,采用相关性分析、主成分分析及聚类分析等方法,对其 16 个农艺性状进行多样性分析。将 49 份扁豆种质资源在欧氏距离 0.8782 处分为 5 大类。第一类可作为选育矮秆大粒型品种的亲本,第二类群相应的变异系数较高,不适作亲本,第三类可作为选配杂交组合的优选亲本,第四类和第五类均可作为选育高产且株高适中的材料。苗昊翠等(2015)对保存在新疆农业科学院农作物品种资源研究所种质库中的 71 份小扁豆种质资源进行农艺性状的主成分与聚类分析,71 份小扁豆种质资源可分成两大组群,组群 1 的 25 份种质资源的单株分枝数、单株产量、千粒重等指标都比较大,综合性状表现较好。李云霞(2003)对来自国家作物种质库的 87 份小扁豆种质资源进行鉴定评价,筛选出优异种质材料 17 份,其中综合农艺性状优良的有 8 份,抗旱性较强的有 11 份,丰产性状较好的有 6 份。其他优良性状诸如株型好、硬秆的有 5 份。刘金等(2008a)对国家作物种质库的 440 份小扁豆种质资源进行 SSR 标记遗传多样性分析,从 145 对 SSR 引物中筛选到 14 对多态性引物,440 份参试材料从遗传结构上可划分为8个组群,揭示国外小扁豆群体遗传分化大,群体间的亲缘关系较远;国内小扁豆群体与之相反。此外,刘金等(2008b)还选取国家作物种质库保存的481份小扁豆种质资源进行形态标记遗传多样性分析,表明14个形态性状的平均变异类型达8.79个,平均遗传多样性指数为1.8149。16个不同地理来源群体间显示出显著的形态标记遗传多样性差异,国外群体的遗传多样性水平略高于国内群体;国内山西省小扁豆种质资源的遗传多样性指数(1.573)较高,仅低于遗传多样性指数最高的来源于国际干旱地区农业研究中心(ICARDA)的群体(1.683)。

李凯等(2018)、苗昊翠等(2015)和李云霞(2003)对小扁豆种质资源的生物学特征、农艺特征和荚果的生长状态等进行了评价,刘金等(2008a;2008b)对小扁豆种质资源的遗传多样性进行了分析,结果显示,山西、宁夏和甘肃等西北部省区是中国小扁豆资源遗传多样性最丰富的地区,应加强该区域小扁豆资源的进一步搜集、保护和研究。同时,应继续加强小扁豆资源的国外引种与交流,做进一步系统研究和开发利用。

据相关资料统计,目前,山西共保存有60余份小扁豆种质资源,其中包括一些地方品种,如兴县小扁豆、山阴小扁豆等。

二、中国北方小扁豆品种演替

中国在1996年以前生产中种植的小扁豆主要是地方品种。目前,全国经审定(认定)的小扁豆品种只有8个,1996—2005年2个(王梅春等,2020;陈喜明等,2011;马晋宏等,2017;温日宇等,2015;张菊花等,2017);2009—2015年6个(王梅春等,2020),这些品种主要集中在甘肃、宁夏和山西等省(区),且多是利用地方品种或外引品种选育而成。寇思荣等(1992)在1988—1990年用传统的豌豆杂交方法进行小扁豆杂交,通过不断探索,1991年取得了初步进展,杂交坐果率达到7.3%;1992年在分析导致人工授粉花蕾败育的原因后,对杂交方法进行了改进,杂交成功率达到55.3%。2010年,定西市农业科学研究院从ICARDA引进一批小扁豆高代材料,开展了引种观察、适应性鉴定,对农艺性状、抗性等进行了研究。山西省农业科学院玉米研究所采用系统选育与杂交选育相结合的方法选育出了晋扁豆1、2、3号,成为近年来山西省小扁豆生产中普遍应用的品种。

小扁豆多为农家(或地方)品种,育成品种不多。美国、叙利亚、印度等国家在20世纪70年代培育了早熟(80~110 d)、晚熟(125~130 d),抗锈病、抗萎蔫病和抗旱耐涝的品系。如美国的Chilean78(黄子叶)、Redchief(红子叶),印度的L9-12,Pant L-406等。

通过杂交育种,国际干旱地区农业研究中心已育成并推广应用的小扁豆品种有几十个,如已在阿尔及利亚推广的FLIP86-20L、在突尼斯推广的FLIP84-103L、在澳大利亚推广的FLIP84-80L和在中国有一定面积的FLIP87-53L等FLIP系列品种。美国育成的品种有Tecka,Large Blond;印度育成的品种有Pusa-1,Pusa-4,T-6,WB-81;埃及育成的品种有Giza9等,都是在产量和熟性方面较好的品种。

中国的农家品种,如山西省宁武小扁豆、大同右玉小扁豆及陕西省白粒小扁豆、灰粒小扁豆等在产区都有一定栽培面积。山西省农业科学院、甘肃省定西市农业科学研究院、固原市农业科学研究所等单位选育的小扁豆品种已成为当地的主栽品种。

小扁豆作为耐旱杂粮作物之一,在中国北方地区有较悠久的种植历史。晋西北高寒区热量资源不足、无霜期短、坡耕地多等特定的土地资源和气象条件非常适应旱作农业的要求,历年来是山西省小扁豆的优良生产基地。山西省的右玉小扁豆,宁武小扁豆等农家种多年来是国内的名优品种。

从全国情况看,小扁豆主要分布在海拔 1000 m 以上的黄土高原区。该区大陆性气候明显,阳光充沛,昼夜温差大,工业落后,环境无污染,所产籽粒饱满,千粒重高,是真正的绿色产品。国内、国际两个市场销路看好。据资料介绍,1994—2001 年的 16 年中,全国小扁豆出口量 11455～50770 t,占中国杂豆年出口量的 2.1%～6.6%,排在第五位。2004 年出口 37149.04t,占 4.81%,排在第四位。

三、代表性品种选育

(一)固扁 1 号

固扁 1 号是宁夏南部山区种植多年的地方小扁豆,由宁夏回族自治区盐池县种子管理站张菊花,宁夏农林科学院固原分院宋刚选育。

1. 选育手段和方法 固扁 1 号是按照"引进、选育适合当地生态条件和生产力水平,抗寒、抗旱、抗病,生育期 90 d 左右,产量 1050～2250 kg/hm² 或具有其他商品价值以及抗灾、救灾能力"的育种目标要求,收集的地方小扁豆品种,经过提纯复壮,在国家小宗粮豆区域试验和生产试验中,各种性状优良,适应各生产区域种植要求,具有较广阔的推广利用价值。

1996 年从当地收集,1997 年进行了提纯复壮,并在试验中作为对照使用,是一个抗逆性强,适应性广的早春播、旱地中熟品种,2006—2008 年参加国家小扁豆第一轮区域试验,担任对照;2009 年生产试验;试验编号:BD01-06。2010 年经全国小宗粮豆品种鉴定委员会鉴定通过,鉴定编号:国品鉴杂 2010006。固扁 1 号 2011 年登记为宁夏回族自治区科技成果。

批准登记号:2011016。

2. 特征特性 该品种为早春播中熟旱地品种,生育期 72～80 d。固扁 1 号幼苗淡绿色,株型直立,株高 27.6～34.5 cm,长势强。叶片长椭圆形,绿色,叶缘齐,顶叶卷须状。幼苗茎秆浅棕色,成株绿色,圆形、中空,直立,节数 12～14 个,主茎分枝 3～4 个。花白色,凋谢后结肾状荚果,长 1.3～1.5 cm,宽 0.4～0.6 cm,每荚粒数 1.5 个,主茎荚层数 5.8～8.6 层,荚数 1.0～2.0 个/层,荚数 8.2～31.6 个/株,粒数 12.6～47.4 粒/株,粒重 0.40～1.43 g/株。籽粒扁圆形,浅灰色,千粒重 27.9～30.1 g,属小粒型品种。粗蛋白质含量 24.74%,粗脂肪 1.24%,粗淀粉 51.68%,水分 12.03%。种子发芽最低温度在 3～4 ℃,当气温低于-3 ℃时受冻害,生长最适温度 25 ℃,耐瘠薄,抗倒伏,抗逆性强;适应性广,不但在宁夏干旱、半干旱和阴湿区旱地均有种植,而且在甘肃、陕西、内蒙古部分地区正常年份生长良好。无病害,增产潜力大,易落荚。

3. 产量水平 2006—2008 年参加第一轮国家小扁豆区域试验,其中 2006 年内蒙古达拉特、陕西靖边、宁夏固原、宁夏同心、甘肃会宁和定西 6 点次,陕西靖边和宁夏同心 2 点次无产量结果,其余 4 点中居一、二、三、五位,最高 710 kg/hm²,最低 150 kg/hm²,平均产量 414.5 kg/hm²,比其余参试品种增产 8.08%～146.0%,居参试品种第 1 位。2007 年同上 6 点次,甘肃会宁和定西 2 点次无产量结果,其余 4 点中居第 1 位的 3 点次,居第 4 位的 1 点次,最高 2026.7 kg/hm²,最低 1050.5 kg/hm²,平均产量 1505.4 kg/hm²,比其余参试品种增产 17.84%～83.12%,居参试品种第 1 位。2008 年同上 6 点次,产量结果居第 1 位的 1 点次,居第 2 位的 1 点次,居第 4 位的 2 点次,居第 5 位的 2 点次,最高 2863.3 kg/hm²,最低 323.3 kg/hm²,平均折合 1507.6 kg/hm²,比其余参试品种增产 0.84%～11.72%,居参试品种第 1 位。3 年区域试验 18 点次,其中 4 点次无产量结果,14 点次中有 7 点次产量居第 1 位,占 50%;3 点次居第 2 位,占 21.4%;4 点次居第 5 位,占 35.7%;第一、二位合计 10 点次,占 71.4%,增产幅度在 8.41%~35.52%,平均 1109.4 kg/hm²,比参试品种平均增产 13.9%,居参试品种参试第 1 位。2009 年在内蒙古达拉特、甘肃会宁和定西生产试验,最高 2346 kg/hm²,最低 589.05 kg/hm²,三试点平均 1479 kg/hm²,比当地品种增产 20.47%。产量水平一般 800~1500 kg/hm²,高者可达 3000 kg/hm²。

4. 适宜种植地区　本品种适应在宁夏南部山区、内蒙古达拉特、甘肃、定西、会宁、平凉和陕西靖边等地区干旱、半干旱及阴湿区旱地种植。

(二) 固扁 2 号

固扁 2 号由宁夏回族自治区固原市农业科学研究所选育而成。

1. 选育手段和方法　固扁 2 号是从中国农业科学院作物品种资源研究所引入的小扁豆 C365 中系统选育而成,2013 年通过国家小宗粮豆品种鉴定委员会鉴定。

鉴定编号:国品鉴杂 2013006

2. 特征特性　早春播、旱地中熟品种,性状稳定,生育期 70~84 d。幼苗深绿色,株型直立,生长整齐,株高 28.5~30 cm,叶片长椭圆形,叶缘齐,顶叶卷须状。茎秆绿色,主茎分枝 2~4 个。花蝶形,白色,肾状荚果,荚长 1.0~1.5 cm,宽 0.5 cm,单株荚数 12~36 个,每荚粒数 1.3 个,株粒数 20~50 粒,单株粒重 0.88~1.7 g,籽粒扁圆形,棕色,粒色一致,籽粒饱满,粒型整齐,色泽鲜亮。

种子发芽最低温度在 3~4 ℃,当气温低于 -3 ℃ 时受冻害,生长最适温度 25 ℃;千粒重 33.5~46.0 g。

籽粒淀粉含量 58.2%,脂肪 0.4%,蛋白质 26.8%;耐瘠薄,适应性强,抗倒伏。抗寒、抗旱、抗病。

3. 产量情况　1050~2250 kg/hm²。

(三) 晋扁豆 1 号

晋扁豆 1 号是山西省农业科学院玉米所陈喜明等选育而成。

1. 选育手段和方法　晋扁豆 1 号以甘肃农家种平凉扁豆作基础材料,利用系统选择法选育而成。选育过程中重点对早熟性、抗旱性、抗病性、丰产性等性状进行选择。具体选育过程如下。2001 年观察鉴定并进行变异株的单株选择,依据育种目标在平凉扁豆中选择了符合目标性状的 50 个单株。编号为 LD_1、LD_2、LD_3、LD_4……LD_{50}。

2002 年进行株行比较试验,决选出包括 LD_{48} 在内的 10 个株行。

2003 年进行株系比较试验,同时在 5 个株系内进行个体选择,决选出包括 LD_{48} 在内的稳定株系 5 个。

2004 年与 2005 年进行品系比较试验,决选出了比对照保德小扁豆显著增产的 LD_{48}。

2006 年参加省区域试验。2007 年参加省区域试验,由于各试点受恶劣气候等因素影响,试验报废。2008 年参加省区域试验。2009 年通过田间考察。各项试验结果表明,该品种增产潜力大、稳产性好、适应性广、综合抗性较好、达到了育种目标。

LD_{48} 于 2010 年通过山西省农作物品种委员会第五届七次会议审定,定名为晋扁豆 1 号,审定编号为晋审扁(认)2010001。

2. 特征特性 晋扁豆1号是春性旱地品种,生育期85～95 d。幼苗颜色深绿,生长整齐,长势强,株型直立,株高30～43 cm,花色浅紫,单株分枝9个,单株结荚70个左右,单荚平均粒数1.8个,种皮粉红色,子叶米黄色,籽粒扁圆,脐白色,千粒重25.2～31.1 g,属小粒种,抗旱耐寒能力强,抗倒伏,耐瘠薄,抗病虫害,产量高且稳定,适应性强,增产潜力大。

经农业部农产品质量监督检验检测中心(郑州)进行品质分析:蛋白质含量为27.50%、粗脂肪含量为1.33%、淀粉含量为41.07%、游离氨基酸含量7.73%。

3. 产量表现 晋扁豆1号于2004年与2005年在山西省农业科学院玉米研究所进行品系比较试验,两年平均产量为1203.6 kg/hm²,比对照保德小扁豆增产28%。2006年参加省区域试验,试验点全部增产,平均为1068.6 kg/hm²,比对照保德小扁豆增产80.8%。2008年参加省区域试验,试验点全部增产,平均产量为891.3 kg/hm²,比对照保德小扁豆增产80.8%。

4. 适宜种植地区 各项试验表明,晋扁豆1号适于在晋西北高寒区及同类生态区种植。

(四)晋扁豆2号

晋扁豆2号是山西省农业科学院玉米研究所温日宇等选育而成,是山西省农业科学院玉米研究所以农家种"右玉小扁豆"作为基础材料,采用系统选择法选育而成。右玉小扁豆为山西省右玉县地方品种,其优点是籽粒较大、产量较高,而缺点是生育期较长、株高较高和易倒伏。

1. 选育方法及过程 晋扁豆2号自2004年开始,从山西省右玉县种植的农家种"右玉小扁豆"中通过系统选择法选育而成。

2004—2006年进行变异单株选择、单株扩繁和连续株选。2004年进行优异变异单株选择,选择出57个优良单株,2005年种成株行并进行株行比较试验,选出12个株行,2006年进行株系比较试验,在12个株行内选出6个优良株系。

2007—2008年进行单位品系比较试验,选出早熟、矮秆、高产的品系,并命名为LD$_{57}$;2009—2010年参加山西省品种区域试验,2011—2012年参加山西省生产试验,2013年通过山西省农作物品种审定委员会田间鉴定,2014年5月通过山西省农作物品种委员会审定并命名为"晋扁豆2号"。审定编号为晋审编(认)2014001。

2. 特征特性 生育期(从出苗至成熟)89 d,比对照晋扁豆1号品种(87 d)晚2 d。田间生长整齐,生长势强,株型直立,叶型为羽状复叶,株高34 cm、主茎分枝数9个、单株荚数65个、荚长1.5 cm,单荚粒数1.8个,茎秆黄褐色,花冠白色,籽粒形状厚凸透镜形,种子表面光滑,百粒重3.97 g,种皮青灰色。生长整齐,抗旱,抗倒伏,稳产高产性好。

经农业部谷物及制品质量监督检验检测中心(哈尔滨)进行品质分析。晋扁豆2号的粗蛋白含量为31.21%,粗脂肪含量为2.94%,粗淀粉含量为41.39%,游离氨基酸含量为1.35%。

3. 产量表现 晋扁豆1号在2007—2008年在山西省农业科学院玉米研究所进行品系比较试验,2年平均产量为1603.6 kg/hm²,比对照晋扁豆1号增产20.5%。2009—2010年参加山西省品种区域试验中,晋扁豆2号在4个试验点全部增产,2年平均产量为1552.5 kg/hm²,比对照晋扁豆1号增产16.7%。2011—2012年参加山西省生产试验中,晋扁豆2号2年平均产量为1524.2 kg/hm²,比对照晋扁豆1号增产14.6%。

4. 适宜种植地区 适于晋北地区及同类生态区种植。

(五)晋扁豆3号

1. 选育单位及人员 晋扁豆3号是山西省农业科学院玉米研究所小杂豆课题组陈喜明

等选育而成,是以晋北农家小扁豆品种为基础材料利用系统选择法选育而成的小扁豆新品种。

2. 选育手段和方法 亲本为晋北农家小扁豆品种,2007年从大同市新荣区引入山西省农业科学院玉米研究所。该品种经2007年田间鉴定、室内考种,表现为群体分离严重、生长势弱,其中极少量植株长势中等,籽粒种皮多为浅粉色,子叶多为米黄色,极少量籽粒种皮浅红,子叶为市场稀有的橘红色。

2008年以亲本作基础材料,利用系统选择法,以选育大粒、丰产性好、子叶橘红色等性状为选育目标,进行连续定向选择,历时5年选育而成。

2008年从基础材料中选出60个变异单株。

2009年进行60个单株的株行比较试验,选出10个株系。

2010年进行10个株系的株系比较试验,并进行株系内个体选择,选出5个品系。

2011年、2012年进行5个品系的品系比较试验,决选出1个品系,定名为忻扁豆2号。

2013年、2014年参加山西省小扁豆直接生产试验。

2014年通过田间考察。

2015年9月年忻扁豆2号通过山西省农作物品种委员会审定,定名为晋扁豆3号,审定编号为晋审扁(认)2015001。

3. 特征特性 生育期(从出苗到成熟)平均84 d,较对照品种晋扁豆1号的86 d早2 d。田间生长整齐,生长势强,株型半直立,叶型为羽状复叶,平均株高33 cm、平均主茎分枝数7.6个、平均单株荚数123.8个、平均荚长1.6 cm、平均单荚粒数1.8个,茎秆黄褐色,花冠白色,籽粒形状厚凸透镜形,种子表面光滑,平均百粒重3.86 g,种皮浅红色。

经农业部谷物及制品质量监督检验检测中心(哈尔滨)品质分析可知,粗蛋白(干基)含量为31.06%、粗脂肪(干基)含量为2.44%、粗淀粉(干基)含量为41.51%、游离氨基酸(干基)总量1.18%。

4. 产量表现 2013年参加山西省小扁豆直接生产试验,5个参试点全部增产,平均产量1435.5 kg/hm²,较对照晋扁豆1号平均产量(1300.5 kg/hm²)增产10.38%。

2014年参加山西省小扁豆直接生产试验,5个参试点全部增产,平均产量1428 kg/hm²,较对照晋扁豆1号平均产量(1281 kg/hm²)增产11.48%。

5. 适宜种植地区 适宜种植区域为山西省北部冷凉区及国内同类生态区。

(六)宁扁1号

1. 选育单位 宁夏回族自治区固原市农业科学研究所选育。

2. 选育手段和方法 从引进品系6980中系统选育而成。2005年通过宁夏农作物品种审定委员会审定,鉴定编号:宁审豆200504。

3. 特征特性 生育期72~96 d。幼苗深绿色,茎秆、托叶绿色,叶缘齐,生长整齐,株型直立,株高20~35 cm,花白色,分枝2.5~4个,主茎夹层数4.8~8.6层,每层荚数1.7~2.4个,单株荚数8.2~21.6个,荚长1.5~1.8 cm,荚宽0.6~0.8 cm,荚形肾状。每荚粒数1.5~2.0粒,单株粒数15.2~48.5粒,单株重1.8~3.2 g,千粒重52.2~55.6 g,籽粒扁圆形,淡绿色,脐白色,是宁夏回族自治区大粒型扁豆新品种。

品质分析籽粒含蛋白质29.04%,粗脂肪含量0.72%,粗淀粉含量45.62%,灰分含量2.50%,水分含量6.8%,氨基酸含量1.51%。抗寒、抗旱、抗倒伏、耐瘠薄、易落粒。

4. 产量表现 2002年区域试验平均产量1354.5 kg/hm²,比对照增产12.92%;2003年区域试验平均产量 1354.65 kg/hm²,比对照增产 22.25%;两年区域试验平均产量 1354.5 kg/hm²,比对照增产 17.58%;2004 年生产试验平均产量 1377.6,比对照增产 16.5%。

5. 适宜种植地区　宁夏南部山区旱地及国内同类生态区。

（七）定选 1 号

1. 选育单位　甘肃省定西地区旱作农业科研推广中心。

2. 选育手段和方法　1988 年从中国农业科学院原作物品种资源研究所引进,经多年种植选育而成,原品系代号:C87。

1999 年通过甘肃省农作物品种审定委员会审定,审定编号:甘种审字第 290 号。

2005 年获定西市科技进步三等奖。

3. 特征特性　中熟品种,春播生育期 98 d。有限结荚习性,直立生长,株高 22.0～38.5 cm,分枝 3.5～5.5 个,株型松散型。幼茎绿色,节间长 1.5 cm,叶互生、羽状复叶形,复叶小叶 2 对,叶绿色,荚长为 1.6 cm、荚宽为 0.7 cm,叶柄浅紫色。花冠大、白色,每花序结荚数 2～3 个,主茎荚层数 4.7～8.8 层,单株结荚 8.4～30.6 个,荚微弯黄色,每荚种子数 1.2 个,扁圆、浅绿、种脐白色,千粒重 46.1 g。

籽粒粗蛋白含量 28.7%,赖氨酸含量 2.09%,粗脂肪含量 0.45%,淀粉含量 56.6%,灰分含量 2.44%,水分含量 8.9%。抗寒、抗旱能力强,抗倒伏,耐瘠薄,抗病,适应性广,商品性好。

4. 产量表现　1993—1995 三年全区 15 点次的区域平均产量 930 kg/hm²,比对照当地小扁豆三年平均增产 42.5%。

1996—1997 两年示范种植,在 1996 年全区的生产示范中,6 点平均产量为 1677 kg/hm²,较对照增产 77.7%;1997 年 4 点平均产量 675 kg/hm²,较对照增产 14.8%。

5. 适宜种植地区　适宜在年降水量 350～450 mm、海拔 1800～2300 m 的半干旱地区的山坡地、梯田地、川旱地和阴湿区的旱地种植。目前在甘肃省的定西,宁夏的西吉、固原等地均有种植。

（八）定引 1 号

1. 选育单位　甘肃省定西市旱作农业科学研究推广中心。

2. 选育手段和方法　定引 1 号是 1992 年通过青海省农林科学院由国际干旱中心引进的扁豆 ILL6980 中选育而成的。

3. 特征特性　生育期 87 d。单株有效荚数 16.0 个,千粒重 38.41 g,单株粒数 25.5 个,双荚率 44.4%。粗蛋白含量 24.9%,赖氨酸含量 1.59%,粗淀粉含量 45.0%。产量 60～120 kg/亩。

4. 适宜种植地区　适宜在年降水 350 mm 左右,海拔 2500 m 以下的半干旱山坡地、梯田地和川旱地种植。在定西干旱地区及其同类地区大部分地方可作为主栽品种,特别是在根腐病重发区,可以推广应用。

（九）秦豆 9 号

1. 选育单位　由陕西省杂交油菜研究中心豆类室选育。

2. 选育手段和方法　秦豆 9 号(原代号 C004)原始亲本是从韩城市征集的农家品种,表现为生长势强,生育期适中,群体分离严重,植株较高,倒伏严重,较感病。在观察种植过程中从其中筛选出了 5 个变异类型的变异株 27 株,分类建立系谱,各系谱进行单株连续定向选择。逐步向育种目标靠近。

在 5 类 27 个单株系谱中,随着选择压的不断加大,各类型逐渐出现了相对稳定的株系,对这些株系又进行了主要农艺性状的选择。

生育期变化较大,一般秋播为 250 d 左右,春播仅 160 d 左右。在变异株系群体中,选择开花早、花期短、鼓荚快的株系,使生育期相对缩短;在株型上选择植株相对较矮(40 cm 左右),分枝少而短,叶片大而叶色深的单株,利于提早成熟。从亲本生育期 160 d 左右(春播)的韩城农家扁豆中选出的 C004,生育期仅 150 d 左右。

扁豆种植区大部分是干旱瘠薄无灌溉条件的地区,因而抗旱性的筛选至关重要。借鉴在绿豆抗旱性筛选上的经验,在扁豆苗期进行干旱处理,观察正午时分植株萎蔫的程度和下午萎蔫消退的快慢,在收获时运用抗旱指数进行再次筛选[抗旱指数=(干旱时某品系的产量÷对照产量)×(该品系干旱处理的产量÷所有品系干旱处理的最高产量)]。抗旱指数既可反映某品系的抗旱性,又可体现该品系在干旱条件下的丰产性,因而在抗旱育种中是十分有效的。选出抗旱性较好的几个品系,种植在最为干旱的几个地区,再次进行筛选。1995 年在合阳县路井镇试验,气象资料表明 1—3 月份降水 2 mm,4 月降水 17.1 mm,5 月降水 19.2 mm,全生育期共降水 38.1 mm,是合阳县有资料记载以来最为干旱的一年。参试品系均在 3 月 3 日播种,结果 C004 产量为 375.0 kg/hm^2,C002 产量为 195.1 kg/hm^2,对照(合阳农家种)产量仅为 137.5 kg/hm^2。同年长武县也发生严重干旱,扁豆生育期持续高温干旱,未下一次透雨也未灌水,C004 在 3 月 19 日播于二年生果树空档内,生育期 89 d,产量为 945 kg/hm^2,而对比作物小麦产量仅为 525 kg/hm^2,表明了 C004 品系具有较强的抗旱性。

扁豆的适应性较强,病害较少,生产上的主要病害是白粉病,目前还没有发现抗源。采用多年连茬创造的诱发鉴定圃进行抗(耐)病性的诱变,从中选出了白粉病病指仅为 2.0 的抗病株系 C004(对照病指为 31.0,此抗病结果为陕西省植物保护研究所鉴定),基本上控制了白粉病的大发生。

根据多年来对扁豆主要农艺性状与产量相关的研究,选择株型紧凑,有效分枝 3~4 个,叶色深绿,单株结荚 30 个以上,百粒重 4.5 g 以上的单株,其后代群体的产量必然相对较高。经过品系产量比较试验的严格筛选,C004 丰产性最好,丰产潜力大。生长条件越好,越有利于丰产潜力的充分发挥。长武县生产试验表明,在 1995 年气候干旱条件下,C004 产量为 945 kg/hm^2,而 1996 年降雨相对较多,同一田块 C004 产量为 2655 kg/hm^2。

3. 特征特性 株型直立紧凑、丛生,株高 34 cm 左右,有效分枝 3~4 个,叶色深绿,花色淡紫。单株结荚 30~80 个,多者可达 120 个以上。荚色淡褐色,籽粒饱满,百粒重 5 g 左右。开花成熟较集中,籽粒大小、色泽均较一致,商品性好。

1997 年 12 月 1 日,经陕西省产品质量监督检验所测定,秦豆 9 号扁豆含粗蛋白质(干基) 25.8%,赖氨酸含量 2.49%,钙(干基)含量 8.86 mg/g,淀粉(干基)含量 51.6%。其中赖氨酸含量比对照(C 农 001)高出 0.14 个百分点,淀粉高出 2.2 个百分点,钙高出 4.31 mg/g。

4. 产量表现 C004 等几个优系,1993—1994 年参加了产量比较试验,1995—1997 年参加了由陕西省种子管理站主持的省级区域试验,对照品种是省种子管理站指定的澄城县农家扁豆,代号为 C 农 001。12 个点次区试结果表明,C004 平均产量 2591.1 kg/hm^2,比对照 C 农 001(产量 1788.5 kg/hm^2)平均增产 44.88%。

1996—1997 年,C004 在参加区试的同时进行了生产示范,11 个点次生产示范表明,C004

平均产量 3063.0 kg/hm²,比对照 C 农 001(平均产量 2224.5 kg/hm²)平均增产 37.69%,C004 在多点试验示范普遍增产,而且增产潜力较大,1996 年度在宜川县试种,出现了产量高达 4369.5 kg/hm² 的高产典型户。

5. 适宜种植地区 该品种适宜关中灌区、渭北和陕北旱原以及生态条件类同地区单作或间套。10月下旬至翌年3月下旬均为适播期。关中灌区以10月下旬至11月下旬播种为宜,秋播不宜过早,否则易发生冻害。春播以3月上旬为宜。渭北旱原和陕北高原在土壤解冻后及时春播较好,6月中旬左右即可收获。

参考文献

柴岩,冯佰利,孙世贤,2007.中国小杂粮品种[M].北京:中国农业科学技术出版社:115-116.
陈喜明,高克昌,韩云丽,等,2011.小扁豆新品种晋扁豆1号的选育及栽培技术[J].农业科技通讯(5):143-144.
程须珍,2016.饭豆、小扁豆等生产技术[M].北京:北京教育出版社:34-38.
程须珍,王述民,2009.中国食用豆类品种志[M].北京:中国农业科学技术出版社:427.
高克昌,韩云丽,赵随堂,等,2007.用隶属函数对小扁豆品种进行综合评价[J].杂粮作物,27(1):22-24.
姜雪琴,邵千顺,牛永岐,等,2016.抗旱性小扁豆品种早期筛选试验[J].现代农业科技(10):79-82.
寇思荣,王思慧,金维汉,1992.小扁豆杂交技术初探[J].甘肃农业科技(11):9-9.
李凯,程炳文,邵千顺,等,2018.小扁豆种质资源多样性分析[J].江苏农业科学,46(7):74-79.
李云霞,2003.小扁豆种质资源筛选及评价[J].杂粮作物,23(6):331-332.
刘金,2008.小扁豆种质资源遗传多样性研究[D].北京:中国农业科学院.
刘金,关建平,徐东旭,等,2008a.小扁豆种质资源 SSR 标记遗传多样性分析[J].作物学报,34(11):1901-1909.
刘金,关建平,徐东旭,等,2008b.小扁豆种质资源形态标记遗传多样性分析[J].植物遗传资源学报,9(2):173-179.
龙静宜,林黎奋,侯修身,等,1989.食用豆类作物[M].北京:科学出版社.
栾海,1988.世界杂豆类的起源与分布及其品种资源研究概况[J].黑龙江农业科学(5):29-34.
骆得功,金维汉,1989.外引旱地小扁豆品种的丰产性稳产性和适应性分析[J].甘肃农业科技(1):20-22.
马晋宏,陈喜明,韩云丽,等,2017.小扁豆新品种晋扁豆3号的选育经过及高产栽培技术[J].现代农业科技(21):46-47.
苗昊翠,李利民,张金波,等,2015.新疆小扁豆种质资源农艺性状的主成分及聚类分析[J].西南农业学报,28(3):986-990.
墨金萍,连荣芳,肖贵,等,2019.定西市小扁豆种质资源引种试验[J].现代农业科技(11):30-31.
孙信成,田军,张忠武,等,2019.小扁豆种质资源主要农艺性状和品质性状的相关性研究[J].湖南农业科学(11):16-20.
王梅春,连荣芳,肖贵,等,2020.我国小扁豆研究综述及产业发展对策[J].作物杂志(1):13-16.
温日宇,陈嘉明,刘建霞,等,2015.小扁豆新品种晋扁豆2号的选育及栽培技术[J].安徽农业科学,43(2):41,44.
杨秀英,杨国华,苏震云,等,2000.小扁豆核型的比较分析[J].华北农学报,15(2):40-43.
叶静渊,等,1995.《马首农言》中的"扁豆"考辨[J].中国农史(1):112-113,118.
袁娟,武天龙,2006.分子标记技术在小扁豆中的应用[J].上海交通大学学报(农业科学版),24(6):574-579.
张传乃,袁公选,蔺崇钫,1990.小扁豆生长和开花特性的观察[J].陕西农业科学(04):28-30.
张菊花,宋刚,2017.固扁1号小扁豆选育报告[J].种子世界(7):40-41.

张璞,1999. 秦豆九号扁豆的选育及栽培技术 [J]. 陕西农业科学(3):16-18.

郑卓杰,王述民,宗绪晓,1997. 中国食用豆类学[M]. 北京:中国农业出版社.

FAOSTAT data,2005. http://faostat.fao.org.

Ferguson M E, Maxted N, van Slageren M, et al,2000. A re-assessment of the taxonomy of Lens Mill. (Leguminosae, Papilionoideae, Vicieae)[J]. Bot J Linn Soc, 133:41-59.

Frederick M, Cho S,Sarker A, et al,2006. Application of biotechnology in breeding lentil for resistance to biotic and sbiotic stress[J]. Euphytica, 147(1):149-165.

第二章　小扁豆栽培的生物学基础

第一节　生育进程

一、小扁豆的形态特征

小扁豆是蝶形花亚科野豌豆族小扁豆属植物中的一个栽培种,为一年生或越年生草本植物,植物有细小绒毛或无毛,分枝多。

（一）根

小扁豆根属直根系,由主根、侧根和根瘤等几部分组成。按照根系的生长发育特点可分为3种类型：

1. 浅根系　根长约 15 cm,侧根多,并有旺盛的根瘤。
2. 深根系　主根细长,入土约 35 cm。
3. 中间类型　根系长度和侧根数量介于浅根系与深根系之间。小扁豆与豌豆族根瘤菌共生,根瘤呈长柱形,有时也有分叉,形状不规则,而且有顶端分生组织。

（二）茎

小扁豆茎浅绿色,有的基部紫色,方形、有棱。茎基部木质化,多分枝,且分枝节位很低。株高 30～50 cm。下部节间较短,上部节间逐渐加长,在株高约 3/4 处以上,节间又开始缩短。按照主茎生长形态可分为直立、披散、匍匐等类型。分枝数随类型和生长的生态环境而异。

（三）叶

小扁豆叶为互生羽状复叶,叶间有卷须或刚毛。小叶卵形,长约 1 cm,浅绿色或蓝绿色,冷凉气候会使小叶变成紫红色,对生,一般为 4～7 对,最多达 14 对,也有少数互生的。每片小叶基部有叶枕。托叶小,两片,全缘,无小托。初生的第 1～2 片叶是单叶或 2 片小叶,以后便是羽状复叶。

（四）花

小扁豆花腋生,为总状花序。花梗较细,长约 3～4 cm,通常每个花序上有 1～3 朵小花,少数有 4 朵。一般每株有 10～150 个花序。花小,长 4～9 mm,为典型的蝶形花。花冠白色、粉红色、浅紫蓝色或白色有蓝色的纹。花萼筒状,基部分成 5 个窄而尖的裂片,与花瓣等长或长于花瓣。花柱短而弯曲,有细毛,柱头稍膨胀,具腺体。自花授粉作物,异交结实率 0.5%～0.8%。一般晴天上午 9—10 时开花,如遇阴雨天则下午才开花,花序开花顺序自上而下,每朵花持续开放 2～3 天,荚果在开花后 3～4 天出现。

（五）果实

小扁豆花序结荚较少，多数花梗一般只结一荚，极少数结荚 3~4 个。成熟荚黄褐色，长椭圆形，两侧扁，基部圆或稍带楔形，顶部短而尖，无毛。荚长 1~2 cm，宽 0.35~2 cm。荚粒数 1~2 粒，少数有 3~4 粒。种子两面凸出，呈圆透镜形。种子绿、灰、褐、黑、粉红色。种脐小，窄椭圆形，小粒类型百粒重 1~4 g，大粒类型百粒重 4~9 g。出苗时子叶不出土。

二、生育期、生育时期和花芽分化

（一）生育期

一般把个体发育过程中从种子到种子的完整生活周期，即小扁豆从播种到籽粒成熟所经历的天数称为生育期。而在生产上一般指从种子出苗到作物成熟所经历的天数。因为从播种到出苗、从成熟到收获都可能持续相当长的时间，这段时间不能算在作物的生育期内。生育期指小扁豆播种至完熟天数，也称全生育期，用天数表示。其长短主要因素包括遗传特性、温光条件、栽培措施等 3 个方面。遗传特性主要与作物品种的熟性有关，作物品种的熟性一般可以分为早、中、晚熟 3 种熟性，在相同的条件下，各个品种的生育期是相对稳定的。与温光条件和作物品种所处的纬度、海拔高度、地势等有密切关系，从而影响到作物的生育期长短。通常叶数多的生育期较长，叶数少的生育期较短；日照较长、温度较低或水肥充足时，生育期延长；反之，则缩短。栽培措施主要是通过选地（田）、施肥措施等控制作物体内的碳氮比来影响作物生育期，如土壤缺氮则作物生育期缩短，而氮素过多则生育期延长。小扁豆生育一般为期90~120 d，可将不同小扁豆划分成 3 类。早熟种（生育期≤90 d），中熟种（生育期 91~110 d），晚熟种（生育期在 110 d 以上）。中国小扁豆种植面积不大，主要分布在西北各省（区），据初步统计，主要分布在陕西省、甘肃省、宁夏回族自治区、山西省、内蒙古自治区、云南省等地，青海省等地也有零星种植。

（二）生育时期

1. 时期划分 小扁豆（Lens culinaris Medic），又名，滨豆，兵豆，洋扁豆，鸡眼豆等，是一年生自花授粉、长日性草本植物，是世界上第七大食用豆类作物。英文名 lentil、split pea，是野豌豆族（Vicieae）小扁豆属（Lens）中的一个栽培种（Lens culinaris Medic.）。该种根据种子大小和形状又分为大粒亚种和小粒亚种。大粒亚种种子直径 6~8 mm，千粒重 40~90 g，主要种植在欧洲南部、非洲北部和南、北美洲；小粒亚种种子直径 2~6 mm，千粒重 10~40 g，主要分布在印度、阿富汗和埃及等国。亚洲西部和欧洲东部两个亚种都有广泛种植。小扁豆适应性广，抗逆性强，耐瘠，可熟化土壤，恢复地力，改善土壤团粒结构，是其他作物的优良前茬作物。小扁豆既可春播也可秋播，可与禾谷类作物间作、套种、混种，或用于填闲种植，可作为补救作物。它能忍受极其恶劣的环境条件，能在连鹰嘴豆都不能生长的环境中生长并有产量。小扁豆干籽粒富含蛋白质、矿质元素、维生素、碳水化合物，营养价值较高，蛋白质中含有人体必需的各种氨基酸。因此，小扁豆不仅是农业可持续发展中重要的轮作倒茬养地作物，更是改善人们膳食结构的重要作物。

小扁豆株高一般为 20~40 cm，有矮丛、直立和半蔓生类型。羽状复叶，小叶 8~14 片，椭圆形；复叶基部有叶枕，缺水时可使复叶闭合以减少水分蒸发。总状花序，花白色或紫色等；二体雄蕊(9+1)。荚果内含种子1~2粒,籽粒扁薄,凸透镜形,表面平滑,有浅红、黄、黑、绿、灰褐色等,或带斑点、斑纹。

在整个生育期内,受遗传因素和环境因素的影响,在外部的形态特征和内部的生理特性上,都会发生一系列变化,特别是根据植株的形态特征上的显著变化,可以人为地按一定的标准划分为若干个生育时期。小扁豆的一生需要经历播种期、出苗期、分枝期、现蕾期、始花期、开花期、终花期、成熟期8个时期。

(1)播种期　即播种当天的日期。以"年-月-日"表示。播种期因地区而异。

春播一般在3月下旬至4月上旬;秋播在9月下旬。

(2)出苗期　第一片真叶展开的日期。这时苗高一般2~3 cm。全区50%以上幼芽钻出土面3.0 cm以上之日。以"年-月-日"表示。温度、水分、O_2等环境条件对出苗有很大影响。

(3)分枝期　在光、温等因素作用下,茎的分生组织继续形成叶原基和腋芽原基,长成分枝。自形成第一分枝到第一朵花出现称为分枝期。分枝多少与品种、播期、密度、土壤肥力等有关。同一品种春播分枝多于夏播,早播多于晚播,稀植多于密植,高肥力地块多于低肥力地块。分枝期是旺盛营养生长期又是花芽开始分化的时期。一方面形成分枝,花芽分化和继续扎根,另一方面植株积累养分,为下一阶段旺盛生长准备物质条件。从此时起,营养生长和生殖生长并进,以营养生长为主,根系发育旺盛,茎叶生长加快,花芽分化迅速,是营养生长与生殖生长是否协调的关键时期。充足的水分和养分条件,不仅主茎和根系生长良好,同时能促进有效分枝的增加和花芽发育,为小扁豆丰产奠定基础。如养分供应不足,使其发育受抑制,不能形成分枝,或形成生长缓慢而细弱的分枝,常为无效分枝。另外,营养物质对花芽分化也有着重要影响,植株体内积累一定的碳水化合物是花芽分化的必要条件。

(4)现蕾期　自主茎或分枝下部第一花簇开始现蕾到开花。根、茎、叶生长旺盛,早期分枝开始现蕾,后期的分枝大量形成,表现为营养生长和生殖生长同步进行,也是分枝大量形成的时期。植株有6片叶,但没有开花,第7片叶正发育,三级分枝开始在第5~6节上形成。

(5)始花期　有生殖节5个,第3~4个生殖节正开花,第1~2生殖节上正长荚。

(6)开花期　花芽分化结束后,花器发育完善,花梗自叶腋长出,梗的先端着生数朵花,呈短总状花序。花由苞叶、花萼、花冠、雄蕊和雌蕊五部分组成。已有生殖节8个,第1~2生殖节上的荚已灌浆结束,第3~4生殖节上的荚正迅速灌浆,第6~8生殖节正在开花。

(7)终花期　第6~8生殖节正在结荚,植株停止生长。

(8)成熟期　成熟期营养生长逐渐停止,生殖生长居于首位,光合作用强度有所降低,无论是光合产物或矿质养分,都从植株各部位向豆荚和籽粒转移。鼓粒以后,植株本身逐渐衰老,根条死亡,50%~70%的叶片变黄脱落,种子脱水干燥,90%~95%的荚变成褐色,呈现该品种固有的籽粒色泽和种粒大小,并与荚皮脱离,摇动植株时,荚内有轻微响声,籽粒变硬,干物质不再增加,应及时在黄熟期收获。小面积种植时,一般采用人工整株连根拔起或镰刀收割。

2. 生育时期田间记载标准

播种期:进行小扁豆种质形态特征和生物学特性鉴定时的种子播种日期。

出苗期:观察地块中50%的植株幼苗露出地面2 cm以上的日期。

分枝期:观察地块中50%的植株叶腋长出明显可辨分枝的日期。

现蕾期:观察地块中50%的植株主茎顶端出现能够目辨的花蕾的日期。

始花期:观察地块中出现第一朵花的日期。

开花期:观察地块中50%的植株开花的日期。

终花期：70％的植株花器全部凋萎的日期。

成熟期：70％以上的荚呈成熟色的日期。

（三）花芽分化

张传乃等（1990）曾观察了小扁豆的开花习性。小扁豆在杨陵地区气候条件下，营养生长期为194～212 d，生殖生长期为28～40 d，开花期33 d。盛花期在始开的第14～31 d。每日9—12时开花最盛，占全天开花的48.2％多。开花适宜温度14～22 ℃。开花次序由内向外，由下而上开放，属于无限结荚习性。

韩燕来等（1999），进行小扁豆花芽分化与结实率的研究，结果表明，小扁豆的生长期长，分枝多，花芽分化开始早，分化时间长，分化小花多，前期慢，后期快，当主茎或分枝上某一节位第一朵小花开放以后，位于该结位以下各节位的小花，不论花芽分化到哪一个时期，都开始退化，而上部各节位的小花，随着植株的生长，仍在继续分化，末花期以后再开放的花，基本上都是无效花。小扁豆的小花多集中在一级分枝上，其次是主茎。

1. 小扁豆小花分化时期 据观察，小扁豆的小花分化是一个连续的过程，为了便于记载和描述，根据花器官的分化顺序，可以人为地划分为5个时期：

(1)花芽原基分化期 当株高7 cm左右时，主茎12节，一级分枝3个，长度分别为0.6 cm、7.4 cm和4.6 cm时，每个叶片的叶腋都有腋芽，在主茎第14节（解剖节）的叶腋里和第一个一级分枝的第10节叶腋（解剖节）出现明显的花芽原基，其特点是：小花原基呈现半圆形球状原始体，两侧有针状托叶1～2个，当第一朵小花原基出现时，第二朵小花的托叶出现，小花原基的大小为：高1.5 μm，宽1.14 μm。

(2)花萼形成期 在花芽原基上先长出前萼，然后出现其他萼片原基，顶端凹陷，形成扁圆筒形，此期株高约8.3 cm，主茎有13个节，在第14节叶腋里，第一朵小花分化到此期，同时第二朵小花原基已出现，萼筒高1.9 μm，宽1.52 μm。

(3)花瓣原基分化期 花瓣原基分化的特点是在萼筒内侧，出现了花瓣原基，与5个萼片互生，并以龙骨瓣、翼瓣、旗瓣顺次出现，此期株高平均9 cm左右，主茎已有15个节。此期花芽原基高3.84 μm，宽0.32 μm。

(4)雌雄蕊分化期 雌蕊位于花器中央，呈乳头状突起，然后纵向生长，形成倒"U"字形的心皮，不久即形成花柱。雄蕊分化的特点是：在花瓣的内侧先出现第一轮5个雄蕊原基，与萼片相对生，然后在第一轮雄蕊原基内侧与花瓣对生，与第一轮雄蕊互生又出现了第二轮雄蕊原基，继续分化出花药、花丝。此时的株高平均在15 cm左右，主茎已有16个节。

(5)胚珠、花药、柱头形成期 胚珠呈肾脏形，着生在子房内的背缝线上，每个子房中有胚珠2个，柱头呈球形，稍向下弯曲，与花药接触，花药和花丝明显分开，10个雄蕊，9个基部联在一起，另一个单独离生，形成二体雄蕊，花瓣、萼片等覆盖物逐渐伸长，把生殖器官覆盖，形成蕾。此期植株高度为20 cm，主茎已达17～19节。

2. 小扁豆小花分化特性 经过解剖观察，小扁豆的小花分化表现出极大的野生植物特性：分化的早、分化的多、分化的时间长，占生育时期的70％以上。前期慢，后期快，不同叶位小花分化时期相互重叠，不同节位相同花位和同一叶位不同花位小花分化有规律地进行。返青后，花芽分化的速度随温度的回升逐渐加快，到4月中旬现蕾以后，由于植株的开花，植株下部和二、三级分枝小花分化速度减慢或停止，植株上部的小花继续分化，而且分化的强度大，直到收获前3～5 d，顶端的节仍有小花分化，4月初，在同一植株上可以观察到小花分化的各个时期。

第一个一级分枝不同节位相同花位小花分化存在差异。第一个一级分枝着生在主茎第一个退化叶的叶腋里。播种后 30 d 左右出生，和主茎第 4 片真叶同时长出，每个节长出 1 片羽毛状的复叶，每长一片叶，叶腋里都有腋芽，第 1～8 节的花芽分化很慢。而枝芽停止生长，花芽分化加快，形成了花序，从第 10 节以上各节不同花位小花分化有规律地进行。第 10 节位的第 1 朵小花原基形成于 3 月初，历时 35 d 左右，达到第 5 个时期。与此同时，第 16 节和第 17 节位的第 1 朵小花分化分别达到第三、第二个发育时期，直到 20 节仍有小花分化，只是分化出的小花数目少，一个花序上只分化出一朵小花。

第二个一级分枝是由第二片退化叶的腋芽发育而成，于播种后 35 d 左右开始生长，花芽分化的进程和第一个一级分枝的小花分化进程相似，只有时间相差 5～7 d，都表现在花芽分化逐渐加快。第 10 节位第 1 朵小花完成花芽分化的全过程需 35 d 左右，第 10 节比第 11 节的第 1 朵小花发育的时间早 2～5 d，愈向上，小花发育所需时间愈短。历时 25 d 左右完成了小花分化的全过程。从观察中还发现，小扁豆的小花分化从下到上不同节位相同花位的小花分化都是有规律地进行，所不同的是每朵小花的花器覆盖物生长快慢不同，差异较大，如第 2 个一级分枝第 11 节位的第 1 朵小花开放，而第 10 节位的第 1 朵小花的花器覆盖物生长慢于第 11 节位第 1 朵小花，虽然花药已经变黄，终因营养不良而不能开放，这种小花退化的多少与土壤肥力的高低有密切关系。

主茎花芽分化进程。小扁豆单株分枝愈多，主茎生长势愈弱，有些植株单株分枝多达 10 个以上，所以主茎在生长过程中逐渐衰弱或死亡，因此，主茎上的小花分化比一级分枝上的小花分化时间晚，而且快，小花着生的节位较高。根据观察，每一朵小花完成花芽分化全过程 30 d 左右，当主茎高 10 cm 左右时，可见节数为 13 节，此节位以下，每一个真叶片叶腋里，都有花原基出现，但分化很慢，第 14 节以上各节位花芽分化加快，基本上和第 2 个一级分枝上的第 12 节位第一朵小花分化同步进行，第 13 节位第一朵小花形成花原基后，历经 30 d 左右完成小花分化的全过程。节位愈高，小花分化经历的时间愈短。

同一节位小花分化也有差异。同一节位的花序上，小花分化是从基部开始的，依次向上逐渐分化，从第 1 朵到第 3 朵分化表现出一定的规律性。主茎第 14 节位的花序上，当第 1 朵小花的花萼筒形成时，第 2 朵小花原基已经出现，到第 1 朵小花发育到第 3 个时期时，第 4 朵小花开始退化，形成一个棒状物，若遇不良环境条件时，第 3 朵小花开始退化或脱落。愈向植株上部，第 3～4 朵小花退化愈严重。小花发育后期，第 2 朵小花发育快于第 1 朵小花，当第 1 朵小花发育到第 5 个时期时，第 2 朵小花的萼片和花瓣等覆盖物已开始伸长，同一花序上，相邻两花位之间发育相差 0.5～1 d。

一级分枝小花分化数目大于主茎。据观察，小扁豆的小花多集中在一级分枝上，主茎少。统计数字表明，平均单株分化小花数 215.3 朵（以达到胚株、花药、柱头形成期为一朵小花，下同）。其中第 1 个一级分枝有小花 71.3 朵，第 2 个一级分枝有小花 63.2 朵，第 3 个一级分枝有小花 42.3 朵，主茎有 39 朵，分别占总花数的 33.1%、28.9%、19.6% 和 18.1%。当播种过深或土壤墒情差，第 1 个一级分枝发育不良时，小花多集中在第 2 个一级分枝上，据统计，平均单株有小花 264 朵，其中第 1 个一级分枝有小花 73.3 朵，第 2 个一级分枝有小花 138 朵，第 3 个一级分枝有小花 20 朵，主茎有小花 33 朵，分别占总花数的 27.7%、52.4%、7.6% 和 12.65%。小扁豆小花退化的多，脱落严重。据统计，平均单株有蕾、花、荚共 239 个，其中败育的 37 个，退化小花（包括不能开花的蕾和脱落的蕾、花）158 个，成荚 44 个，分别占总花数的

15.48%、66.10%和18.41%。小花败育主要表现在主茎和分枝的上部和下部,中部败育的少,当某一节位小花开放时,位于该节位以下各节位的蕾中,花药已变黄,花药内没有形成花粉粒,而是水状物,最后干瘪而脱落。小花退化有两种情况,一是籽粒进入鼓粒期以后,已分化出的小花和已形成的蕾,生长缓慢或停止生长。二是位于植株中部各节位的花序上,都能分化出3~4朵小花,但很少能结出4个荚,一般可结1~2个荚,多数是2个荚,其余退化或脱落。主茎和分枝由于小花分化早晚不同,成荚多少亦不同,二、三级分枝由于小花分化开始的晚,成荚少。

综上所述,小扁豆的小花分化表现出了极大的野生特性,分化早,分化多,分化时间长达170 d左右,占全生育期的2/3。小扁豆第1、2个一级分枝上小花分化开始早,分化小花多,成荚也多,二、三级分枝和小花分化开始晚,成荚少。不同节位同一节位小花分化表现出一定的规律性,前期慢,后期快,相邻两节位同一花位小花发育时期相差3~6 d,当某节位小花开放时,位于该节位以下各节位的蕾不能开花,已分化出的小花,开始退化。同一节位的花序上,小花分化是从基部开始,逐渐向上有规律地进行,相邻两花位小花发育相差0.5~1 d,每个花序上可分化出4个小花,一般结1~2个荚,其余小花在发育过程中退化脱落。小扁豆单株小花分化数目多达239个,成荚仅44个,成荚率低,占总花数的18.41%。

三、生育阶段

(一)阶段划分

从营养生长和生殖生长的角度,可以把小扁豆的一生分为3个生育阶段:自出苗到始花之前,是以营养生长为主阶段、自始花到终花是营养生长与生殖生长并进阶段;自终花后期到成熟为生殖生长阶段。每个阶段都包括不同的生育时期。这些阶段由于其各自的生理特点、对温度、水分和养分的侧重需求不同,决定了其在生产管理上主攻目标和中心任务的不同。

1. 营养生长阶段 从出苗到分枝出现是营养生长关键阶段。出苗后,当第一片复叶展开后间苗,第二片复叶展开后定苗。定苗前后,结合除草灭茬中耕1~2次,促使根瘤的形成和根系下扎,分枝期进行第三次中耕并进行培土、护根防倒。做好中耕追肥培土工作。中耕是田间管理的一项重要工作,其作用在于疏松土壤,保墒散湿,破除板结,促进土壤微生物的活动。从小扁豆生产情况看,由于缺少中耕,土壤板结,土壤透气差,气生根难以入土,影响小扁豆的健壮生长,影响产量。此阶段以根系生长为中心,根系生长比地上部快,营养物主要供给根系的发育,营养生长阶段需要一定水分、充足的氧气及适宜的温度。首先是水分,小扁豆比较耐旱,不耐涝,对水分反应敏感。成熟的种子吸水后在适宜环境条件下种皮开始软化、膨胀,使氧透过种皮进入种子,以促进根系发育和幼苗健壮,但不宜过多。前期水分过多易引起烂根死苗,易使茎叶徒长,节水茎细,根系发育不良,引起早期倒伏。后期遇涝,易使植株根系生长不良,出现早衰、花脱落、产量下降,因此应该注意防涝排涝。其次,种子所进行的一系列生命活动所需能量都必须通过呼吸作用提供,呼吸作用需要充足的CO_2;最后是温度,要求适宜温度20 ℃,可满足温度为15~18 ℃,最低温度8~10 ℃,可忍受-2 ℃的短时低温。一般温度不低于-4 ℃时,大豆幼苗受害轻微,温度降至-5 ℃以下,幼苗全部受害。在真叶出现前抗寒力较强。真叶出现后抗寒力显著减弱。

温度过低,光合生产率降低,而且种子内部的其他一系列生理活动都需在适宜的温度下进行。在栽培方面首先要精选种子,利用风、水、机械或人工挑选,剔除病斑粒、破碎粒、秕粒、杂质及异类种子,选粒大无病伤的籽粒播种。在播种前选择晴天,将种子薄薄摊在席子上,晒1~2 d,可增强种子活力,提高发芽势。晒种时要勤翻动,使之晒匀,切勿直接放在水泥上暴晒。播种后要保持土壤的湿度,促进种子吸水膨胀,能快速萌芽出土。在选择播种期时应以土壤温度稳定在10 ℃以上。温度过低,发芽受阻,即使发芽也会出现弱苗,容易感染苗期病虫害。

幼苗期主要是根、茎、叶营养体的生长,同时也是开始花芽分化。幼苗期根系生长较快,而且开始木栓化,有根瘤发生。这一时期要加强田间管理,及时中耕、除草、松土、防治病虫害、蹲苗促根、力争苗齐苗壮。此阶段栽培主攻方向是调节好水、肥、光、热,使幼苗发育正常,生长健壮。

2. 营养生长与生殖生长并进阶段　此阶段包括扁豆分枝与花芽分化期和花荚期。在此期间形成全部的叶片、根系、茎秆和花器,扁豆的全部营养器官和生殖器官均已建成。这是花器分化时期,因而也是关系到粒数的关键时期。这是扁豆一生中生长量最大的时期,关系到产量形成的有决定性作用时期,高产虽取决于花期后生育情况,但是其增产潜力则取决于生长前期的叶面积系数。迅速达到叶面积系数的最适点,以制造有效的光合产物是取得这一增产潜力的关键。因此,这一时期适宜的温度、充足的光照、适当的土壤水分和营养,以及合理的密度和科学的田间管理是保证高产的重要条件。

整个植株开花与结荚无明显界限,统称花荚期。这一时期是营养生长和生殖生长并进的旺盛时期,根系发育旺盛,茎叶生长加快,花芽分化迅速,是决定籽粒产量与品质的关键时期,也是扁豆整个生育期中需水需肥的高峰期。小扁豆开花结荚后,营养生长进入旺盛阶段,茎枝加粗,节数增多,株型基本定型,叶片增多而加大,叶面积指数达到高峰。此时根瘤氮能力较苗期旺盛,氮素一般可以满足,应结合灌水,注意施用磷、钾肥。此阶段栽培主攻方向是处理好扁豆和环境条件(水、肥、光)的关系,在一般情况下,应及时适当供应养分和水分,以促进根系和茎叶正常生长,加大吸收面积和光合面积,加强水肥管理,小扁豆是一个耐旱力强的品种,苗期需水量少,蔓伸长后及结荚期需水较大。一般在蔓伸长期浇水1~2次,花荚期10 d左右浇水一次。浇水后中耕除草,结合追肥,防治落花落荚和徒长,注意防治病虫害是增花保荚提高粒重的有效措施。王云波(2003)研究表明,白扁豆开花结荚期是植株吸收钾、磷、钼等元素高峰期,试验证明,在分枝期至开花初期进行一次追肥,有良好增产效果。土壤肥力低或幼苗生长瘦弱,封垄较为困难的地块应适当追肥;在土壤比较肥沃,基肥和种肥充足,大豆生育健壮,植株繁茂时,不必追肥,以免造成徒长倒伏。追肥要考虑氮磷配合,追肥的数量硝酸铵每亩5~7.5 kg,氮、磷比1:3或1:2。追肥时要酌情考虑结合中耕培土进行。用磷铵和磷二铵效果最好,硝酸磷使用较好。开花后每隔几天喷1次0.5%的磷酸二氢钾溶液有明显的增产效果。微量元素钼有提供扁豆叶片叶绿素含量,促进形成蛋白质和增强植株对磷的吸收等作用,用浓度为0.05%的钼酸氨水溶液喷洒叶面,可减少花荚脱落,从而增加产量。

3. 生殖生长阶段　指鼓粒至成熟期。从开花结荚到鼓粒阶段,有重叠部分,没有明显的界线,以豆荚的扁籽粒显著隆起的植株达到50%以上的日期称鼓粒期。生育特点是生殖生长已占主导地位。籽粒是该期养分聚集的中心。大体经历鼓粒、成熟、末熟三个生育期。这阶段,荚内豆粒已鼓到最大,叶片逐渐枯黄。鼓粒成熟前期对水分、养分、光照和温度要求较高,应提高光合产物输向种子的能力,加强灌浆速度与数量,特别是结荚后的10 d时间,种子的绝大部分干物质是在此时间内积累的。这是保证减少落荚,籽粒饱满的重要条件。种子鼓粒后,含水量迅速下降,干物质达到最大重量,胚的发育也达到成熟,小扁豆成熟时易落荚、落粒,应在植株豆荚开始转黄,下部豆荚变褐或黄褐色时,茎叶变黄,70%~80%豆荚枯黄时即可收摘,以后每6~8 d收摘一次。对于大面积生产的地块,人工采摘有困难时,则应选用熟期一致、豆荚上举、成熟时不炸的小扁豆品种。为防霉变或籽粒表皮皱缩,促进后熟,提高粒色和品质,收割应在早晚湿度大时进行,干热天气易引起落粒,收获后的小扁豆在无毒、无害、干净的场地及时晾晒、脱粒以防污染和保持良好的商品色泽,如遇降水集中或过多,应选晴天翻小垛晾晒,要注意防止捂垛出芽。小扁豆籽粒含水量以14%为宜,这样种子在储藏期间不易发热或发霉。生产上,这个阶段是决定粒重的关键时期,要提高结荚率、荚粒数和百粒重。豆田管理对粒重和籽粒品质的影响最大,此阶段田间管理的中心任务是用遇旱浇水和根外追肥的方法来延长植株功能叶片的寿命,提高光合能力,促早熟,增粒重,实现高产稳产。

(二)生育时期与生育阶段的对应关系

在完成一个生产周期中,按形态特征、生育特点和生理特性,往往可分为三个不同的生长发育阶段,每个阶段中又包括不同的生育时期。这些不同的阶段与时期既有各自的特点,又有密切的联系,对作物产量和品质具有重要影响。

营养生长阶段种子萌发时,胚根的分生组织细胞分裂、生长,使根不断增长,其中生长最快的是根的伸长区;茎和叶是由种子的胚芽长成,胚芽顶端的细胞分裂和生长,长成茎,与此同时,部分细胞分化成幼叶,幼叶生长成植物的叶。此阶段是指从作物生根、增叶、茎节生长至生殖体开始分化形成的一段时间,是作物以营养器官生长为主的阶段。此阶段的长短因作物类型而异,是收获营养器官的作物形成产量的关键阶段。

在营养生长与生殖生长并进阶段,当营养生长到一定时期以后,便开始形成花芽,以后开花、结果,形成种子。作物的花、果实、种子等生殖器官的生长,叫作生殖生长。由营养生长转变到生殖生长为主的阶段,需要一定的条件。首先要依靠作物的营养器官制造和积累一定数量的有机物,其次不同作物还需要不同的外界条件,往往是指生殖体开始分化形成至营养体生长达最大值、生殖体分化完毕的一段时间。本阶段的生育特点是:茎节迅速伸长,叶片增多、增大,根系继续扩展,营养体基本建成,同时生殖体强烈分化,是植物生长发育最旺盛的阶段,也是促进叶片增大,茎秆粗壮,协调营养生长与生殖生长关系,促进生殖体形成,早开花、多结实的重要阶段。

生殖生长阶段指营养体生长达一定值、生殖体分化完毕至成熟收获的一段时间。营养体根、茎、叶停止生长或生长变缓,并开始进入衰老期,生殖体完成开花、受精而进入产量形成阶段,是决定以籽粒为收获物的作物产量的关键阶段。如图2-1所示。

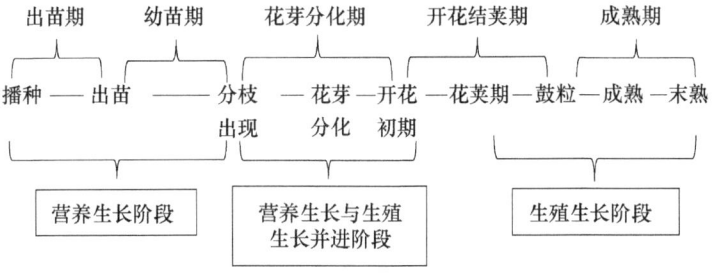

图2-1 小扁豆生育期与生育阶段的对应关系(邢宝龙等,2018)

营养生长对生殖生长的影响:没有生长就没有发育。这是生长发育的基本规律。营养生长是生殖生长的基础和前提,在作物不徒长的前提下,营养生长旺盛、叶面积大、光合产物多,果实和种子才能良好发育;反之,若营养生长不良,则作物矮小瘦弱,叶小色淡,花器官发育不完全,果实发育迟缓,果实小、种子秕而少,产量低。叶光合作用固定的糖类为生殖生长提供碳骨架和能量,根从土壤中吸收作物生长所必需的矿物质元素和水,这些物质同样是花形态建成所不可缺少的,而茎则作为同化物运转的通道和同化物的产生次级源、中间库,可将物质最终送到生殖体,供作物进行生殖生长。所以,作物生殖生长的一切物质基础都建立在营养生长的基础之上,以营养生长为生殖生长的前提。营养器官生长的好坏直接影响到生殖器官的发育。

生殖生长对营养生长的影响:由于植株开花结果,同化作用的产物和无机营养同时要输入营养体和生殖器官,从而生长受到一定程度的抑制。因此,过早进入生殖生长,就会抑制营养生长;受抑制的营养生长,反过来又制约生殖生长,在植物的生育时期中,营养器官的生长是生殖器官生长的基础,其为生殖器官的生长发育提供必要的碳水化合物、矿质营养和水分等,在此前提下生殖器官才能正常生长发育。营养生长与生殖生长这一矛盾对立体中同时又存在着相互制约、相互影响的问题。

第二节 环境因素对小扁豆生育进程的影响

一、自然因素的影响

(一)温度的影响

1. 种子萌发的三基点温度 小扁豆种子萌发的三基点温度即指最低温度、适宜温度、最高温度。

温度是影响种子萌发的一个关键因素。王梅春等(2019)提出了使用温度三基点即最低温度、适宜温度、最高温度来描述种子萌发对温度的需求。各类种子的萌发一般都有最低、最适和最高三个基点温度。种子萌发对温度的需求特性有利于其调整萌发时机,以在特定生存环境下最大限度地增加幼苗的存活,因而对于物种对环境的适应及其延续具有重要意义。因物种所处生长环境的不同,种子萌发对温度的反应存在较大差异,一般温带植物种子萌发的最低温度与最高温度都较低,而热带植物种子萌发的温度均较高;温带植物种子萌发,要求的温度范围比热带的低。如温带起源植物小麦萌发的三个基点温度分别为:0~5 ℃,25~31 ℃,31~37 ℃;而热带起源的植物水稻的三基点则分别为10~13 ℃,25~35 ℃,38~40 ℃。对于同一植物,由于所处环境不同,种子萌发对温度的需求也存在不同程度的差异。还有许多植物种子在昼夜变动的温度下比在恒温条件下更易于萌发。例如小糠草种子在21 ℃下萌发率为53%,在28 ℃下也只有72%,但在昼夜温度交替变动于28 ℃和21 ℃之间的情况下发芽率可达95%。种子萌发所要求的温度还常因其他环境条件(如水分)不同而有差异,幼根和幼芽生长的最适温度也不相同。

种子萌发是指种子从吸胀作用开始的一系列有序的生理过程和形态发生过程。种子的萌发需要适宜的温度,一定的水分,充足的空气。种子萌发时,首先是吸水。种子浸水后使种皮膨胀、软化,可以使更多的氧透过种皮进入种子内部,同时二氧化碳透过种皮排出,里面的物理状态发生变化;其次是空气,种子在萌发过程中所进行的一系列复杂的生命活动,只有种子不断地进行呼吸,得到能量,才能保证生命活动的正常进行;最后是温度,温度过低,呼吸作用受到抑制,种子内部营养物质的分解和其他一系列生理活动,都需要在适宜的温度下进行的。

种子萌发时,包括胚乳或子叶内有机养料的分解,以及由有机和无机物质同化为生命的原生质,都是在各种酶的催化作用下进行的。而酶的作用需要有一定的温度才能进行,所以温度也就成了种子萌发的必要条件之一。不同植物种子萌发都有一定的最适温度。高于或低于最适温度,萌发都受影响。超过最适温度到一定限度时,只有一部分种子能萌发,这一时期的温度叫最高温度;低于最适温度时,种子萌发逐渐缓慢,到一定限度时只有一小部分勉强发芽,这一时期的温度叫最低温度。了解种子萌发的最适温度以后,可以结合植物体的生长和发育特性,选择适当季节播种。

基于种子萌发对温度的响应特征,王梅春等(2019)提出种子萌发的积温模型,经过数十年的发展和完善积温模型已广泛应用于定量分析种子萌发对温度的需求。

陈喜明等(2011)介绍,小扁豆种子发芽最低温度为15 ℃,最适温度为18~21 ℃,结荚期最适温度为24 ℃左右。连荣芳等(2018)介绍,小扁豆发芽最低温度是3~4 ℃,最适温度为18~21 ℃,生长最适温度约24 ℃,低于-3 ℃的严寒或霜冻对其生长有害。宋刚等(2006)介绍,小扁豆发芽最低温度3~4 ℃,与蚕豆一致,高于豌豆;生长最适温度22 ℃,与豌豆、蚕豆基本一致,气温低于-3 ℃时受冻害。在肥力较低的旱地玉米、烟草、向日葵、小麦等作物不能正常生长的地方可正常生长,产量基本不受影响。

2. 生育期的积温效应 小扁豆生育期的积温是对小扁豆种植地区和播期选择的重要参考。

小扁豆属于喜凉作物,要求的温度水平低,整个生长发育期需要积温较少,小扁豆适于温带和亚热带冷凉气候,在北纬15°~45°低海拔地区都有栽培。一般需要≥0 ℃积温1500~2000 ℃·d。这种作物生物学下线温度在4~5 ℃,生育期适宜生长的温度一般在12~15 ℃,一般适于秋冬播种,苗期可耐受-5~8 ℃。

小扁豆种子在土壤温度为5 ℃时就能发芽,18~21 ℃为最适发芽温度。据国际干旱地区农业研究中心报道,冬播时气温和土温低于10 ℃,需要25~30天才出苗;而春播气温和土温约为20 ℃时,7~9天就可以出苗。一般情况下,生长最适温度约24 ℃。温度在27 ℃以上,对多数品种生长不利;严寒或霜冻对其生长也有害。但不同类型小扁豆品种,对温度反应各异。

张传乃等(1990)介绍榆林扁豆、扶风麻扁豆、镇安灰扁豆等陕西地方品种36份,选大荔扁豆和彬县扁豆各4株为供试材料,结果表明,在杨陵地区,小扁豆营养生长与生殖生长品种间长短不一,营养生长期为194~212 d;生殖生长期为28~40 d。而且不同地区的品种生育日数也不同,营养生长日数随原产地纬度的降低而减少。生殖生长期随纬度的降低而增加(表2-1)。

表2-1 不同地区的生育日数和有效积温(张传乃等,1990)

项目	陕北		关中		陕南	
	营养生长	生殖生长	营养生长	生殖生长	营养生长	生殖生长
日数(d)	206.4	32.4	201.7	34.8	200.6	34.9
全生育日数(d)	238.8		236.5		235.5	
≥10 ℃积温	7331.4	679.3	6351.4	703.5	6102.5	720.2
(℃·d)	8010.7		7054.9		6822.7	

小扁豆营养生长期≥10 ℃积温为6102.5~7331.4 ℃·d,地区间差异是陕北>关中>陕南;生殖生长期≥10 ℃积温为679.3~720.2 ℃·d,地区间差异是陕北<关中<陕南。可见

生育日数与≥10 ℃积温密切相关,生育期愈短,需有效积温愈少。小扁豆开花与温度的关系:在14～22 ℃开花较多,占80.1%;10 ℃以下和26 ℃以上开花极少,甚至没有。品种间有差异,大荔小扁豆在10～26 ℃开花;彬县小扁豆在10 ℃以下还有1.1%开花,24 ℃以上不再开花。

小扁豆在不同发育阶段的最低、最适温度分别是:出苗,4～5 ℃、6～12 ℃;现蕾,4～5 ℃、12～16 ℃;开花,12～15 ℃、17～21 ℃;结荚,10～12 ℃、17～22 ℃。除苗期外,在其他生育期都要求有较高的温度。最适宜开花结荚的温度是20～25 ℃,当外界温度高于35 ℃时,导致一些花发育不良,生长畸形。一些花虽说发育好,但因温度高,花粉活力差,授粉能力差,因授粉不良而脱落。另外,大多数根瘤菌生长繁殖最适宜的气温是29～31 ℃,土温是27 ℃。高于或低于这些温度,都不利于根瘤菌的生长繁殖。

(二)光照的影响

1. 光周期(日长)的影响 光周期是指昼夜周期中光照期和暗期长短的交替变化。光周期现象是生物对昼夜光暗循环格局的反应。大多数一年生植物的开花决定于每日日照时间的长短。除开花外,块根、块茎的形成,叶的脱落和芽的休眠等也受到光周期(指一天中白昼与黑夜的相对长度)的控制。某些植物要求经历一定的光周期才能形成花芽,但其他生理活动也受光周期影响。

人类早已注意到多种植物的开花时间相对稳定,但光周期在决定开花期方面所起的作用直到20世纪才了解清楚。1912年法国J. 图尔努瓦发现大麻,在每日6 h的短日照条件下会开花,在长日照下则停留于营养生长阶段。1913年德国G. A. 克莱布斯发现人工加长每日光照时间,可使通常在6月开花的长春花属(Sem-pervivum)植物能在冬季开花。但明确地提出光周期理论的是美国园艺学家W. W. 加纳与H. A. 阿拉德。他们在1920年发现,将在美国南部正常开花的烟草(*Nicotia-natabacumcv.* Maryl and Mammoth)品种移至美国北部栽培时,夏季只长叶不开花;但如果在秋冬移入温室则可开花结实。

小扁豆是长日植物,花芽分化、开花结实在长日照条件下完成,但又是不典型的长日植物,有的品种对光周期反应不敏感。如Large Blond需要在14～16 h光照条件下才开花,而另一品种Ancia zai 9～16 h光照条件下都能开花结荚。一般15～16 h光照下,小扁豆可以明显提早开花。

张传乃等(1990)曾介绍,小扁豆属于长日照作物。陕北品种南移到关中,则光照时间缩短,营养生长期延长;而陕南品种北移到关中,则日照时间延长,提早开花,营养生长期缩短。陈喜明等(2011)认为,小扁豆是长日照作物,也有中性的。连荣芳等(2018)认为,小扁豆大多数是长日照作物,延长光照时间对于绝大多数小扁豆品种均能提早花期,缩短光照时则延迟开花。但有的品种对光周期反应不敏感。一般在15～16 h光照下,小扁豆可明显提早开花。

宋刚等(2006)介绍,扁豆属长日照作物,但对光照要求不严,试验证明,同一品种3月下旬播种,7月中旬收获,4月下旬播种,8月中旬收获,两者生育天数基本一致,这一特性在抗灾农业生产中具有特殊重要的作用。首先在遇到春旱无法播种时,可调整播期,适当推迟播种,避开干旱对出苗的威胁。其次,当某种作物受灾害影响延误播期后,可改种、补种扁豆。所以扁豆以其自身面积的不稳定,保证了粮食和群众生活的稳定性。

小扁豆各品种在光饱和点(光强继续上升而光合强度不变时的光照强度)和光合强度(单位面积上干重增加的速度)上也是有区别的,说明不同品种对光强的反应是不同的。但是在实际大田群体情况下,它们的群体光合作用产物也是随着光强增加而增加,说明在不同程度上是喜光的,耐荫是相对的。小扁豆根瘤菌类菌体固氮酶固氮所需的能量来自植物的光合作用所产生的糖分。据测定,类菌体每固定 1 g 氮,需消耗 4 g 以上糖,固氮和固碳是相互依存的。因而小扁豆作物一般需要光照而不耐阴。

袁娟等(2004)研究了不同光周期诱导对扁豆发育进程的影响。结果表明 16 h 光周期诱导显著延迟了初花期和初荚期,其他处理差异不显著。初花节位随光照处理时数的增加而升高。在整个诱导过程中,短光照(8 h,10 h)处理下真叶内的游离氨基酸含量高于长光照(14 h,16 h)处理;赤霉素(GA)峰出现时间与光处理时间正相关;脱落酸(ABA)峰出现的时间与光处理时数负相关;光细胞分裂素(CTK)在各处理中均呈倒"V"形趋势,其含量随光周期处理时数的增加而增加。扁豆光周期诱导过程中,真叶内各激素及同化物参与了成花诱导。短光照处理能使扁豆 GA 形成高峰时间提前,使 ABA 高峰延后,而长光照处理则正相反。长光照处理使 CTK 含量高于短光照处理。GA、CTK 和 ABA 是所有影响扁豆成花的激素中起主要作用的激素。推测相对短日植物扁豆的成花信号中多种内源激素和游离氨基酸共同起重要作用,它可能是数量性状,当这信号高峰出现并达到一定量时,引起成花反应,进而导致花的开放。

2. 光照强度的影响 光照强度对植物会产生很大影响。一切绿色植物必须在阳光下才能进行光合作用。植物体重量的增加与光照强度密切相关。植物体内的各种器官和组织能保持发育上的正常比例,也与一定的光照强度直接相联系。光合作用是植物生产和积累有机物质的主要来源,光合能力的强弱对小扁豆获得高产具有重要影响。叶绿素含量会影响小扁豆的光合能力,不同小扁豆品种的光合能力也存在较大差异。光合能力较强的品种超氧化物歧化酶、过氧化氢酶活性下降缓慢,丙二醛(MDA)含量增加幅度较小,叶片功能期长,衰老慢,有助于光合产物的积累。在施肥方面,磷肥的施用能部分削弱由于逆境胁迫对光合作用的光抑制和对光合机构的损伤,有利于植株光合作用的进行,提高光合速率。氮肥的施用则可促进小扁豆叶面积的增大,叶片数的增加,提高光合面积和叶绿素含量,从而提高小扁豆叶片的光合速率,有利于干物质的积累和产量的增加。

光照对植物的发育也有很大影响。要植物开花多,结实多,首先要花芽多,而花芽的多少又与光照强度直接相关。小扁豆属长日照作物,一般在 15~16 h 光照下可促使小扁豆提早开花。但也有一些品种对光周期反应不敏感。研究小扁豆对光照条件的反应,目的在于采取相应的措施,改善光照条件,提高光合作用效率,使小扁豆高产稳产。如苗期及早中耕除草,可以减少杂草与幼苗争光、争水肥的矛盾。合理密植则能使个体和群体都能得到良好发育,充分利用地力和光能。在有灌溉条件的地块,可提早播种,延长生育期,增加光照时数,提高单位面积产量。在高肥水田块,应采取控制植株的营养生长,减少因茎叶过多形成的田间郁闭,防止因光线不足,茎秆软弱而造成的减产。

(三)水分的影响

在植物细胞中,水通常以两种状态存在。靠近原生质胶体颗粒而被胶粒紧密吸附的水分子称束缚水;远离原生质胶粒能自由流动的水分子称自由水。束缚水决定植物的抗性能力,束缚水越多,原生质黏性越大,植物代谢活动越弱,低微的代谢活动使植物度过不良的外界条件,束缚水含量高,植物的抗寒抗旱能力较强。自由水决定着植物的光合、呼吸和生长等代谢活动,自由水含量越高,原生质黏性越小,新陈代谢越旺盛。

1. 小扁豆的需水量变化规律 小扁豆植株需水量是指小扁豆全生育期内总吸水量与净

余总干物重的比率。由于小扁豆所吸收的水分绝大部分用于蒸腾,所以需水量可以认为是总蒸腾量与总干物质重的比率。各种作物的水分利用效率不同。一般 C_4 植物的需水量低于 C_3 植物。同一种作物的需水量与地理起源、形态、结构、生理生化特性以及由此所决定的光合效率不同有关。C_4 植物由于有较高的光合固氮效率,因而增大了气孔对水分的阻力,一般气孔阻力低于 C_3 植物,因增大了气孔对水分的阻力,减少了蒸腾失水,提高了水分利用效率。同一种作物的需水量,还常因其他条件的变化而异,如在土壤缺乏氮、磷、钾等无机营养时,水分利用效率降低,需水量增加。参与水分代谢的水分称生理需水。蒸腾系数是耗水量的倒数,由于土面和棵间蒸发以及因径流与渗漏等而需要消耗的一定量水分,蒸腾系数愈大则水分利用效率愈低,很多水分不被吸入植物体内参与水分代谢,只具有调节生态环境中水平衡的作用,因而可称为生态需水。

2. 小扁豆的需水临界期 作物一生中的需水量随生育进程而不断变化,同时也随气象条件而波动。不同生育期对水分的敏感程度是不同的,对水分最敏感,即水分缺乏或过多对产量影响最大的时期,称为作物的水分临界期。在需水临界期内细胞原生质的黏度和弹性剧烈降低,新陈代谢增强,生长速度变快,需水量增加,作物忍受和抵抗干旱的能力大大减弱。如果这时缺水,新陈代谢不能顺利进行,生长受到抑制,作物会受害显著减产。各种作物的需水临界期虽然不同,但基本上都处于从营养生长到生殖生长的这段时期,这一时期越长,需水临界期也越长。根据各种作物需水临界期不同的特点,可以合理选择作物种类和种植比例,使用水不致过分集中。作物需水临界期也是灌溉工程规划设计和制定合理用水计划的重要依据。

作物的水分临界期如降水量适当且保证率高,就不是对产量影响最大的时期。如作物对水分相当敏感,又正是当地降水条件较差又不稳定的时期,就成为水分影响产量的关键时期,称为作物的水分关键期,与作物的水分临界期可能一致,也可能不一致。如中国北方旱地玉米往往春播期间的降水对于出苗率和产量有极大影响,可以认为是一个水分关键期,但这时作物需水量并不大,敏感程度也赶不上开花期,并不是需水临界期。需水临界期是一个相对的概念,它只是说明作物在这个时期比其他时期更为需要水,对水分的反应更为敏感,而不是说在其他时期就可以缺水或者多水,且需水临界期不一定是作物需水最多的时期,也不一定成为需水的关键期。而是水分对产量影响最大的时期。其他时期的水分需求也是不能忽视的,要弄清作物不同时期的需水规律,就应该搞清楚当地降水与土壤水分的季节变化,并与同期的苗情进行对比分析,从而确定相应的保墒、灌溉和栽培技术。作物水分关键期概念综合考虑了作物的特性和当地的农业气象条件,在生产上更为实用。

小扁豆不耐涝,种在干旱地区或山区,能靠自然降水或底土水分生长。灌水可以使小扁豆明显增产。小扁豆虽然耐旱,开花期和豆荚膨大期遇干旱和高温,也会减产。

连荣芳等(2018)介绍,小扁豆种子发芽需要吸收相当于其自身干重的水分,通常 24~32 h 可以吸足水分,并开始萌动。小扁豆耐旱不耐涝,多种植在干旱地区或山区,靠自然降雨或底土水分生长。4~6 片真叶期和花荚形成期是小扁豆的两个需水临界期。小扁豆一生需要 200~300 mm 的降水或灌溉水。宋刚等(2006)介绍,扁豆籽粒小,吸水力强,发芽吸水达重的 112%,比豌豆、蚕豆分别高 12.1% 和 21.2%。

小扁豆种子胀性较大,吸水膨胀后体积增加一倍以上,因此,发芽时需水较多,但播种后如水分过多,则容易引起种子腐烂而丧失发芽势。种子的吸水多少又和种子的大小、品种特性、种子来源有密切关系。一般来说,大粒种子、原产干旱地区的种子需水较多;小粒种子,生长在湿润条件下的种子,需水较少。也就是小粒的种子比大粒的种子能在更为干旱的土壤中发芽。

种子消耗水分的多少,因气候条件、田间管理、生长季节长短的不同而异。在不同的发育阶段消耗的水量不同。据测定,小扁豆在开花、结荚、鼓粒至成熟时期是耗水最多的时期,也是需水的关键时期。此时必须有充足的水分供应,才能保证叶片正常进行光合作用和干物质积累,减少落花落荚,使荚粒饱满。在干旱地区或干旱季节,进行灌溉或人工降雨,尤其是人为的用有机物覆盖地面,可明显地提高产量。有机物覆盖能提高土壤水分有效性,减少水蚀和风蚀,减少水分蒸发而保持土壤水分。小扁豆作物与其他豆类作物相比,一般耐旱而不耐劳,因此多种植于干旱地区或山区,靠自然降雨或底土水分生长发育。在有条件的情况下,在开花结荚期供给足量的水分,不失为提高产量行之有效的方法。

植物种子的发芽生长是其整个生长过程中最重要的一个阶段,同时也是其对外界环境变化最敏感的一个时期,水、肥以及重金属离子等环境因素都会不同程度的对种子的发芽生长造成影响。扁豆种子在干旱胁迫条件下,发芽生长过程中的吸水能力受到抑制,从而使种子中与碳氮代谢有关的酶活性及其代谢产物不可避免地受到影响,最终影响到种子的发芽生长情况。孙强(2018)以紫花扁豆种子为材料,采用不同浓度聚乙二醇(PEG)的方式对种子进行处理,形成不同的渗透压,抑制其水分吸收,从而模拟干旱胁迫效果,以此探究干旱胁迫对扁豆种子发芽生长的影响情况。小扁豆种子经过24 h、48 h、72 h 的处理后,随 PEG 浓度的提高扁豆种子发芽率呈逐渐下降趋势。24 h 时,种子发芽率分别下降 3.75%、11.87%、36.88%以及52.50%;48 h 时,种子发芽率分别下降 6.75%、13.10%、29.76%以及 33.73%;72 h 时,种子发芽率下降 4.08%、11.22%、13.61 以及 22.79%。从以上数据中可以看出,PEG 溶液浓度的不同对扁豆种子的发芽生长有不同程度抑制作用。通过不同 PEG 浓度下种子 α-淀粉酶活性、根系活力及可溶性糖含量结果分析,扁豆种子在经过低浓度 PEG 的处理后,其根系生长发育情况较好,随着 PEG 浓度的升高,其根系活性开始受到抑制;α-淀粉酶的活性也会随着 PEG 浓度的不断升高而受到抑制,活性有明显的降低;对于可溶性糖含量的测定结果也与以上两者相近,可溶性糖含量同样表现出随 PEG 浓度升高而降低的情况,不能在种子发芽生长过程中为其提供充足的能量。

在 PEG 模拟干旱胁迫中主要利用的是渗透压差异原理,通过对 PEG 溶液渗透压的调节,抑制种子对水分的吸收,从而形成干旱模拟。目前对于 PEG 模拟干旱胁迫的浓度设置还在探索阶段,现有的研究资料认为,当 PEG 浓度为 20%~25%时是扁豆种子发芽生长抗旱性鉴定的最佳浓度。在形成渗透压迫以后,种子将无法吸收充足的水分,细胞失去膨压,活动明显降低,从而严重影响种子的发芽生长。通过对扁豆种子发芽生长的过程进行分析,可以看出种子是以胚乳中的淀粉和蛋白质等物质的代谢和降解为中心,为幼苗的生长提供能量。种子在低浓度 PEG 溶液的处理下,其淀粉酶活性更高,淀粉的分解速度因此加快,从而使种子中可溶性糖的含量明显提升,保证了种子发芽生长中所需的能量,因此具有更高的发芽率。在提升 PEG 浓度以后,渗透压开始发生变化,基质中的含水量开始降低,从而导致种子的代谢变慢,根系活力降低。通过这种调整渗透压的方式模拟干旱对种子发芽生长的胁迫,证明在干旱胁迫下,种子的酶活性会受到较大影响,影响其对营养物质的分解,使其难以获取发芽生长所需要的能量,因此发芽率不高。

(四)海拔的影响

海拔是一个重要的地形因子,首先温度受其影响最大。一般地,温度会随着海拔升高而降低,昼夜温差大,从而对作物生长产生影响,提高作物的光合作用效率,有利于作物糖分的积累。

海拔高的地区,光照时间长,光照(太阳辐射)是作物所有代谢活动的唯一能量来源,它影响生态系统内一系列生物、化学和物理过程,从而深刻影响着作物的生长、形态、生物量等。强光可减少对叶干物质量的投入,缩小叶面积,同时为缓和因强光而导致的水分胁迫,减少因蒸腾速率增加造成的水分亏缺,随着海拔升高,昼夜温差增大,作物叶绿素含量随之增高,作物绿色器官制造的光合产物扣除其同时的呼吸消耗,剩余部分会以蔗糖等的形式运送到生长点(用于营养和生殖生长)或储存处。例如,植物体内可溶性糖的浓度与植物的抗冻能力成正比。随着海拔升高,植物体内可溶性碳水化合物含量明显增加。在高海拔地区的植物叶中,往往有很高含量的糖、淀粉等非结构性碳水化合物。在高海拔植物光合作用的最适温度都要比生长在低海拔处低。

扁豆是一种重要的豆科植物,起源于非洲、印度等地,于南北朝时期传入中国,有悠久的栽培历史。目前,产量低、品质差是中国扁豆种植中存在的主要问题。随着近年来扁豆的市场需求不断扩大,其价格也开始日益攀升,国内部分地区已经开始形成规模化、产业化的扁豆生产基地。据统计,国内目前扁豆种植面积约 4000 hm^2,年产量达到 15 万~20 万 t。

中国北方小扁豆主要产区一般都在高海拔地区。农田布局有不同海拔梯度。关于生育期的海拔效应,根据生产实际,作定性阐述。宋刚等(2006)介绍,从全国情况看,扁豆主要分布在海拔 1000 m 以上的黄土高原区。该区大陆气候明显,阳光充沛,昼夜温差大,工业落后,环境无污染,所产籽粒饱满,千粒重高,是真正的绿色产品,国内、国际两个市场销路看好。据资料介绍,1994—2001 年的 16 年中全国扁豆出口量 11455~50770 t,占中国杂豆年出口量的 2.1%~6.6%,排在第 5 位。2004 年出口 37419.04 t,占 4.81%,排在第 4 位。宁夏出口 2600~4800 t,虽然呈上涨趋势,但由于全国出口量增长,所占比例由 22.7% 下降到 9.5%。陈伟俊等(2013)介绍,在甘肃省景泰县旱砂田西南部干旱冷凉山区,海拔 2200~2700 m,年均气温 3.5 ℃,气候凉爽,昼夜温差大,无霜期 120 d,年降水量 185 mm,主要集中在 7—9 月,年蒸发量 3038 mm。栽培品种以适宜当地栽培的优良品种绿扁豆为主,定选 1 号为辅搭配种植,结合生产实践总结出了高海拔冷凉地区旱砂田小扁豆栽培技术。

二、人为因素的影响

1. 播期和种植地区 适期播种是发挥其丰产性能的重要措施。5~10 cm 土层土壤地温稳定在 10 ℃时在干旱半干旱春播区一般 3 月中下旬或 4 月上中旬播种。

扁豆属长日照作物,但对光照要求不严,试验证明,同一品种 3 月下旬播种,7 月中旬收获,4 月下旬播种,8 月中旬收获,两者生育天数基本一致,这一特性在抗灾农业生产中具有特殊重要的作用。首先在遇到春旱无法播种时,可调整播期,适当推迟播种,避开干旱对出苗的威胁。其次,当某种作物受灾害影响延误播期后,可改种、补种扁豆。韩启亮(2014)以晋扁豆 1 号为供试材料,以播期为主区,密度为副区,进行小扁豆 2 因素 4 水平裂区试验。结果表明:播种期以 3 月 27 日增产效果最好,产量可达 2030 kg/hm^2,比 4 月 9 日、4 月 16 日、4 月 27 日播种的处理分别增产 20.8%、27.7%、49.6%;密度以 75 万株/hm^2 增产效果最佳,产量可达 1727 kg/hm^2,比栽植 135 万株/hm^2、45 万株/hm^2、105 万株/hm^2 的处理分别增产 8.6%、4.0%、2.8%;提高产量重点目标性状应该是单株荚数和千粒重;就生育表现而言,早播处理区播种至出苗、出苗至现花的日数相对更长,这与早春地温低、萌芽速度慢、发育时间长不无关系。联系早播处理的增产效果和小扁豆的可冬播习性,似乎低温条件下萌芽也是一种增花、增荚、增粒进而增产的因素,有待继续研究。但是在适宜条件下,采取措施保花、保荚、增粒重是非常必要的。

小扁豆在中国主要分布于陕西、甘肃、宁夏、山西、内蒙古、云南、西藏等省(区),常与小麦、谷子、大豆、油菜等作物间、套、混种植,也有单作种植。

小扁豆可春播,也可秋冬种播。在陕西的榆林、延安,甘肃的定西,宁夏的固原,山西的大同、朔州,河北的张家口,内蒙古的鄂尔多斯、乌兰察布市等地区,一般在3—4月播种,7—8月收获。在陕西的宝鸡、咸阳,甘肃的天水、平凉、庆阳,山西的临汾、运城,云南的丽江、迪庆等地区,一般在10月初或11月初播种,翌年5—6月收获。

2. 播种方式和水分胁迫 作物在生长期间经常会受到不同逆境的影响,尤其是重要生长阶段遭受严重的逆境环境如持续干旱等,将导致作物生理代谢混乱,使作物植株早衰,从而严重影响作物的产量。生理代谢混乱将使其体内生理生化物质剧增或骤减,因此,作物体内部分生理生化物质在逆境中含量的变化可以反映作物受伤害的程度。有研究表明,植物在受到轻度干旱胁迫时,渗透调节是主要途径。许多研究也证实,水分胁迫下,几乎所有的作物都具有渗透调节能力,但是不同的作物或品种调节能力有所差异。脯氨酸维持积累量能准确表达脯氨酸积累能力与植物抗旱性的关系。丙二醛是膜脂过氧化的主要产物之一,常作为判断膜脂过氧化作用的主要指标,一般认为作物抗旱性强弱与品种丙二醛含量高低密切相关。

舒敏玉等(2007)选用两个小扁豆(*Lens calinaris* Medik)品种,分别产自甘肃的清水乡(A品种)和龙泉乡(B品种),均为耐旱品种,A品种是当今清水地区广泛种植的品种,B品种是龙泉地区20世纪90年代广泛种植的品种。采用单播和混播两种播种方式,研究不同播种方式及水分胁迫时间对小扁豆叶片中丙二醛含量的影响,结果表明,播种方式对小扁豆叶片中丙二醛含量有一定影响,在单播方式下,两个品种小扁豆叶片中丙二醛含量相差较小,变化趋势也基本相似;在混播方式下,两个品种小扁豆丙二醛含量在水分处理前期相差不大,在水分胁迫处理7 d时,B品种的丙二醛含量达到最高,而A品种在水分处理11 d才达最高,且其最高值低于B品种,这种结果可能是A、B两品种小扁豆在混播下由于竞争能力的差异,对有限水资源的吸收利用不同,从而造成了生物膜破坏程度和快慢的不同。同时发现,在单播处理前期,相同品种小扁豆在不同水分处理下叶片中丙二醛含量相差均较明显;但在混播中相同品种不同水分处理扁豆叶片中丙二醛含量相差不大,在水分处理中后期,两个水分处理的小扁豆叶片中丙二醛含量才逐渐拉大,这可能是由于两品种小扁豆在混播下为了减缓干旱对各自的伤害,在水分处理前期吸收了相当的水量,导致水分处理前期对生物膜伤害程度轻,即在前期丙二醛含量与高水处理相差不大,而在单播下缺乏对水分的竞争,导致在水分处理前期就造成生物膜不小的破坏。丙二醛是膜脂过氧化的产物,其含量越高,生物膜破坏越严重,抗逆性越弱。低水处理下小扁豆叶片中丙二醛含量高于高水处理,且在水分处理下小扁豆叶片中丙二醛含量基本随水分胁迫时间延长呈增加的趋势,表明低水处理下小扁豆体内生物膜破坏程度较高水处理严重,且破坏程度随着水分处理时间的延长而加剧。

脯氨酸是一种重要的有机渗透调节物质,在逆境下游离脯氨酸在植物体内迅速累积,进行渗透调节,以维持细胞膨压及正常生理功能。水分胁迫下小扁豆叶片中脯氨酸含量随水分胁迫时间延长而增加,由于脯氨酸的增加,从而增强了渗透调节作用,减轻或避免了干旱胁迫在早期对小扁豆生长的破坏作用。播种方式也会影响小豆叶片中脯氨酸含量,在单播方式下,相同品种小扁豆在高水和低水处理的脯氨酸含量相差较大,且随着水分胁迫时间延长,低水处理脯氨酸含量增加幅度较大,而高水处理增加幅度较小;在单播水分胁迫相同时间段,B品种叶片中脯氨酸含量明显高于 A 品种,表明 B 品种在单播下对干旱胁迫敏感性高于 A 品种。在混播方式下,水分处理 3 d 内,高水和低水处理的小扁豆叶片脯氨酸含量相差较小;3 d 后,两个水分处理小扁豆叶片中脯氨酸含量随水分处理时间的延长均逐渐增加,在水分处理 7 d 后,低水处理叶片中脯氨酸含量增加幅度较大;同时发现 B 品种叶片中的脯氨酸含量在混播水分处理前期(7 d 前)高于 A 品种,而在后期(7 d 后)则 A 品种叶片中脯氨酸含量较 B 品种高,表明在干旱胁迫时 A 品种具有较强的调节性。

植物生物量和籽粒产量是由生长环境和遗传基因等多种因素所决定,不同播种方式及水分处理方式对小扁豆地上、地下生物量影响均较明显。在相同水分处理时,单播方式下 A 品种地上、地下生物量及籽粒产量均高于 B 品种;混播方式下 A 品种地上生物量及籽粒产量显著高于 B 品种,地下生物量则相反。在同一播种方式下,相同品种小扁豆高水处理的地上、地下生物量均高于低水处理,不同水分处理下,A 品种的根冠比均低于 B 品种;在不同播种方式下,同一品种相同水分处理的地上生物量相差不显著,混播方式下,同一品种相同水分处理的地下生物量显著低于单播;低水处理的根冠比均高于对应的高水处理。

3. 土壤养分 小扁豆对土壤质地要求不严,黏土、轻壤土、冲积土等均可种植。一般要求中性或微酸性、微碱性土壤。在微酸性(pH 值为 5.5～6.5)土壤中生长发育良好、健壮;碱性(pH 值为 7.5～9.0)土壤中也能生长发育,只是产量有所降低。这说明小扁豆有很强的耐碱性。多数小扁豆对盐渍土表现极为敏感。

小扁豆和其他禾谷类作物一样,在整个生育期中需要吸收大量的矿物质营养元素。研究表明,必须元素除氮、磷、钾、钙、镁、铁、硫和碳、氢、氧外,还需要硼、锰、铜、锌、钼、氯等微量元素。由于小扁豆本身有一定的固氮作用,因此,施肥时应掌握增施磷、钾和适量的施氮的原则,有机肥和无机肥相结合的原则。磷、钾能够促进根瘤固氮,钙对种子的形成和发育起重要作用,钼有助于固氮作用,它的增加可以大大提高小扁豆整个生长期叶绿素含量,显著提高光合强度。小扁豆对矿物质营养元素的缺乏比较敏感,易于发生各种营养缺乏性病害,应注意防治。

王云等(2007)采用田间正交组合试验,研究不同施肥水平对湘扁豆 1 号、湘扁豆 2 号、湘扁豆 3 号生长发育及前期产量的影响。苗期湘扁豆 1 号比湘扁豆 2 号、湘扁豆 3 号高 1.0～2.5 cm。在营养生长阶段,高氮处理植株的主茎高度明显高于低氮处理的;在生殖生长阶段,高磷处理植株的始花期和始荚期都比低磷处理的早,且每花序结荚数比低磷小区多。三个扁豆品种之间前期产量存在显著差异,而其他因素处理的前期产量都未达到显著水平。氮肥促进扁豆的营养生长,磷肥促进扁豆的生殖生长。不同施肥水平对扁豆品种前期产量没有影响。

通过在不同施肥水平下对扁豆 3 个品种的栽培,初步明确了扁豆营养生长的动态,它们的营养生长都有一个共同的特征:在湘北地区幼苗出土后生长比较快,移栽后 15 d 左右,主蔓开始生长,并进入营养生长快速生长阶段,此后,伴随开花与荚果生长发育的物候期,其生长速度一直居高不下,这与该时期的气候条件相吻合,适合于扁豆营养生长阶段的快速生长。在其他管理条件相同的情况下,同一扁豆品种在不同的施肥水平下营养生长阶段的速度不同,这主要是由肥力条件的不同所决定的。

通过不同施肥水平下对不同扁豆品种生长动态的研究得出,氮肥能够促进扁豆的营养生长,而磷肥则主要是促进扁豆的生殖生长。因此,在种植扁豆时一定要合理追施氮肥、磷肥,做到既节约化肥又达到丰产的效果。磷肥能够使扁豆早开花、早结荚、多结荚,由此可以推断出磷肥可以促进扁豆生殖生长,从而使鲜荚上市时间提早,提高经济效益。试验通过不同施肥水平对不同扁豆品种前期产量影响的研究,得出不同施肥水平对扁豆品种的前期产量没有影响。由于磷肥和钾肥并不像氮肥那样能很快被吸收然后产生效应,而是需要很长的时间才能表现出效应,说明它们的效果很可能在扁豆的中期产量或后期产量和扁豆品质分析中表现出来。因此,难以发现其显著性,但并不说明这些因素对扁豆的产量不重要。

总体来说,小扁豆作物比较耐瘠,但与共生根瘤菌只有在水分适宜,通气良好的情况下才能正常地发育和进行旺盛的固氮作用。因此,疏松和保水性能良好的土壤环境条件是获取高产的必要保证。同时,要特别重视改良土壤的酸碱度,调节好土壤中各种营养元素的平衡比例。

4. 中耕和灌溉 小扁豆比较耐旱,不耐涝,对水分反应敏感。前期水分过多易引起烂根死苗,或发生徒长导致后期倒伏。后期遇涝,易使植株根系生长不良,出现早衰花脱落、产量下降,因此应该注意防涝排涝。在小扁豆生长季节,如湿度过高和雨量过大,植株营养生长过强,则产量低、品质差。小扁豆现蕾期是需水临界期,开花期和豆荚膨大期是需水高峰期,遇干旱和高温会减产。在这两个时期如遇干旱应及时浇跑马水或灌溉。中耕除草是田间管理工作中重要的环节,中耕松土对调节植株长势,防止徒长有很好的效果。每次浇水后,要对扁豆行间进行中耕,破除板结,促进根系生长,增加养分的吸收,从而促进植株健壮生长。小扁豆整个生育期应做到保持土壤疏松、无杂草和适当的水分。苗期中耕,促使根瘤的形成和根系下扎,初花期后深中耕并进行培土、护根防倒。播后 30 d 和 60 d 各人工除草一次,对小扁豆最为适宜。杂草对小扁豆产量影响很大,一生不除草可减产 50%~80%。4~6 片真叶期和花荚期各 1 次或仅在花荚期浇水,小水慢浇,对小扁豆产量有明显增产效果。浇水时禁大水浇灌,小扁豆怕水淹。应及时排涝。为使扁豆早现花,苗期要控制水肥,促进营养生长的转变。现蕾后,保证充足的肥水供应,以促进营养生长与生殖生长的齐头并进。

第三节 小扁豆的碳、氮代谢和水分代谢

一、碳代谢——光合作用

(一)光合作用的暗反应——CO_2 的固定和合成有机物

1. 卡尔文循环的发现 卡尔文循环以其发现者美国加利福尼亚州大学伯克利分校教授卡尔文(Melvin Calvin)的名字命名。20 世纪 50 年代中后期,卡尔文(美国生物化学家)与加州大学伯克利分校同事利用在伯克利刚发现的碳 14(Carbon 14),运用 ^{14}C 同位素示踪和双向纸层析等实验方法和技术,以单细胞小球藻为材料,发现了 CO_2 同化循环途径,首次探明了有关植物光合作用中碳的固定途径,即植物的叶绿体如何通过光合作用把二氧化碳转化为机体内的碳水化合物的循环过程,首次揭示了自然界最基本的生命过程,对生命起源的研究具有重要意义。卡尔文因此获得 1961 年诺贝尔化学奖,该化学途径也被命名为"卡尔文循环"。

2. 卡尔文循环的定义 卡尔文循环(Calvin cycle,或称为 Calvin-Benson-Bassham (CBB)),一译开尔文循环,又称光合碳循环(碳反应,也称为光合反应的暗反应),是一种类似于克雷布斯循环(Krebs cycle,或称柠檬酸循环)的新陈代谢过程。碳以二氧化碳的形态进入并以糖的形态离开卡尔文循环。整个循环是利用 ATP 作为能量来源,并以降低能阶的方式来消耗 NADPH,如此可增加高能电子来制造糖。

从卡尔文循环中所直接制造出来的碳水化合物并不是葡萄糖,而是一种称为 3-磷酸甘油醛(G3P/GAP/GADP/PGAL,Glyceraldehyde-3-phosphate)的三碳糖,为合成一分子真正被获取的糖,整个循环过程必须发生三次的取代作用,固定三分子 CO_2。当在追踪循环的每一个步骤时,就是要注意这三分子 CO_2 在整个反应过程中的变化情形。

3. 卡尔文循环的过程 卡尔文循环是光合作用暗反应的一部分,其反应场所为叶绿体内的基质,整个过程可分为三个阶段:羧化、还原和二磷酸核酮糖的再生,如图 2-2 所示。下文将分阶段进行阐述。

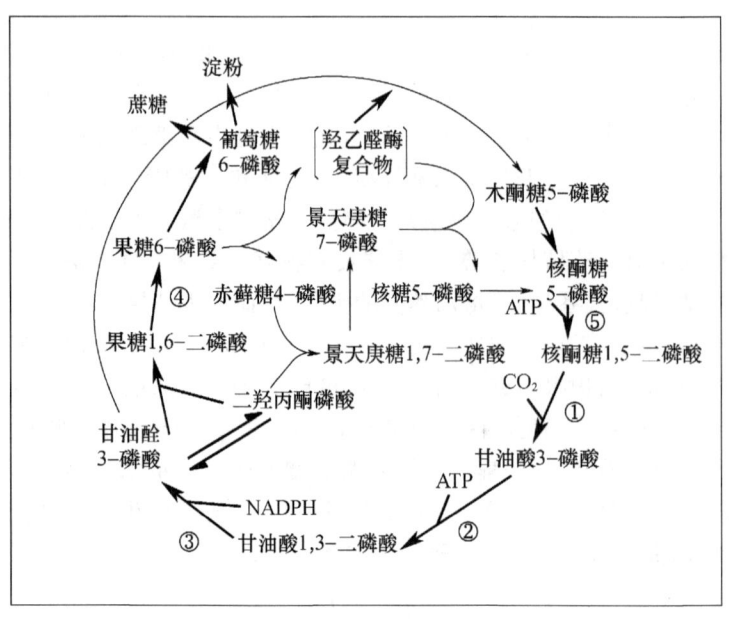

图 2-2 卡尔文循环各主要反应示意图(粗黑线表示 CO_2 转变为蔗糖、淀粉的途径)

第一阶段:碳的固定(羧化)

大部分植物(某些植物例外,本文不予详述)会将吸收到的 1 分子二氧化碳通过一种叫 1,5-二磷酸核酮糖羧化酶/加氧酶(RuBP carboxylase/Rubisco)(这是在叶绿体中最丰富的蛋白质,而且也可能是地球上最丰富的蛋白质)的作用整合到 1 个五碳糖分子 1,5-二磷酸核酮糖(RuBP,Ribulose-1,5-bisphosphate)的第二位碳原子上,形成六碳化合物,此过程称为二氧化碳的固定,也叫羧化。但是这个反应形成的六碳化合物是十分不稳定的中间产物,它立刻就会分解为 2 分子的 3-磷酸甘油酸(PGA,3-phosphoglycerate)。

第二阶段:3-磷酸甘油醛(G3P)的合成(还原)

每分子 PGA 从 ATP 取得一个磷酸基团,生成 1,3-二磷酸甘油酸(BPGA,1,3-bisphosphoglycerate),再从辅酶 NADPH 取得 2 个电子,将羧基还原为醛基转化为贮能更多的 3-磷酸甘油醛(G3P,Glyceraldehyde-3-phosphate),一种由葡萄糖经过糖原酵解而分裂产生的三碳糖。非常明确地,由 NADPH 而来的电子对减少了 PGA 中的羧基(carboyxl group)而形成了 G3P 中的羰基(carbonyl group),如此可驻留更多的位能。注意,每 3 分子 CO_2 需循环 3 次可生成 6 分子 G3P,但是只有 1 分子 G3P 能够真正被获得,脱离循环被植物细胞利用,用来合成葡萄糖或其他糖类,这 1 分子 G3P 才是卡尔文循环的净收入;其余 5 分子 G3P 再经过一系列复杂的变化而生成 3 分子 5-磷酸核酮糖(Ru5P,Ribulose-5-monophosphate),RUMP 磷酸化而转变为 1,5-二磷酸核酮糖(RuBP)。

第三阶段:1,5-二磷酸核酮糖(RuBP)的再生

在一连串复杂的反应中,五分子 G3P 的碳骨架在卡尔文循环的最后一个步骤被重新分配为三分子的 RuBP。为了完成这个步骤,此循环多耗费了 3 分子 ATP,然后 RuBP 又准备好了要再度接收 CO_2,整个循环又可以继续。分析这个过程发现,卡尔文循环的产物不是葡萄糖,而是 G3P,再由 2 个 G3P 化合产生葡萄糖。每生成 1 分子葡萄糖需要 2 分子 G3P,即需要消耗 6 分子 CO_2,完成 6 次卡尔文循环,这样也能间接说明 CO_2 中碳原子转移途径为:$CO_2 \rightarrow C_3 \rightarrow$ 糖类。

在合成 1 分子可利用的 G3P 过程中,卡尔文循环共需消耗 9 分子的 ATP 和 6 分子的 NADPH,借助光反应可再补充这些 ATP 和 NADPH。所以光反应和暗反应是一个整体过程,是缺一不可的。G3P 是卡尔文循环中的产物,然后又成为整个新陈代谢步骤的起动物质,用来合成其他的有机化合物,包括葡萄糖和其他碳水化合物,既不是单独的光反应也不是单独的卡尔文循环就可以利用 CO_2 来制造葡萄糖。光合作用是一种在完整的叶绿体中会自然发生的现象,而且叶绿体整合了光合作用的两个阶段。

4. 卡尔文循环的生物意义 卡尔文循环是光合作用暗反应的一部分,其反应场所为叶绿体内的基质,整个过程可分为三个阶段:羧化、还原和再生。第一阶段,羧化即碳的固定,这一步反应的意义是把原本并不活泼的 CO_2 分子活化,使之随后能被还原。但这种固定后的六碳化合物极不稳定,会立刻分解为两分子的三碳化合物 PGA。第二阶段,还原,PGA 接收 ATP 提供的磷酸基团,再被光反应中生成的 NADPH 还原,生成 G3P。第三阶段,再生,G3P 经过一系列复杂的生化反应,一个碳原子将会被用于合成葡萄糖而离开循环,剩下的五个碳原子经一系列变化,最后再生成一个 1,5-二磷酸核酮糖,循环重新开始。循环运行六次,生成一分子的葡萄糖。G3P 是合成各种有机物质的碳架,可在叶绿体中合成淀粉等物质,又可透过叶绿体,被膜上的起跨膜作用的被称为磷酸运转器的蛋白输出叶绿体外,合成蔗糖等物质。

(二)完成 C_3 途径的酶系统

小扁豆属于 C_3 植物,喜温暖干燥气候,属典型温带植物,耐旱性强而不耐湿。C_3 植物的 RuBP 羧化酶以 CO_2 为底物,固定后形成的最初产物是 PGA(三碳化合物),所以这种反应途径称为 C_3 途径,并把只具有 C_3 途径的植物称为 C_3 植物,如小麦、棉花、大豆等大多数植物是利用该途径固定 CO_2。

C_3 植物叶片结构的特点是:(1) 维管束鞘薄壁细胞较小,不含或极少有叶绿体,没有"花环型"结构,维管束鞘周围的叶肉细胞排列疏松。(2) 叶片中无 Kranz 型结构,只有一种类型的叶绿体,且主要存在于叶肉细胞中。因此,整个光合作用过程都是在叶肉细胞里进行,光合产物亦只积累在叶肉细胞中,维管束鞘薄壁细胞不积累光合作用产物。

C_3 植物的生理特性:(1) 主要 CO_2 固定酶为 RuBP 羧化酶,且存在叶肉细胞的叶绿体中,CO_2 固定途径只有卡尔文循环。(2) RuBP 羧化酶对 CO_2 亲和力为 $K_m = 450\ \mu mol$,弱于 C_4 植物主要利用的 PEP 羧化酶 $K_m = 7\ \mu mol$。(3) C_3 植物的 CO_2 补偿点较高,在 $50 \sim 150\ mg/L$,称为高补偿植物;叶绿体 a/b 为 2.8 ± 0.4,光合最适温度为 $10 \sim 25\ ℃$,光合速率 $15 \sim 35\ \mu mol$ $(dm^2 \cdot h)$。(4) 生物产量(干重)约 $2.2 \pm 0.3\ t/(hm^2 \cdot a)$;蒸腾系数 $450 \sim 950(g\ 水分)/(g\ 干重)$。

碳代谢是植物的基本生理过程之一,也是参与地球化学循环的重要组成部分。卡尔文

循环包括多步酶促反应,利用光反应过程中产生的 ATP 和 NADPH 固定 CO_2,生成碳水化合物。因此尽管卡尔文循环不需要光能,但该过程仍受到光/暗调控。光反应阶段中光信号经由一系列蛋白最终转变为氧化还原信号,通过硫氧还蛋白(TRX)调控卡尔文循环及大量下游反应。叶绿体磷酸核酮糖激酶(PRK)和甘油醛-3-磷酸脱氢酶(GAPDH)是卡尔文循环的关键酶,分别消耗光反应过程中产生的 ATP 和 NADPH,并均受到 TRX 的氧化还原调控,处于还原态时为激活状态,氧化态时为失活状态。此外,卡尔文循环中 CO_2 固定反应相关酶系,包括核酮糖-1,5-二磷酸羧化酶/加氧酶(Rubisco);还原阶段相关酶系,包括 3-磷酸甘油酸激酶(PGK)、3-磷酸甘油醛脱氢酶(GAPDH);再生阶段相关酶系,包括磷酸丙糖异构酶(TPI 或 TIM)、醛缩酶(Aldolase)、果糖-1,6-双磷酸酶(FBP)、转酮酶(TKL)、景天庚酮糖-1,7-二磷酸酶(SBPase)、核酮糖-5-磷酸-3-表异构酶(RPE)、核糖-5-磷酸异构酶(RPI)和磷酸核酮糖激酶(PRK),这些酶同样是其代谢过程中的关键酶,参与了卡尔文循环的催化和调节。

卡尔文循环的总反应方程式见表 2-2,为了方便总方程式的推导,表 2-2 中的反应式两端都乘了系数。

表 2-2 卡尔文循环的反应步骤(邱念伟等,2011)

编号	酶	反应式
1	核酮糖-1,5-二磷酸羧化酶/加氧酶	6 核酮糖-1,5-二磷酸+$6CO_2$+$6H_2O$→12 3-磷酸甘油酸($^1COO^-$)+$12H^+$
2	3-磷酸甘油酸激酶	12 3-磷酸甘油酸($^1COO^-$)+12ATP→12 1,3-二磷酸甘油酸+12 ADP
3	NADP-3-磷酸甘油醛脱氢酶	12 1,3-二磷酸甘油酸+12NADPH+$12H^+$→12 甘油醛-3-磷酸+$12NADP^+$+12Pi
4	磷酸丙糖异构酶	5 甘油醛-3-磷酸→5 二羟丙酮-3-磷酸
5	醛缩酶	3 甘油醛-3-磷酸+3 二羟丙酮-3-磷酸→3 果糖-1,6-二磷酸
6	果糖-1,6-二磷酸酶	3 果糖-1,6-二磷酸+$3H_2O$→3 果糖-6-磷酸+3Pi
7	转酮酶	2 果糖-6-磷酸+2 甘油醛-3-磷酸→2 赤藓糖-4-磷酸+2 木酮糖-5-磷酸
8	醛缩酶	2 赤藓糖-4-磷酸+2 二羟丙酮-3-磷酸→2 景天庚酮糖-1,7-二磷酸
9	景天庚酮糖-1,7-二磷酸酶	2 景天庚酮糖-1,7-二磷酸+$2H_2O$→2 景天庚酮糖-7-磷酸+2Pi
10	转酮酶	2 景天庚酮糖-7-磷酸+2 甘油醛-3-磷酸→2 核糖-5-磷酸+2 木酮糖-5-磷酸
11	核酮糖-5-磷酸表异构酶	4 木酮糖-5-磷酸→4 核酮糖-5-磷酸
12	核酮糖-5-磷酸异构酶	2 核糖-5-磷酸→2 核酮糖-5-磷酸
13	核酮糖-5-磷酸激酶	6 核酮糖-5-磷酸+6ATP→6 核酮糖-1,5-二磷酸+6ADP+$6H^+$
14	磷酸葡萄糖异构酶	果糖-6-磷酸→葡萄糖-6-磷酸
15	葡萄糖-6-磷酸酶	葡萄糖-6-磷酸+H_2O→葡萄糖+Pi
总方程式(标出所有物质的电荷数)		$3CO_2$+$9ATP^{4-}$+6NADPH+$5H_2O$→G3P+$9ADP^{3-}$+8 Pi+$6NADP^+$+$3H^+$

注:游离磷酸根 Pi,Pi=HPO_4^{2-}。

1. 核酮糖-1,5-二磷酸羧化酶/加氧酶(Rubisco) 是光合作用 C_3 碳反应中重要的羧化酶,也是光呼吸中不可缺少的加氧酶。核酮糖-1,5-二磷酸羧化酶(Ribulose-1,5-bisphosphate carboxylase/oxygenase,通常简写为 Rubisco),由 8 个大亚基和 8 个小亚基组成,起着将物质在有生命和无生命之间转换的桥梁作用,这种酶能够捕捉空气中的无机碳将其转变为有机碳,是光合作用中决定碳同化速率的关键酶。

生理作用:Rubisco 是叶绿体基质中催化 CO_2 与 RuBP 即核酮糖-1,5-二磷糖结合生成 2

分子 3-磷酸甘油酸,该反应产生的 3-磷酸甘油酸会循环被利用生成更多的核酮糖二磷酸,以供给固碳循环。它在光合作用中卡尔文循环里催化第一个主要的碳固定反应。核酮糖-1,5-二磷酸羧化酶可以催化核酮糖-1,5-二磷酸与二氧化碳的羧化反应或与氧气的氧化反应。同时 Rubisco 也能使核酮糖-1,5-二磷酸(RuBP)进入光呼吸途径。

特性:它的活性受光照影响,在暗处,Rubisco 的活性将受到抑制,这也是为什么在黑暗时,碳反应难以进行的原因。核酮糖-1,5-二磷酸羧化酶是植物叶片中含量最丰富的蛋白质,也可能是地球上含量最多的蛋白质。典型的酶分子每秒钟可催化一千分子底物,但 Rubisco 每秒钟仅固定 3 分子 CO_2。植物细胞为弥补这种低效率的缺陷而产生大量的 Rubisco,此酶约占叶绿体内蛋白质量的 50%。

在生物学上有重要的意义,因为它所催化的反应是无机态的碳进入生物圈的主要途径。鉴于它对生物圈的重要性,人们正在努力改进自然界中的核酮糖-1,5-二磷酸羧化酶的功能。

2. 3-磷酸甘油酸激酶(Phosphoglycerate kinase,PGK) 是糖酵解的关键酶,也是每种生物得以生存的必需酶,该酶的缺乏可引起生物体代谢等功能的紊乱。PGK 是一个单体的、高度柔曲性的糖酵解酶,它主要由两个球形的结构阈构成,在与底物结合的过程中发生显著的构相改变,最终发生催化效应。该酶在一些细菌细胞中只有一种,而在大多数生物体内则含 2~3 种同工酶,这些同工酶除在生物体内的分布不一样外,还表现出独特的生物学功能。PGK 存在于所有的有机生命中,在整个进化过程中,它的序列是高度保守的。该酶在糖酵解过程中催化 1,3-二磷酸甘油酸和 ADP 生成 3-磷酸甘油酸和 ATP,但在糖异生和卡尔文循环中行使反向的催化功能。

3. 3-磷酸甘油醛脱氢酶(Glyceraldehyde-3-phosphate dehydrogenase,GAPDH) 分子一般是由 4 个相同亚基组成的四聚体,但不同种属的 GAPDH 亚基所含氨基酸残基数略有差异,从 330 到 350 个不等。每个亚基可以分为两个结构域:催化结构域和辅酶结合结构域。两个结构域在结构上有一些共同特点,它们中间都为 β 折叠层,两侧分布着一些 α 螺旋。但两者也存在一定的差异,如催化结构域的 β 折叠为反平行式,而辅酶结合结构域的 β 折叠主要为平行式,且催化结构域的 α 螺旋主要分布在 β 折叠层的一侧,而辅酶结合结构域两侧都有大量的 α 螺旋分布。在糖酵解过程中,这两个结构域分别对应结合 3-磷酸甘油醛和 NAD^+,从而催化 3-磷酸甘油醛转变为 1,3-二磷酸甘油酸,同时以 NAD^+ 为受氢体生成 NADH。

GAPDH 是卡尔文环中催化光合最初产物 3-磷酸甘油酸(3-PGA)还原成 3-磷酸甘油醛的关键调节酶。3-磷酸甘油醛既是叶绿体光合产物输出的一种形式,又是形成核酮糖-5-磷酸的底物。因此,GAPDH 活性的高低会影响光合环的运转效率,以及光合产物的积累和作物产量。

4. 磷酸丙糖异构酶(Triose-phosphate isomerase,通常简称为 TPI 或 TIM) 能够催化二羟丙酮磷酸和 D 型甘油醛-3-磷酸,这两种丙糖磷酸异构体之间的可逆转换。

5. 醛缩酶(Aldolase) 裂解酶的一种,狭义的指催化裂解 1,6-二磷酸-D-果糖生成 3-磷酸-D-甘油醛与 α-二羟丙酮磷酸反应的酶(同时在糖异生中也可催化这个反应的逆反应),即指 1,6-二磷酸-D-果糖醛缩酶(ALD)。广义的指催化同形式反应的酶,例如亦有将鼠李糖磷酸醛缩酶等统称为醛缩酶。醛缩酶主要分为四种依赖性,即乙醛依赖性,丙酮酸/磷酸烯醇式丙酮酸依赖性,甘氨酸依赖性和磷酸二羟丙酮依赖性。反应是可逆的醇醛缩合,是一种几乎存在于一切生物的糖酵解上重要的酶。而在卡尔文循环中醛缩酶主要作用是使各种醛与二羟丙酮磷酸发生缩合。

6. 果糖-1,6-双磷酸酶(Fructose 1,6-bisphosphatase,FBPase)　又称果糖-1,6-二磷酸酯酶,果糖双磷酸酶。该酶是别构酶,催化活性需 Mg/Mn 离子和中性 pH,果糖-2,6-二磷酸是该酶的强抑制剂。果糖-1,6-双磷酸酶存在于细胞质中,参与很多代谢反应,其功能是将果糖-1,6-二磷酸转变成果糖-6-磷酸(F6P,是一种在各种生物合成途径里的重要前体),在糖的异生代谢和光合作用同化物蔗糖的合成中起关键性的作用。

7. 转酮酶(Transketolase,TKL)　催化从 2-酮糖(如 7-磷酸景天庚糖,5-磷酸核酮糖)上将 2-羟基乙醛基(CH_2OHCO^-)转移到一个醛糖(如 5-磷酸核糖,4-磷酸赤藓糖,3-磷酸甘油醛)的第一个碳原子上的酶。

8. 景天庚酮糖-1,7-二磷酸酶(SBPase)　在植物光合作用卡尔文循环过程中控制着碳的流入和再生,在碳固定的基本途径中起着重要作用。SBPase 的催化反应处在卡尔文循环过程中碳的同化和核酮糖-1,5-二磷酸再生平衡点的位置,控制着卡尔文循环过程中碳的流量,是卡尔文循环过程中的关键酶,也是植物光合作用途径的主要限速酶之一。SBPase 之所以能够影响植物的光合作用,除了其自身催化活性外,对 1,5-二磷酸核酮糖羧化酶(Rubisco)的含量和活性也有一定的影响。

9. 核酮糖-5-磷酸激酶(Phosphoribulokinase,PRK)　是光合作用中卡尔文循环的重要酶,可催化三磷酸腺苷(ATP)依赖性的 5-磷酸核酮糖(Ru5P)转化为 1,5-二磷酸核酮糖。光合作用中 PRK 是受氧化还原调节的,并且可以通过与 3-磷酸甘油醛脱氢酶(GAPDH)和氧化的叶绿体蛋白 CP12 的可逆结合来进一步调节。所得的 GAPDH／CP12／PRK 复合物在卡尔文循环的调节中起核心作用。

（三）光合作用的影响因素

范元芳等(2016)为了探究弱光对大豆生长、光合及产量的影响,分析在正常光照(100%)和弱光条件(20%)下大豆形态特征、光合参数、叶片结构特征的变化规律以及对产量的影响。结果表明,与正常光照相比,弱光条件下大豆各材料株高增加显著,而茎粗、地上地下生物量及根冠比则显著低于正常光照;大豆叶片、栅栏组织及海绵组织厚度均减少,细胞排列疏松;叶片上表皮厚度差异不明显,而下表皮厚度、栅栏组织厚度、海绵组织厚度及叶片厚度均达到差异显著水平;弱光下南豆 12 栅栏组织厚度与海绵组织厚度之比增加。弱光条件下各材料光合速率(P_n)均低于正常光照,但南豆 12 和永胜黑豆的叶绿素 a、总叶绿素等含量增加,乌豆则降低。各大豆材料单株产量在弱光条件下显著低于正常光照($P<0.05$),表现为南豆 12＞乌豆＞永胜黑豆,分别比正常光照降低了 17%、63%、76%。正常光照条件下南豆 12 的单株产量低于乌豆和永胜黑豆,表明南豆 12 耐阴性强于乌豆和永胜黑豆。因此,大豆对弱光的响应是一个综合性状,在间套作中选择适宜的耐荫性材料对提高产量是关键。

王玉萍等(2020)以对低温弱光敏感性有差异的两个红芸豆品种为材料,研究了低温弱光胁迫处理及恢复过程中幼苗叶片的叶绿素含量、荧光参数和类囊体膜脂肪酸组成的变化。结果表明:与对照相比,随胁迫时间延长,叶片中 Chl a、Chl b 和 Chl (a+b) 含量降低($P<0.05$);Fv/Fm、Fv'/Fm'、qP、Φ_{PSII} 和 ETR 下降($P<0.05$),Chl a／b 和 NPQ 上升($P<0.05$);类囊体膜脂 MGDG、DGDG 和 SQDG 中的亚麻酸(C18:3)含量显著降低($P<0.05$),棕榈酸(C16:0)含量显著升高($P<0.05$),PG 中的棕榈酸(C16:0)和反式十六碳—烯酸[C16:1(3T)]含量降低($P<0.05$),而亚麻酸(C18:3)和亚油酸(C18:2)含量升高($P<$

0.05),在叶片抵御低温弱光胁迫过程中维持一定的膜脂不饱和度的重要作用。随胁迫时间延长,类囊体膜总饱和脂肪酸(SFA)含量升高,多不饱和脂肪酸(PUFA)含量以及膜脂不饱和度(U/S)显著降低,恢复期则相反。在胁迫处理和恢复期,"英大红"和"小红芸豆"的 U/S 变化差异不明显,PUFA 含量变化差异显著($P<0.05$),且与 F_v/F_m 的相关性分别达到 86.21% 和 83.92%,表明低温弱光处理及恢复过程中,光抑制后 PSⅡ 功能的修复与 PUFA 含量增加存在一定关系。因此,低温弱光胁迫下"英大红"光抑制程度较"小红芸豆"轻,可能是较高含量的 PUFA 增加了类囊体膜的不饱和度,维持膜的稳定性,减轻了光抑制。

马淑蓉(2013)为了研究密度对不同小豆品种生理特性及农田小气候特征的影响,采用田间试验和室内分析相结合的方法,通过对夏播区不同产量水平的小豆开花至成熟阶段主茎开花节位功能叶片的干物质积累与分配,活性氧代谢等各项指标进行测定,并对不同密度下小豆群体农田小气候特征及其产量的相关性进行了系统的研究。研究得出:(1)小豆植株开花后,单株地上部干物质积累和籽粒干物质积累均表现为先上升后下降的趋势,且都随着种植密度的增大而减小;但单位土地面积上小豆群体地上部干物质的积累表现为先升后降的变化趋势,且随着密度的增大而增大;单株叶面积、绿叶面积、茎秆的干物质积累均呈单峰曲线,单株叶面积和绿叶面积干物质的积累均随着种植密度的增大而增大,单株茎秆干物质积累随着种植密度的增大而减少。(2)小豆植株开花后,主茎各开花节位上叶片的超氧化物歧化酶(SOD)活性、叶绿素含量均呈下降趋势,且随着密度的增大而降低;过氧化物酶(POD)活性、丙二醛(MDA)含量持续上升,并随着密度的增大而增大。(3)小豆植株开花后,农田群体内株间气温(或光照度)随着距地面高度的增大而增大,且各高度气温(或光照度)均随着密度的增大而降低;不同种植密度下土壤温度均随着土层深度的增大而降低,且各品种群体内的土温均随着密度的增大而降低;不同种植密度下群体内的株间相对湿度随着距地面高度的升高而降低,且各高度上的相对湿度均随着密度的增大而增大。

二、氮代谢

(一)固氮作用

氮代谢是作物最基本的代谢过程。研究发现在作物生长发育过程中,氮化合物的合成、积累与作物的产量、品质密切相关,且含氮有机物作为性器官的组成成分对花芽分化起促进作用。赵翠媛等(2011)以早熟品种"冀红 8937"为材料,采取随机区组设计,设 A1(6 月 21 日)、A2(7 月 11 日)、A3(7 月 31 日)3 个播期,研究了不同播期对小豆氮代谢的影响。结果表明小豆是含氮极丰富的作物,在花芽分化初期,全氮含量呈现 A3>A1>A2 的趋势;随着花芽分化进程的加快,氮素消耗增加,呈现出 A1>A2>A3;在花器官完成期,A1、A3 播期全氮含量呈现上升趋势,且 A1>A3>A2。由此表明,随着花芽分化的进行,小豆消耗含氮量增加,造成叶片全氮含量在逐渐降低,全氮含量越低,后期花芽分化进程越快。

有研究者指出,每年经硝酸盐同化的氮达 1000 亿 t,而固氮菌固定的氮只有 10 亿 t,前者是后者的 100 倍,而且硝酸盐还原与碳代谢密切相关,估计光合作用能量的 25% 用于硝酸盐还原。光合碳代谢与 NO_2^- 同化都发生在叶绿体内,二者都消耗来自碳同化和光合及电子传递链的有机碳和能量,研究表明在某些组织中 N 代谢甚至可消耗掉光合作用能量的 55%。

(二)氮素的吸收与同化

氮素是植物生长发育所必需的大量元素之一,也是蛋白质、核酸、叶绿素、酶和次级代谢物等的组成成分。高等植物能够吸收利用的无机氮源主要有两类:硝态氮(NO_3^-)和铵态氮(NH_4^+)。植物从外界环境获得氮主要是通过3条途径,一是通过NO_3^-还原把无机氮转化为生命体可用的有机氮,或是通过固氮菌对N_2的固定,再则是直接吸收土壤中的铵或有机氮。大多数植物是通过根系吸收土壤中的硝态氮和铵态氮,而根系对不同形态氮素的吸收、运输和同化的途径不同。下文主要阐述植物对硝态氮和铵态氮的吸收利用途径。

1. 植物对硝态氮的吸收和同化

(1)植物对硝态氮的吸收 土壤中的硝态氮通过径流的方式运输到根系表面,并且通过主动运输的方式被植物吸收。高等植物中负责吸收硝酸盐的主要是NRT型硝态氮转运蛋白家族的成员。NRT1是低亲和性的硝酸盐转运系统的组成成分,NRT2是高亲和性的硝酸盐转运系统的组成成分。

不考虑硝酸盐转运蛋白的类型,硝酸盐通过质膜向内运输,需要克服强烈的电位梯度,因为带负电荷的硝酸根离子不仅需要克服负的质膜电位,还有内部较高的硝酸盐浓度梯度。因此硝酸盐的吸收是一个消耗能量的过程。硝酸盐转运蛋白跨膜运输硝酸盐,伴随着氢离子的同向转移,相反地,H^+-ATP酶需要消耗ATP,由氢离子泵向外运输氢离子以维持质膜上的氢离子梯度。如图2-3所示。

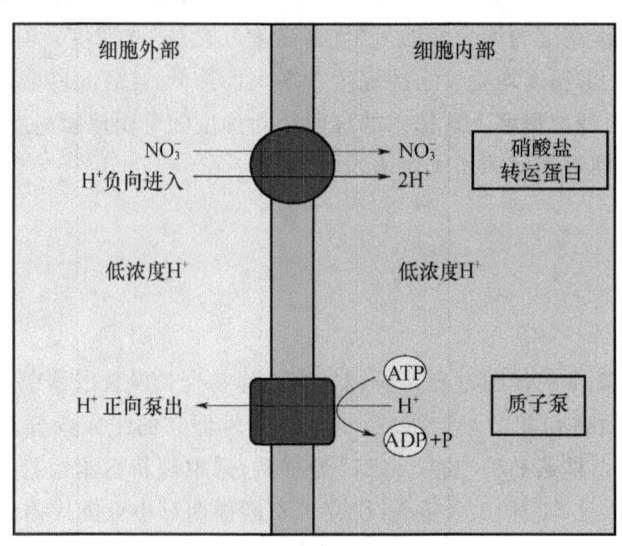

图2-3 硝酸盐通过植物细胞质膜示意图(Marschner,2012)

被根系吸收的硝态氮主要有以下几种去向:①在细胞质中,通过硝酸还原酶被还原成NO_2^-;②通过细胞膜流出原生质体,再次到达质外体内;③存储在液泡中;④通过木质部运输到地上部被还原利用。

(2)植物对硝态氮的同化 在细胞质中,NO_3^-在硝酸还原酶(NR)的作用下还原成NO_2^-。NO_2^-在质体中被亚硝酸还原酶(NiR)还原成NH_3。形成的NH_3在谷氨酰胺合成酶(GS)和谷氨酸合成酶(GOGAT)的作用下形成氨基酸(图2-4)。

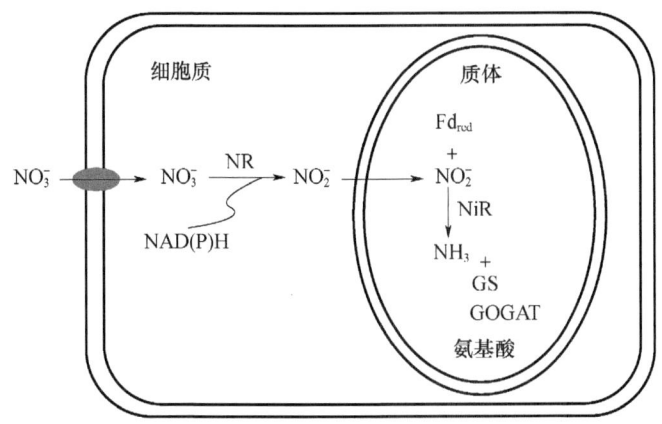

图 2-4 植物体内硝态氮同化示意图

2. 植物对铵态氮的吸收和同化

(1)植物对铵态氮的吸收　铵进入植物细胞有多种途径,例如:电生理学研究表明在拟南芥根的质膜上存在一种非选择性阳离子通道可以转运铵。由于铵的化学性质与钾离子类似,钾离子通道也可允许铵的通过。另外,铵也可以通过水通道蛋白 AtTIP 跨膜向液泡内运输。在高等植物中,高亲和力的 AMT 铵转运蛋白是介导植物根系从土壤中跨膜运输铵态氮的主要途径。AMT 分为两个亚类 AMT1(包括 AMT1;1,AMT1;2,AMT1;3,AMT1;4,AMT1;5)和 AMT2(包括 AMT2;1);每个亚类又包括不同的家族成员,在不同的部位发挥作用。在拟南芥中除了 AtAMT1;4 特异性地在花中表达外,其他的五个基因都在根系中表达(图 2-5)。

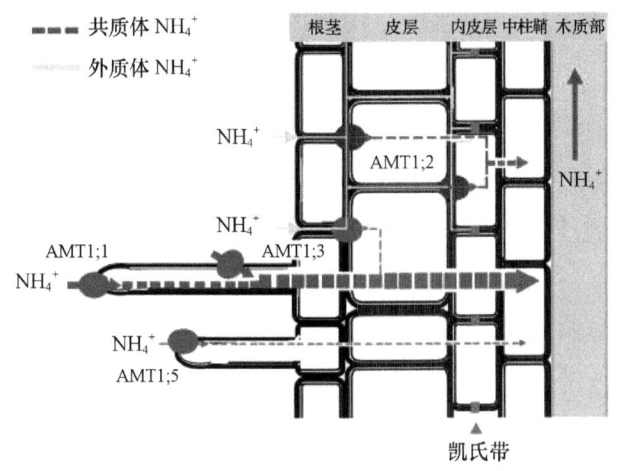

图 2-5　拟南芥根中 AMT1 型铵转运蛋白介导的高亲和力 NH_4^+
跨膜运输模式图(Yuan et al.,2007)

根系吸收的铵态氮,会被同化,或者储存在根细胞的液泡中,抑或转移到地上部。一般认为铵态氮在植物体内未进行长距离运输,但是植株的木质部可以达到一定的铵浓度,表明铵盐从根系向地上部转移了。涉及铵盐在根系木质部装载和在地上部卸载的转运蛋白目前还未知。

(2)植物对铵态氮的同化　NH_4^+ 主要通过 GS 和 GOGAT 途径形成氨基酸,其中 GS 是 NH_4^+ 同化过程的关键酶。除了通过 GS-GOGAT 途径外,谷氨酸脱氢酶(GDH)和天冬酰胺酸合成酶(AS)也是同化 NH_4^+ 的两个酶。

不论是铵态氮还是硝态氮，高等植物都是主要通过特定的转运蛋白对其进行吸收。吸收后的氮素一部分在根系中直接同化利用，一部分在叶片中同化利用(图2-6)。不同氮源在植物体内的运输、转移、存储等过程是有很大差别的，但硝态氮和铵态氮都是植物需要的良好氮源，吸收到作物体后，除硝态氮需先还原成 NH_4^+(NH_3)以外，其余同化过程完全相同。

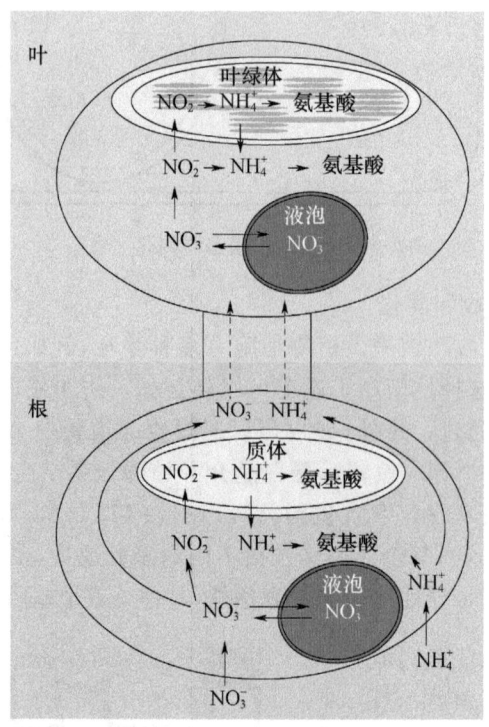

图2-6　植物吸收利用硝态氮和铵态氮的简略示意图(Marschner,2012)

植物对硝态氮和铵态氮的吸收和同化途径不同，两种氮源的混合比例和使用环境亦会对植物的生长有显著影响，因此要根据植物对氮源的喜好以及环境要素来确定氮源的形态和配比。

(三)氨基酸的生物合成

主要在细胞的叶绿体和线粒体中进行和完成。

对氨基酸生物合成的研究，大多数用动物和微生物作为材料，对高等植物的研究虽然较少，但愈来愈多的结果证明，它们可能与动物和微生物具有相同的合成途径。根据氨基酸合成的碳架来源不同，可将氨基酸分为若干族。在每一族里的几种氨基酸都有共同的碳架来源，具体如图2-7和图2-8所示。

氨基酸的生物合成需要三个基本条件：①碳骨架；②氨供体(氨甲酰磷酸、谷氨酰胺、谷氨酸)；③转氨酶。有了碳骨架和氨供体，就可在转氨酶的催化下，合成相应的氨基酸。生物机体内各种转氨酶催化的反应都是可逆的，所以转氨基过程既发生在氨基酸分解过程中，也在氨基酸合成中进行着。这两个相反的方向视当时细胞中具体代谢的需要而定。转氨酶广泛存在于动植物体内。许多氨基酸都可作为氨基的供体，其中最重要的是谷氨酸，它可由 α-酮戊二酸于无机态氮合成，然后，再通过转氨基作用转给其他 α-酮酸合成相应的

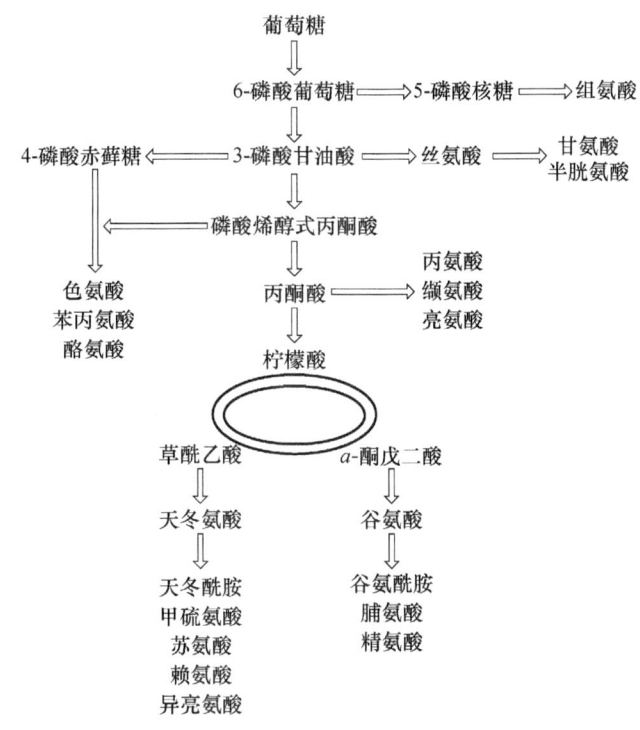

图 2-7 氨基酸碳架来源

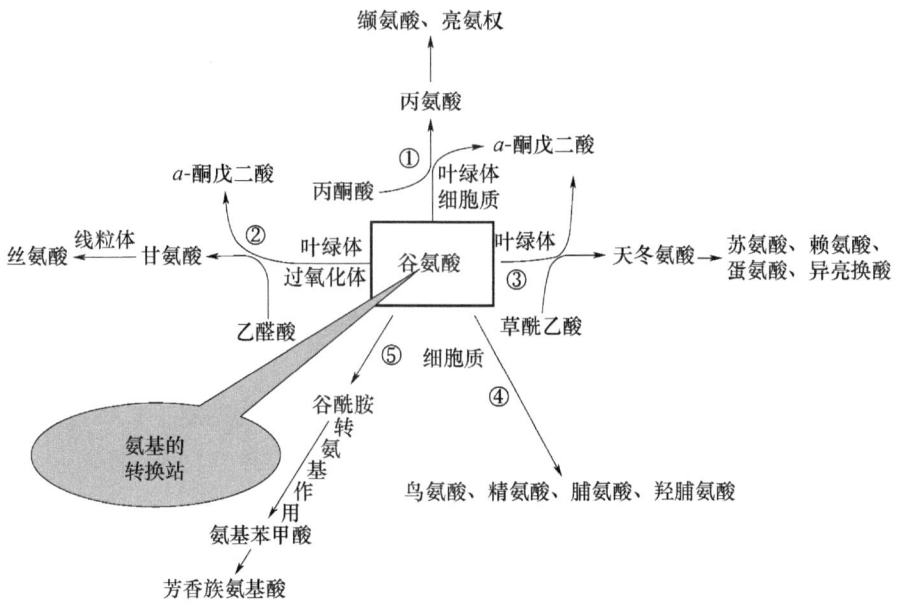

图 2-8 谷氨酸与其他氨基酸的关系

氨基酸。这样,谷氨酸便作为氨基的转换站。各种 α-酮酸主要来自糖代谢,因而 α-酮酸的还原性氨基化作用与转氨基作用就成为糖代谢与氨基酸、蛋白质代谢密切联系的一种重要方式。

在此,概括地介绍它们的碳架来源、合成过程和主要酶系统以及各氨基酸间的相互关系。

1. 碳架来源

(1) 谷氨酸族　属于这一族的氨基酸有谷氨酸 Glu、谷氨酰胺 Gln、脯氨酸 Pro、羟脯氨酸 Hyp 和精氨酸 Arg。它们的碳架都是来自三羧酸循环的中间产物 α-酮戊二酸。如图 2-9 所示。

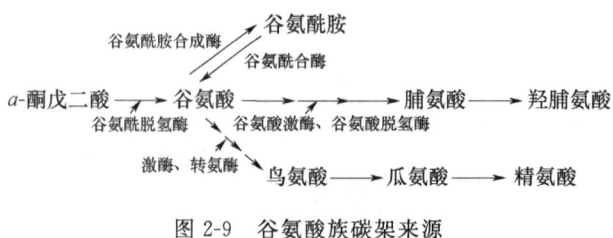

图 2-9　谷氨酸族碳架来源

(2) 天冬氨酸族　这一族包括天冬氨酸 Asp、天冬酰胺 Asn、赖氨酸 Lys、苏氨酸 Thr、异亮氨酸 Ile 和甲硫氨酸 Met。它们的碳架都来自三羧酸循环中的草酰乙酸或延胡索酸。

天冬氨酸可由草酰乙酸和谷氨酸经转氨基作用而生成；在某些植物体内，也可通过类似于 α-酮戊二酸的还原性氨基化反应，由草酰乙酸与谷酰胺直接作用，生成天冬氨酸。在微生物体内，天冬酰胺的合成是在天冬酰胺合成酶催化下进行的。在某些高等植物中，天冬酰胺合成酶以谷氨酰胺为氨基供体。如图 2-10 所示。

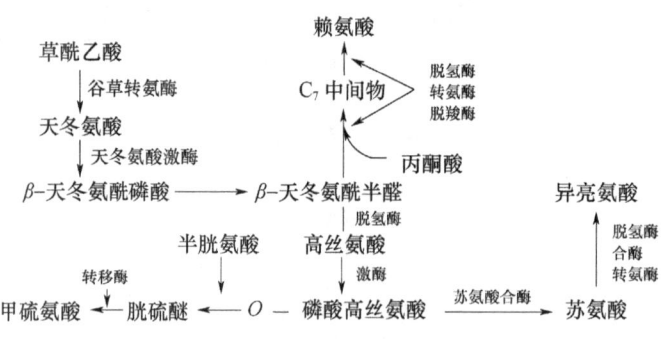

图 2-10　天冬氨酸族碳架来源

(3) 丙氨酸族　这一族包括丙氨酸 Ala、缬氨酸 Val 和亮氨酸 Leu。它们的共同碳架来源是糖酵解生成的丙酮酸。如图 2-11 所示。

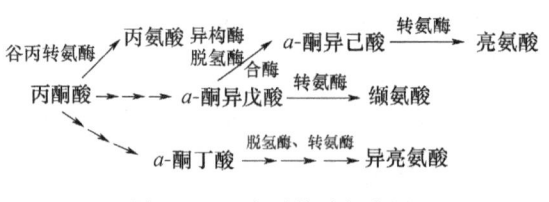

图 2-11　丙氨酸族碳架来源

(4) 丝氨酸族　这一族包括丝氨酸 Ser、甘氨酸 Gly 和半胱氨酸 Cys。由光呼吸乙醇酸途径形成的乙醛酸经转氨作用可生成甘氨酸。甘氨酸还可缩合为丝氨酸。丝氨酸还有其他合成途径，其碳架来自糖酵接中间产物 3-磷酸甘油酸（PGA）。3-磷酸甘油酸经脱氢、转氨、脱磷酸生成丝氨酸，这是磷酸化途径。3-磷酸甘油酸也可以在一开始就脱去磷酸生成甘油酸，再经氧化、转氨而生成丝氨酸，这是非磷酸化途径。丝氨酸可转化成半胱氨酸，某些植物和微生物体内半胱氨酸的-SH 来自硫酸盐还原中间物。如图 2-12 所示。

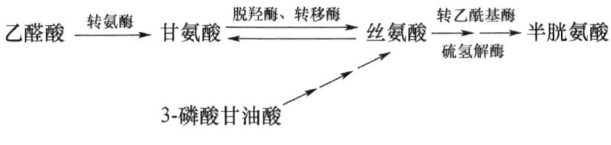

图 2-12 丝氨酸族碳架来源

(5)组氨酸和芳香氨基酸族 这一族包括组氨酸 His、酪氨酸 Tyr、色氨酸 Trp 和苯丙氨酸 Phe。组氨酸的合成过程较复杂,它的碳架主要来自磷酸戊糖途径的中间产物核糖-5-磷酸。另外还有 ATP、谷氨酸和谷氨酰胺的参与。

芳香氨基酸的碳架来自磷酸戊糖途径的中间产物 4-磷酸赤藓糖(PPP)和糖酵解的中间产物磷酸烯醇式丙酮酸(PEP/EMP)。这两者化合后经几步反应生成莽草酸(shikimic acid),再由莽草酸生成芳香氨基酸和其他多种芳香族化合物,称为莽草酸途径。如图 2-13 所示。

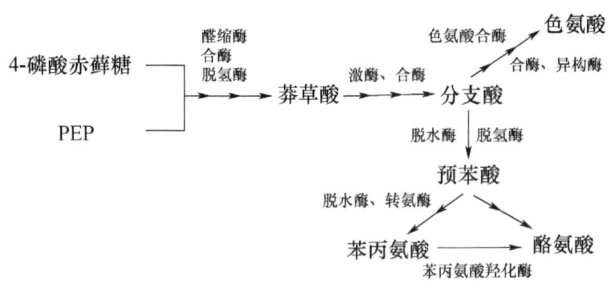

图 2-13 组氨酸和芳香氨基酸族碳架来源

从以上各种氨基酸的生物合成可以看出,它们的碳架均来自呼吸作用或光呼吸作用的中间产物,经一系列不同的反应,生成相应的酮酸,最后经转氨作用而形成相应的氨基酸。在有的氮代谢过程中,硝酸还原酶(NR)、谷氨酰胺合成酶(GS)、谷氨酰胺合成酶(GOGAT)、谷氨酸脱氢酶(GDH)、天冬氨酸转氨酶(AspAT)、天冬酰胺合成酶(As)是其代谢过程中的关键酶,参与了氮代谢的催化和调节。

2. 酶系统

(1)硝酸还原酶(NR) 是植物氮代谢关键步骤硝酸盐同化中的限速酶,也是一种复合酶,含有血红素铁和两个钼原子,NR 发挥作用需要 $NADP^+$ 作为其电子受体。NR 是催化 NO_3^- 过程中的第一个酶,NR 可直接调节 NO_3^- 的还原,从而调节氮代谢。

(2)谷氨酰胺合成酶(GS) 有两种同工酶,即分别定位于胞质和叶绿体的 GS1 和 GS2,分别执行不同的生理功能。位于叶绿体中的 CS2 的主要功能是把叶绿体和光呼吸再合成的 NH_3 合成为谷氨酰胺(Gln),而处在根中的 CS1 则主要是参与根部氮的合成,但同时 GS2 也参与了这一过程。研究表明,GS2 基因表达与光密切相关,受到光敏素的激活。同时也受到组织状况、碳水化合物、氨基酸供应和光呼吸的影响。GS 在植物氮代谢中的地位和作用是复杂的,具有不同同工酶表达类型及生物功能。

(3)谷氨酸脱氢酶(GDH) 具有两种形式,一种是在线粒体中发现的依赖于 NADH 的 GDH,另一种是叶绿体中发现的依赖于 NADPH 的 GDH。GDH 在 NH_4^+ 的合成及 Glu 的代谢中具有十分独特的作用。它在 NH_4^+ 的合成和再合成中起初始性作用,并在 Glu 合成循环中起补充作用,但是它在高等植物中的生理作用仍有争议。植物在适应暗环境后积累较多的

GDH 的 mRNA，并会受到光和蔗糖的抑制。有证据表明，有两种相互制约的基因参与了光与糖对 GD 的调节作用。当碳代谢受限时，GDH 的活性会增加，这表明碳代谢及其代谢物参与 GDH 的调节。

(4)天冬酰胺合成酶(AS)　虽然天冬酰胺(Asn)是已在 190 多年前被分离出来的氨基酸，但有关其合成机制最近才被阐明。普遍认为 AS 是植物合成 Asn 的主要途径。环境条件和代谢信号控制 Asn 的水平和 AS 活性。当需光植物适应于暗环境时，使 AS 活性升高和 Asn 含量增加，其中光敏素在起作用。也有报告指出光和(或)蔗糖会降低 AS 的活性。添加外源氨基酸如谷氨酸(Glu)、Gln、Asn 等能免除蔗糖的抑制作用，表明无机氮对 C 的比率可能是其基因表达的最终影响因子，在提供的碳架较多而无机氮源不足的条件下，Asn 的合成储存作用则比较显著。

(5)谷氨酰胺合酶(GOGAT)　也有两种形式，一种是以 NADH 作为电子供体的 NADH-GOGAT，一种则是以铁氧还蛋白作为供体的 Fd-GOGA。后者在植物叶片中处于主导地位，占全部 GOGAT 活性的 95%，Fd-GOGAT 存在于叶绿体中，光诱导它的生物合成，并与光合作用和光呼吸有关。光诱导使其 mRNA 水平升高，而外源蔗糖则能使由于缺乏光照导致的 Fd-GOGAT 蛋白的减少得以逆转。说明有利光合作用的因素亦有利于 Fd-GOGAT 的表达和合成。

(6)天冬酰胺转氨酶(AspAT)　其作用是以 Glu 和草酰乙酸为底物，生成 Asp 和 α-酮戊二酸。它有多种不同形式的同工酶。其在不同环境中的生理生化作用不同，随着有效根瘤的发育，其叶片中 AspAT 的 mRNA 水平提高。有效氮对胞质和线粒体中的 AspAT 的基因转录过程起正效应，而对质体中的基因表达无此效果。

(四)蛋白质的生物合成

合成场所不固定，可在细胞的核糖体、线粒体、叶绿体上合成，在内质网加工。

蛋白质生物合成，是以 mRNA 为模板合成蛋白质的过程，又称翻译。所需原料涉及 20 种氨基酸，参与的中介分子有 mRNA、rRNA、tRNA，还有 64 个遗传密码。合成方向是从肽链的 N 端到 C 端。蛋白质的合成以 mRNA 为模板，从 mRNA 编码区的起始密码子开始至终止密码子结束。核糖体 rRNA 是蛋白质的合成场所，约占细胞总 RNA 的 80%~90%，与蛋白质构成核糖体。tRNA 是运输氨基酸的工具，并与密码子结合。

主要的蛋白因子：(1)起始因子(initiation factor, IF)(真核起始因子，eukaryotic initiation factor, eIF)：参与翻译的起始；(2)延长因子(elongation factor, EF)：参与肽链的延长；(3)终止释放因子(releasing factor, RF)及核蛋白体释放因子(ribosomal releasing factor, RRF)：参与肽链合成的终止。

起始阶段(真核生物)：在真核生物起始因子的作用下，Met-tRNAi^{Met}、mRNA 与核糖体结合，形成 80S 起始复合物的过程。起始阶段也包括四个小事件的发生：核蛋白体大小亚基分离；起始蛋氨酰 tRNA(Met-tRNAi^{Met})与核糖体小亚基结合(43S 前起始复合物)，首先占据 P 位(氨酰位，结合肽酰 tRNA)；mRNA 与 43S 前起始复合物定位结合(48S 复合物)；大亚基与 48S 复合物结合(80S 起始复合物)。

延长阶段(真核生物)：肽链的延长是在核蛋白体上连续性循环式进行的，每循环一次形成一个肽键，即增加一个氨基酸残基，又称为核蛋白体循环，需要延长因子，ATP 等的参与。每次核蛋白体循环包括三个步骤：(1)进位(entrance)(注册)，氨基酰-tRNA 进到核糖体的 A 位

(肽酰位,结合氨酰 tRNA);(2)成肽(peptide bond formation),肽酰转移酶催化肽键的生成,真核生物的肽酰转移酶为核糖体大亚基的 28SrRNA。在肽酰转移酶的催化下,P 位的 fMET 转移到 A 位的 tRNA 上,与 A 位氨基酸的氨基缩合;(3)转位(translocation),核糖体与 mRNA 相对移动,同时有 A 位的二肽酰-tRNA 移到 P 位,空出 A 位,如此,第 N 个氨基酸的 AA-tRNA 继续肽链合成。每次移动一个遗传密码的距离,转位耗能(消耗 GTP 的一个高能磷酸键)。真核细胞核糖体没有 E 位,转位时卸载的 tRNA 直接从 P 位脱落。

终止阶段(真核生物):当 mRNA 上终止密码出现后,终止因子识别终止密码,促进 P 位上肽链水解,肽链从肽酰-tRNA 中释放出,mRNA 与核蛋白体分离,多肽链合成停止。终止因子再促进亚基解聚,30S,50S 又用于新链合成。终止过程需要 eRF 参加,终止过程需消耗 GTP。肽链合成终止与释放蛋白质是一个高耗能过程,第一个氨基酸参入需消耗 3 个 GTP,以后每加入一个氨基酸需要消耗 4 个 GTP。

参与蛋白质合成的酶类:(1)氨基酰-tRNA 合成酶,催化氨基酰-tRNA 的合成,兼有酯酶活性;具有校正功能(误差 10^{-4});氨基酰-tRNA 合成酶具有高度的专一性,使 tRNA 识别特异的氨基酸,20 种氨基酸在各自特异酶的作用下形成氨基酰-tRNA。氨基酸的活化与搬运:氨基酰 tRNA 的合成,氨基酸的氨基和羧基反应性不强,需要活化,氨基酸的活化部位是羧基。活化反应:氨基酸先与氨基酸-tRNA 合成酶形成中间产物再接到 tRNA 的氨基臂(3'末端 CCA-OH 上)。原核生物肽链的起始氨基酰-tRNA 为甲酰蛋氨酰-tRNA;而真核生物肽链为蛋氨酰-tRNA。(2)肽酰转移酶(peptidyl transferase)(核酶),催化肽键生成,兼有酯酶活性。原核生物作用于 23SrRNA,真核生物作用于 28SrRNA。(3)转位酶,催化核糖体沿 mRNA 的 5'向 3'移动,每次移动一个遗传密码的距离。原核生物由延长因子 G(80kD)催化;真核生物由延长因子 2(100kD)起作用。

三、水分代谢

(一)水分的生理作用

水是细胞原生质的主要组成成分。原生质的含水量一般在 80%~90%,这些水使原生质呈溶胶状态,从而保证了新陈代谢旺盛地进行,例如根尖、茎尖就是这样。如果含水量减少,原生质会由溶胶状态变成凝胶状态,生命活动就大大减弱,例如休眠的种子就是这样。如果细胞失水过多,就可能引起原生质破坏而招致细胞死亡。

水是新陈代谢过程的反应物质。在光合作用、呼吸作用、有机物的合成和分解过程中,都必须有水分子参与。水是植物对物质吸收和运输的溶剂。一般说来,植物不能直接吸收固态的无机物和有机物,这些物质只有溶解在水中才能被植物吸收。同样,各种物质在植物体内的运输也必须溶解于水中才能进行。所以水是许多生化反应和植物吸收、运输的良好介质,如光合作用的碳同化、呼吸作用的糖降解、蛋白质和氨基酸的代谢都发生在水相中。无机离子的吸收运输、同化产物的运输分配都在水介质中进行,植物体内水分的流动把整个植物体连接成一个有机的整体。

水能保持植物体的固有状态。细胞含有大量水分,能够维持细胞的紧张度(即膨胀),使植物体的枝叶挺立,便于充分接受光照和交换气体,同时也使花朵开放,有利于传粉。水能维持植物体的正常体温。水具有很高的汽化热和比热,又有较高的导热性,因此水在植物体内的不断流动和叶面蒸腾,能够顺利地散发叶片所吸收的热量,保证植物体即使在炎夏强烈的光照下,也不致被阳光灼伤。

有机物运输的方向取决于提供同化物的器官与利用同化物的器官的相对位置。源(source)即代谢源,是产生或提供同化物的器官或组织,如功能叶,萌发种子的子叶或胚乳。库(sink)即代谢库,是消耗或积累同化物的器官或组织,如根、茎、果实、种子等。源库的概念是相对的,可变的。源是库的供应者,而库对源具有调节作用,库源两者相互依赖,相互制约。同化物运输分配既受内在因素所控制,也受外界因素所调节。同化物分配是源、库代谢和运输过程相互协调的结果。因此,植株源、流、库对同化物运输分配有很大的影响。另外,植物的生长状况和激素比例等都会影响同化物的运输分配。水分是影响同化物运输和分配的一个重要因素。在水分缺乏的条件下,随叶片水势的降低,植株的总生产率严重降低。水分缺乏一方面通过削弱生长和降低光合作用对同化物运输起间接作用。另一方面,通过减低膨压和减少薄壁细胞的能量水平直接影响韧皮部的运输。

(二)小扁豆需水量和需水节律

小扁豆耐旱不耐涝,多种植在干旱地区或山区,靠自然降雨或底土水分生长。但是,小扁豆对灌水有强烈的反应,当地墒很差和降雨过少时,更为突出。各种作物的水分利用效率不同。小扁豆作为C_3植物,其需水量高于C_4植物。同一种作物的需水量,与地理起源、形态、结构、生理、生化特性以及由此所决定的光合效率不同有关。C_4植物由于有较高的光合固碳效率,因而增大了气孔对水分的阻力,一般气孔频率低于C_3植物,因而增大了气孔对水分的阻力,减少了蒸腾失水,提高了水分利用效率。同一种作物的需水量,还常因其他条件变化而异,如在土壤缺乏氮、磷、钾等无机营养时水分利用效率降低,需水量增加。参与水分代谢的水分称生理需水。蒸腾系数是耗水量的倒数,由于土面或棵间蒸发以及因径流与渗漏等而需要消耗的一定量水分,系数愈大则水分利用效率愈低,则并不被吸入植物体内参与水分代谢。只具有调节生态环境中水平衡的作用,因而可称为生态需水。小扁豆种子发芽需要吸收相当于其自身干重的水分,通常24～32 h可以吸足水分并开始萌动。不同的生育阶段,对水分的要求不同。小扁豆一生需要200～300 mm的降水或灌溉。4～6片真叶期和花荚形成期是其两个需水临界期。收获季节要求比较晴朗干燥的天气。小粒品种比大粒品种更耐旱。了解小扁豆的需水规律后,可以因地制宜地采取相应的农艺措施来提高水分利用率,进而达到高产的目的。

(三)小扁豆体内的水分循环与平衡

1. 根系吸水的动力 尚念科(2012)提出叶肉细胞产生的渗透吸力和根细胞产生的渗透压力是水分吸收运输的主要动力。根压是吸水结果而不是吸水动力。蒸腾只是一个失水过程而不能直接产生吸水动力,所谓蒸腾拉力(蒸腾提升压)是叶肉细胞通过渗透吸水在导管内产生的负压。水分的吸收运输完全是建立在渗透平衡基础上进行的。

根系的主动吸水是靠自身的代谢活动将各种矿质离子通过跨膜移动主动吸收到中柱导管内,使土壤与中柱之间形成外高内低的水势梯度。内皮层上的凯氏带可以使主动吸收到中柱内的各种矿质离子不会通过细胞壁及细胞间隙等质外体途径扩散出来,从而保证了根系内外的渗透势梯度。在根系的吸水过程中,水分通过根毛到中柱的多层活细胞时,可以看作是一层选择透性膜的作用。因此,这就具备了发生渗透的两个基本条件,即水势梯度和选择透性膜。水势梯度具有渗透能,通过选择透性膜发生渗透作用,将渗透能转化为动能推动水分移动。这个过程中,实际消耗的是植物自身的代谢能量。所以,这种所谓的"主动吸水"并不是通过代谢作用直接将水分运转到根系内部,而是首先通过主动吸收矿质离子使中柱导管内的水势降低形成外高内低的水势梯度,然后在渗透作用下使水分移动到根系内部。

根据水分进入根系的途径和方式可以确定,水分从土壤进入到根系内部完全是一个渗透过程。吸水动力是来源于渗透作用。根压是根系通过渗透吸水然后才使中柱内产生静水压。水分由土壤进入到中柱这个过程中并不是根压的作用,而是靠渗透作用将水分吸收到中柱内的。吸水与根压的关系是吸水在前,根压产生在后。所以,根压是渗透吸水的结果而不是根系吸水的动力。

蒸腾作用是指水分以气体状态通过植物的表面扩散到大气中的过程。这个过程只包含水由液态变为气态从叶肉细胞的表面扩散到大气中,并没有吸水力产生。所以蒸腾的实质就是叶肉细胞的一个失水过程。叶肉细胞的水分减少可以打破原有的水势平衡,为了建立新的平衡,叶肉细胞必然从导管中以渗透方式吸水,从而对导管中的水分产生向上的拉动力,这就是所谓的"蒸腾拉力"(蒸腾提升压)。被动吸水通常认为是由于植物叶片蒸腾作用而引起的吸水过程。

植物水分的吸收运输完全是建立在渗透平衡基础上进行的。根毛到中柱的整个活细胞层和叶脉导管至气孔下腔的活细胞层是植物渗透泵的主要组成部分。从土壤进入植物体的水分主要靠这两个渗透泵产生的动力来推动。所以导管内的压力梯度主要是靠叶肉细胞和根细胞的渗透泵作用来维持。根据渗透泵原理,无论是主动吸水还是被动吸水,根系的渗透作用都是必不可少的。渗透泵原理证明,蒸腾只是一个失水过程而不能直接产生吸水力,真正的吸水动力是来源于叶肉细胞的渗透吸水。

2. 小扁豆体内的水分循环与平衡

在一定时间内,植物吸收水的数量与蒸腾损失水的数量之间的差值即为水分平衡。当根系的吸水不能满足叶的蒸腾需求时,为负平衡,相反,当叶导度降低导致蒸腾作用减弱时,如果根系吸水没有变化,则为正平衡。小扁豆的水分平衡是一种动态平衡,白天大部分时间内由于蒸腾作用超出水分吸收,常为负平衡,到傍晚或夜间才出现正平衡或接近正常平衡,前提是土壤中储存有足够的水;在干旱期间,水分平衡通常经过一整夜也不能完全恢复,因而水分亏缺逐渐积累起来,直到下次降水才会得到缓解或恢复,因此,生产上有时是根据土壤含水量来进行灌溉,即根据土壤墒情决定是否需要灌水。

参考文献

陈伟俊,樊胜祖,2013.高海拔冷凉区旱沙田小扁豆栽培技术[J].甘肃农业科技(4):57-58.
陈喜明,高克昌,韩云丽,等,2011.小扁豆新品种晋扁豆1号的选育及栽培技术[J].农业科技通讯(5):143-144.
程须珍,2016.饭豆、小扁豆等生产技术[M].北京:北京教育出版社.
崔香菊,2013.卡尔文循环中的碳代谢研究进展[J].北京农业(33):26.
丁国华,1993.根压与根系的主动吸水[J].植物生理学通讯,29(1):123.
范元芳,杨峰,王锐,等,2016.弱光对大豆生长、光合特性及产量的影响[J].中国油料作物学报,38(01):71-76.
付国良,黄晓红,2013.甘油醛-3-磷酸脱氢酶功能的研究进展[J].生物物理学报,29(03):181-191.
高保山,刘祖德,1995.渗透压在植物体内水分运输中的作用[J].河北林学院学报,10(2):155-158.
韩启亮,2014.小扁豆主要栽培技术研究[J].现代农业科技(8):93,98.

韩燕来,远彤,陈锋,等,1999.小扁豆花芽分化与结实率的研究[J].河南农业大学学报,33(4):403-406.
何春霞,李吉跃,郭明,2007.树木树液上升机理研究进展[J].生态学报,27(1):332-333.
蒋高明,2004.植物生理学[M].北京:高等教育出版社.
李晨阳,孔祥强,董合忠,2020.植物吸收转运硝态氮及其信号调控研究进展[J].核农学报,34(05):982-993.
连荣芳,墨金萍,肖贵,等,2018.干旱半干旱区小扁豆丰产栽培技术[J].现代农业科技(19):39.
马淑蓉,2013.密度对不同小豆品种生理特性及农田小气候特征的影响[D].杨凌:西北农林科技大学.
邱念伟,王颖,2011.卡尔文循环中的细节问题[J].生物学通报,46(9):15-19.
尚念科,2011.树木体内水分长距离运输的负压传递机制[J].山东林业科技,41(3):90-92.
尚念科,2012.关于植物吸水动力的新见解[J].山东林业科技,42(04):108-110.
舒敏玉,李凤民,白红英,等,2007.干旱胁迫和播种方式对小扁豆生化指标与生物量的影响[J].西北农林科技大学学报(自然科学版),35(7):154-158.
宋刚,金怀玉,徐玉明,等,2006.宁夏小扁豆生产现状及发展对策[J].杂粮作物,26(1):56-57.
孙强,2018.干旱胁迫对扁豆发芽生长的影响分析[J].南方农机,49(05):61-62.
Taiz L,Zeiger E,2009.植物生理学[M].宋纯鹏,王学路等译.北京:科学出版社,28-131.
王镜岩,2002.生物化学(第三版)[M].北京:高等教育出版社.
王梅春,邢宝龙,2019.箭筈豌豆[M].北京:中国农业科学技术出版社.
王玉萍,郜春晓,王盛祥,等,2020.低温弱光胁迫下芸豆叶片光抑制与类囊体膜脂构成变化[J].草业学报,29(08):116-125.
王云,黄双,王伏英,等,2007.不同施肥水平对3个扁豆品种生长发育及前期产量的影响[J].安徽农业科学(21):6513-6515.
王云波,2003.白扁豆丰产栽培技术[J].北京农业(3):7.
吴德,吴忠道,余新炳,2005.磷酸甘油酸激酶的研究进展[J].中国热带医学,5(2):385-387.
夏玄,龚振平,2017.氮素与豆科作物固氮关系研究进展[J].东北农业大学学报,48(01):79-88.
邢宝龙,刘小进,季良,2018.几种药食同源豆类作物栽培[M].北京:中国农业科学技术出版社.
徐晓鹏,傅向东,廖红,2016.植物铵态氮同化及其调控机制的研究进展[J].植物学报,51(02):152-166.
许良政,1995.关于卡尔文循环的图解[J].植物生理学通讯(05):372.
杨娟,2008.简述"卡尔文循环"—关于光合作用暗反应阶段中碳原子的转移途径[J].生物学杂志(4):80-73.
袁传忠,韩雪娟,李轶群,等,2013.桑树景天庚酮糖-1,7-二磷酸酶基因的遗传转化及生物学功能分析[J].蚕业科学,39(03):413-419.
袁娟,武天龙,陈典,2004.光周期对扁豆真叶内源激素及游离氨基酸含量的影响[J].上海交通大学学报(农业科学版)(03):215-219,226.
张爱军,商振清,董永华,等,2000.6-BA和KT对干旱条件下小麦旗叶甘油醛-3-磷酸脱氢酶及光合作用的影响[J].河北农业大学学报(2):37-41.
张传乃,袁公选,蔺崇明,1990.小扁豆生长和开花特性的观察[J].陕西农业科学(4):28-30.
赵翠媛,张月辰,尹宝重,等,2011.播期对小豆花芽分化及碳氮代谢的影响[J].河北农业大学学报,34(01):20-24.
Banks R D, Blake C C, Evans P R, et al, 1979. Sequence structure and activity of phosphoglycerate kinase: a possible hinge-bending enzyme[J]. Nature, 279:773-777.
Marschner H, 2012. Marschner's Mineral Nutrition of Higher Plants[M]. Academic Press.
Yu A L, Xie Y, Pan X W, et al, 2020. Photosynthetic phosphoribulokinase structures: enzymatic mechanisms and the redox regulation of the Calvin-Benson-Bassham Cycle[J]. The Plant cell, 32(5):tpc.00642.2019.
Yuan L, Loqué D, Kojima S, et al, 2007. The organization of high-affinity ammonium uptake in Arabidopsis roots depends on the spatial arrangement and biochemical properties of AMT1-type transporters[J]. The Plant Cell, 19(8):2636-2652.

第三章 中国北方小扁豆栽培

第一节 常规栽培

一、选地整地和茬口选择

小扁豆能适应多种土壤类型,但要求排水力强,因它不耐涝,短时间的淹水也会导致死亡。在土层深厚,富含磷钾的沙壤土上,表现最佳,要求土壤 pH 值在 7.0 左右(李元宝等,2010)。

宋刚等(2002)介绍,小扁豆在地势平坦的山旱地或川旱地均可种植,茬口要求以不重茬为好。

陈喜明等(2011a)介绍,小扁豆耐瘠薄,对土壤要求不严格,旱薄地、坡岗地、果树行间均可种植,但最适宜于沙质壤土,较不适于酸性土壤。选地时,要求排水力强。小扁豆不耐涝,短时间淹水会导致死亡。忌重茬与迎茬,最好不与其他豆科作物连作,否则会造成减产。种植小扁豆地块应在前茬作物收获后,适墒秋深耕,深度 18~25 cm,耙糖保墒。要求田间无坷垃、无根茬,做到土壤上虚下实、田间平整。春播前结合施肥进行旋耕,耙糖,疏松表土和平整地面。

陈伟俊等(2013)介绍,在高海拔冷凉区旱沙田,应选择地势平坦、铺沙在 10 年以内的沙地,沙层厚度 15~16 cm。忌重茬与迎茬,忌与其他豆科作物和马铃薯连作。前茬作物收获后应立即深松收墒,以接纳降水和清除杂草。雨季结束后及时再深松收墒,土壤封冻前镇压保墒,做到秋水春用,为翌年提高播种质量打好基础。

温日宇等(2015)介绍为了保证产量,小扁豆播种前最好对土地深耕细耙,精细整地,改善土壤的理化性质,为种子发芽和幼苗生长创造良好的条件。

张菊花等(2017)介绍小扁豆选地要求选用地势平坦的川旱地或山台地,除重茬外均可种植。

马晋宏等(2017)介绍晋扁豆 3 号抗寒、抗旱、耐瘠薄,对前茬要求不严,连作将对生长发育产生不良影响,因而在茬口选择上忌重茬和迎茬,应实行 3 年以上的长周期轮作。除此之外,其他作物前茬均可播种。整地要求做到疏松、细绵,无杂草。小扁豆是早春播种作物,一般在上年耕作的基础上,翌年春季不再耕翻,但播前可耙糖 1 次,无条件的也可直接播种。

连荣芳等(2018)介绍,小扁豆对土壤质地要求不严,多种土壤上均能生长。耐瘠薄。土壤 pH 值适宜范围在 4.5~8.2 之间,但以在中性或弱碱性土壤中生长最好,小扁豆对前作要求不严,但忌连作,应轮作倒茬,间隔 3 年以上,常与油菜、马铃薯、糜子、胡麻等作物轮作,适宜在中性或弱碱性土壤上种植。一般在秋季前作收获后及时进行翻耕或旋耕,早春及时耙、糖,做到上虚下实,地面平整。

赵定华(2018)介绍,小扁豆覆膜种植时应选择全膜双垄沟播种植或全膜双垄沟播的旧膜上穴播种植,选择肥力中等或中上,保水保肥及排水良好的旱川台地、梯田、坝地或缓坡地。露地种植时选择肥力中下、保水保肥及排水良好的旱川台地、梯田、坝地或缓坡地。对前茬要求不严,常与玉米、马铃薯、糜子等茬轮作,适宜在中性或弱碱性土壤上种植。可分为秋整地和春整地。秋整地时,应在前茬作物收获后及时深耕,深耕20～30 cm,剔除田间植物残体,无漏耕、无坷垃,施肥打耱,镇压保墒达待播状态。春整地时,进行顶凌耙耱1～2次,切断毛管,耙碎土块,弥合裂缝,防止水分蒸发。整地标准为上虚下实,平整细碎无耕茬。

冯敏等(2019)认为最好选择前茬是玉米、小麦、马铃薯等禾谷类作物。前茬作物收获后秋翻深耕(深度20～25 cm)灭茬、熟化土壤,冬春镇压耙耱保墒。整地要做到上虚下实,地面平整。

王苏林(2020)介绍,小扁豆适宜于半干旱的冷凉气候,对早春霜冻有一定的忍耐力。一般选择海拔2700 m以下的半干旱山坡地、梯田地、川旱地。前茬以小麦、莜麦、玉米、谷物为好,忌与豆科其他作物连作,实行3年以上轮作倒茬。

综上所述,小扁豆对前作要求不严,常与胡麻、糜子、马铃薯、油菜等轮作,适宜在中性或弱碱性土壤上种植。小扁豆播前整地依土壤类型和各地耕作制度不同而异,一般在秋季前作收获后及时进行翻耕或旋耕,早春及时耙、耱,做到上虚下实,地面平整,减少土壤水分散失,为小扁豆发芽和出苗创造良好的环境条件。结合整地,及时施入基肥。

二、选用优良品种

优良品种是指在一定区域、气候和耕作条件下能符合生产发展要求,并具有较高经济价值的品种。"科技兴农,种子先行"已经成为人们的共识。在农业科技应用中,优良品种是具有生命、不可替代的生产资料,是增产增收的关键和内因,是其他各项农业技术的载体和平台。在同样的地区和耕作栽培条件下,采用良种一般可增产10%左右;在较高栽培水平下,良种的增产作用也较大。优良品种对常发生的病虫害和环境胁迫具有较强的抗耐性,在生产中可减少产量损失和避免品质变劣。一些优良品种具有较广泛的适应性,还具有对某些特殊有害因素的抗耐性,采用这样的良种可以扩大该作物的栽培区域和种植面积。一些优良品种有利于耕作制度的改良及复种指数的提高,一些优良品种可以促进农业机械化大发展及劳动生产率的提高。因此,必须因地制宜选用良种。下面介绍一些小扁豆的优良品种:

(一)定选1号

选育单位:甘肃省定西市旱作农业科研推广中心。

熟期类型:该品种为春性,旱地品种,生育期72～94天,为中熟性。

特征特性:幼苗颜色深绿,茎秆、托叶绿色,叶缘齐。株型直立,群体性状好,株高22～36.5 cm,单株分枝3.5～5.5个,花白色,花朵小,结荚果;主茎荚层数4.7～8.8层,每层荚数1.6～2.6个,单株荚数8.4～30.6个,荚长1.6 cm,荚宽0.7 cm。每荚粒数1.4～1.8粒,株粒数17.4～52.3粒,株粒重1.65～2.0 g,千粒重32.6～39.0 g,粒色淡绿,籽粒饱满,粒型扁圆,脐白色。

产量水平和品质表现:1999年平均亩产125.03 kg,比地方老品种增产12.2%;2000年平均亩产114 kg,比地方品种增产7.6%;2001年从种到收,未降透雨、持续干旱的情况下,获得平均亩产76.95 kg的较好收成,比地方品种平均增产10.24%。经测试分析,粗蛋白含量28.7%,粗脂肪含量0.45%,淀粉含量56.60%,赖氨酸含量2.09%,灰分含量2.44%,水分含量8.90%,每株生物产量3.05～3.17 g,经济系数0.54～0.56。

抗性表现:抗寒、抗旱能力强,抗倒伏,耐瘠薄。

适宜种植地区:适宜在干旱区、半干旱区及阴湿区旱地种植。

(二)定引1号

选育单位:甘肃省定西市旱作农业科研推广中心。

熟期类型:生育期87天,为中熟性。

特征特性:单株有效荚数16.0个,千粒重38.41 g,单株粒数25.5个,双荚率44.4%,综合农艺性状优异。

产量水平和品质表现:产量水平900~1800 kg/hm²。经测试分析,粗蛋白含量24.9%,赖氨酸含量1.59%,粗淀粉45.0%。

抗性表现:耐瘠薄,抗倒伏,抗寒、抗旱,适应性广。

适宜种植地区:适宜在年降水350 mm左右,海拔2500 m以下的半干旱坡地、梯田地和川旱地种植。在定西干旱地区及其同类地区大部分地方可作为主栽品种,特别是在根腐病重发区,可以推广应用。

(三)晋扁豆1号

选育单位:山西省农业科学院玉米研究所。

熟期类型:晋扁豆1号是春性旱地品种,生育期85~95天,为中熟性。

特征特性:幼苗颜色深绿,生长整齐,长势强,株型直立,株高30~43 cm,花色浅紫,单株分枝9个,单株结荚70个左右,单荚平均粒数1.8个,种皮粉红色,子叶黄色,籽粒扁圆,脐白色,千粒重25.2~31.1 g,属小粒种。

产量水平和品质表现:晋扁豆1号于2004年与2005年在山西省农业科学院玉米研究所进行品系比较试验,两年平均产量为1203.6 kg/hm²,比对照保德小扁豆增产28%。2006年参加省区域试验,试验点全部增产,平均为1068.6 kg/hm²,比对照保德小扁豆增产80.8%。2008年参加省区域试验,试验点全部增产,平均产量为891.3 kg/hm²,比对照保德小扁豆增产80.8%。经测试分析,蛋白质含量为27.50%、粗脂肪含量为1.33%、淀粉含量为41.07%、游离氨基酸含量7.73%。

抗性表现:抗旱耐寒能力强,抗倒伏,耐瘠薄,抗病虫害,适应性强。

适宜种植地区:适于在晋西北高寒区及同类生态区种植。

(四)晋扁豆2号

选育单位:山西省农业科学院玉米研究所。

熟期类型:晋扁豆2号是春性旱地品种,生育期(从出苗至成熟)89天,为中熟性。

特征特性:田间生长整齐,生长势强,株型直立,叶型为羽状复叶,株高34 cm、主茎分枝数9个、单株荚数65个,荚长1.5 cm,单荚粒数1.8个,茎秆黄褐色,花冠白色,籽粒形状厚凸透镜形,种子表面光滑,百粒重3.97 g,种皮青灰色。

产量水平和品质表现:2009—2010年参加山西省品种区域试验中,晋扁豆2号在4个试验点全部增产,2年平均产量为1552.5 kg/hm²,比对照晋扁豆1号增产16.7%。2011—2012年参加山西省生产试验中,晋扁豆2号2年平均产量为1524.2 kg/hm²,比对照晋扁豆1号增产14.6%。经测试分析,晋扁豆2号的粗蛋白含量为31.21%,粗脂肪含量为2.94%,粗淀粉含量为41.39%,游离氨基酸含量为1.35%。

抗性表现：抗旱耐寒能力强，抗倒伏，适应性强。

适宜种植地区：适于在山西省晋北地区的右玉县、朔州市和五寨等及同类生态区春播种植，同时也可作为晚播救灾作物。

（五）晋扁豆 3 号

选育单位：山西省农业科学院玉米研究所。

熟期类型：晋扁豆 3 号是春性旱地品种，生育期（从出苗至成熟）84 天，为中熟性。

特征特性：田间生长整齐，生长势强，株型半直立，叶型为羽状复叶，平均株高 33 cm、平均主茎分枝数 7.6 个、平均单株荚数 123.8 个，平均荚长 1.6 cm，平均单荚粒数 1.8 个，茎秆黄褐色，花冠白色，籽粒形状厚凸透镜形，种子表面光滑，平均百粒重 3.86 g，种皮浅红色。

产量水平和品质表现：2013 年参加山西省小扁豆直接生产试验，5 个参试点全部增产，平均产量 1435.5 kg/hm²，较对照晋扁豆 1 号平均产量（1300.5 kg/hm²）增产 10.38%。2014 年参加山西省小扁豆直接生产试验，5 个参试点全部增产，平均产量 1428 kg/hm²，较对照晋扁豆 1 号平均产量（1281 kg/hm²）增产 11.48%。经测试分析，粗蛋白（干基）含量为 31.06%、粗脂肪（干基）含量为 2.44%、粗淀粉（干基）含量为 41.51%、游离氨基酸（干基）总量 1.18%。

抗性表现：抗旱耐寒能力强，抗倒伏，适应性强。

适宜种植地区：适宜种植区域为山西省北部冷凉区及国内同类生态区。

（六）固扁 1 号

选育单位：宁夏回族自治区固原市农业科学研究所。

熟期类型：该品种为早春播中熟旱地品种，生育期 72~80 天，为中熟性。

特征特性：幼苗淡绿色，株型直立，株高 27.6~34.5 cm，长势强。叶片长椭圆形，绿色，叶缘齐，顶叶卷须状。幼苗茎秆浅棕色，成株绿色、圆形、中空、直立，节数 12~14 个，主茎分枝 3~4 个。花白色，凋谢后结肾状荚果，长 1.3~1.5 cm，宽 0.4~0.6 cm，每荚粒数 1.5 个，主茎荚层数 5.8~8.6 层，荚数 1.0~2.0 个/层，荚数 8.2~31.6 个/株，粒数 12.6~47.4 粒/株，粒重 0.40~1.43 g/株。籽粒扁圆形，浅灰色，千粒重 27.9~30.1 g，属小粒型品种。

产量水平和品质表现：2006—2008 年参加第一轮国家小扁豆区域试验，其中 2006 年内蒙古达拉特、陕西靖边、宁夏固原、宁夏同心、甘肃会宁和定西 6 点次，陕西靖边和宁夏同心 2 点次无产量结果，其余 4 点中居一、二、三、五位，最高 710 kg/hm²，最低 150 kg/hm²，平均产量 414.5 kg/hm²，比其余参试品种增产 8.08%~146.0%，居参试品种第 1 位。2007 年同上 6 点次，甘肃会宁和定西 2 点次无产量结果，其余 4 点中居第 1 位的 3 点次，居第 4 位的 1 点次，最高 2026.7 kg/hm²，最低 1050.5 kg/hm²，平均产量 1505.4 kg/hm²，比其余参试品种增产 17.84%~83.12%，居参试品种第 1 位。2008 年同上 6 点次，产量结果居第 1 位的 1 点次，居第 2 位的 1 点次，居第 4 位的 2 点次，居第 5 位的 2 点次，最高 2863.3 kg/hm²，最低 323.3 kg/hm²，平均折合 1507.6 kg/hm²，比其余参试品种增产 0.84%~11.72%，居参试品种第 1 位。3 年区域试验 18 点次，其中 4 点次无产量结果，14 点次中有 7 点次产量居第 1 位，占 50%；3 点次居第 2 位，占 21.4%；4 点次居第 5 位，占 35.7%；第一、二位合计 10 点次，占 71.4%，增产幅度在 8.41%~35.52%，平均 1109.4 kg/hm²，比参试品种平均增产 13.9%，居参试品种第 1 位。2009 年在内蒙古达拉特、甘肃会宁和定西生产试验，最高 2346 kg/hm²，最低 589.05 kg/hm²，三试点平均 1479 kg/hm²，比当地品种增产 20.47%。总之，产量水平一般

800~1500 kg/hm², 高者可达 3000 kg/hm²。经测试分析,粗蛋白质含量 24.74%,粗脂肪 1.24%,粗淀粉 51.68%,水分 12.03%。

抗性表现:耐瘠薄,抗倒伏,抗逆性强,适应性广。

适宜种植地区:适应在宁夏南部山区、内蒙古达拉特、甘肃定西、会宁、平凉和陕西靖边等地区干旱、半干旱及阴湿区旱地种植。

(七)固扁 2 号

选育单位:宁夏回族自治区固原市农业科学研究所。

熟期类型:该品种为早春播中熟旱地品种,生育期 70~84 d,为中熟性。

特征特性:幼苗深绿色,株型直立,生长整齐,株高 28.5~30 cm。叶片长椭圆形,叶缘齐,顶叶卷须状。茎秆绿色,主茎分枝 2~4 个。花蝶形,白色,肾状荚果,荚长 1.0~1.5 cm,宽 0.5 cm,单株荚数 12~36 个,每荚粒数 1.3 个,株粒数 20~50 粒,单株粒重 0.88~1.7 g,籽粒扁圆形,棕色,千粒重 33.5~46.0 g,粒色一致,籽粒饱满,粒型整齐,色泽鲜亮。

产量水平和品质表现:产量水平一般 1050~2250 kg/hm²。经测试分析,粗蛋白质含量 24.74%,粗脂肪 1.24%,粗淀粉 51.68%,水分 12.03%。

抗性表现:耐瘠薄,抗倒伏、抗寒、抗旱、抗病,适应性广。

适宜种植地区:适应在宁夏南部山区、内蒙古达拉特、甘肃定西、会宁、平凉和陕西靖边等地区干旱、半干旱及阴湿区旱地种植。

(八)宁扁 1 号

选育单位:宁夏回族自治区固原市农业科学研究所。

熟期类型:生育期 72~96 d,为中熟性。

特征特性:该品种幼苗深绿色,茎秆、托叶绿色,叶缘齐,株型直立,生长整齐,株高 20~35 cm,分枝 2.5~4 个,主茎夹层书 4.8~8.6 层,每层荚数 1.7~2.4 个,每株荚数 8.2~21.6 个,荚长 1.5~1.8 cm,荚宽 0.6~0.8 cm,荚型肾状,每荚粒数 1.5~2.0 粒,单株粒数 15.2~48.5 粒,单株粒重 1.8~3.2 g,花白色,籽粒淡绿色,扁圆形,脐白色,千粒重 52.2~55.6 g。

产量水平和品质表现:产量水平 1350~1920 kg/hm²。经测试分析,粗蛋白含量 29.04%,粗脂肪含量 0.72%,粗淀粉 45.62%,灰分 2.50%,氨基酸 1.51%。

抗性表现:耐瘠薄,抗寒、抗旱,适应性广。

适宜种植地区:适应在宁夏南部山区、内蒙古达拉特、甘肃定西、会宁、平凉和陕西靖边等地区干旱、半干旱及阴湿区旱地种植。

(九)秦豆 9 号

选育单位:陕西省杂交油菜研究中心。

熟期类型:秋播生育期 230 d 左右,春播 150 d 左右,属于中晚熟性。

特征特性:株高 30~40 cm,株型紧凑,直立。有效分枝 3~4 个,花淡紫色,单株结荚 30~80 个,千粒重 50 g 左右,籽粒淡黄色,商品性好,10 月底至翌年 3 月中旬均可播种。

产量水平和品质表现:产量水平 2250 kg/hm² 左右。经测试分析,粗蛋白含量 25.8%,粗淀粉 51.6%,赖氨酸 2.49%。

抗性表现:耐瘠薄,抗倒伏、抗寒、抗旱、高抗白粉病,适应性广。

(十)定边扁豆

品种来源:陕西省地方品种。

熟期类型:生育期100 d左右,为中熟性。

特征特性:株高40 cm左右,单株分枝7.4个,单株结荚110个,单荚粒5.4个,籽粒浅绿色,千粒重29.0 g左右。

产量水平:产量900～1200 kg/hm²。

抗性表现:耐瘠薄,抗倒伏、抗寒、抗旱,适应性广。

适宜种植地区:适宜在干旱区、半干旱区旱地种植。

(十一)彬县扁豆

品种来源:陕西省地方品种。

熟期类型:生育期100 d左右,为中熟性。

特征特性:株高35 cm,单株分枝18个,单株荚数254个,千粒重29.0 g左右,单株粒重12.2 g。

产量水平:产量1200～1500 kg/hm²。

抗性表现:耐瘠薄,抗倒伏、抗寒、抗旱,适应性广。

适宜种植地区:适宜在干旱区、半干旱区旱地种植。

(十二)襄汾小扁豆

品种来源:山西省地方品种。

熟期类型:生育期95 d左右,为中熟性。

特征特性:株高39 cm,单株分枝7个,单株荚数102个,千粒重22.0 g左右,籽粒浅红色,单株粒重3.8 g。

产量水平:产量900～1200 kg/hm²。

抗性表现:耐瘠薄,抗倒伏、抗寒、抗旱,适应性广。

适宜种植地区:适于在晋西北高寒区及同类生态区种植。

(十三)庆阳扁豆

品种来源:甘肃省地方品种。

熟期类型:生育期95 d左右,为中熟性。

特征特性:株高40 cm,单株分枝13个,单株荚数82个,千粒重36.0 g左右,籽粒褐色,单株粒重5.3 g。

产量水平:产量900～1200 kg/hm²。

抗性表现:耐瘠薄,抗倒伏、抗寒、抗旱,适应性广。

适宜种植地区:适宜在干旱区、半干旱区旱地种植。

(十四)同心扁豆

品种来源:宁夏回族自治区地方品种。

熟期类型：生育期90 d左右，为中熟性。

特征特性：株高50 cm，单株分枝3.6个，单株荚数24个，千粒重27.0 g左右，籽粒浅黄色。

产量水平：产量600~900 kg/hm^2。

抗性表现：耐瘠薄、抗寒、抗旱。

适宜种植地区：适应在宁夏南部山区、内蒙古达拉特、甘肃定西、会宁、平凉和陕西靖边等地区干旱、半干旱及阴湿区旱地种植。

（十五）ILL6980

品种来源：青海省农林科学院1992年从国际干旱中心引进。

熟期类型：生育期87 d左右，为中熟性。

特征特性：单株有效荚数16.0个，千粒重38.41 g，单株粒数25.5个，双荚率44.4%，综合农艺性状优异。

产量水平和品质表现：1997—1999年在甘肃省定西市区试中，3年18点（次）平均折合产量1447.5 kg/hm^2，较对照品种本地小扁豆增产98.9%。经测试分析，籽粒含粗蛋白24.90%、赖氨酸1.59%，粗淀粉45.00%。

抗性表现：耐（抗）根腐病，抗旱性强。

适宜种植地区：适宜在年降水350 mm左右，海拔2300 m以下的半干旱山坡地，梯田地和川旱地种植。在定西市干旱地区及同类地区大部分地方特别是在根腐病重发区，可作为主栽品种推广应用。

三、播种

（一）精选种子和播前处理

选择颜色一致、籽粒饱满、无虫蛀、纯度高的种子。播前选晴天中午，将种子摊薄翻晒1~2天，以促进种子后熟，提高发芽率。播种前种子接菌根瘤菌更有利于小扁豆生长（陈喜明等，2011a）。陈伟俊等（2013）指出播前选晴天中午，将种子摊晒2~3 d，然后用0.3~0.4 g/kg钼酸铵溶液浸种12 h，再用50%多菌灵可湿性粉剂按种子量的0.3%进行拌种，闷种24 h，晾干后播种，以预防小扁豆根腐病和提高发芽率。温日宇等（2015）介绍播前选择色泽一致、籽粒饱满、无破损或虫蛀的种子并将种子在晴天中午摊晒3~4 d，晾干后播种，以预防小扁豆根腐病和提高发芽率。马晋宏等（2017）指出选取已经清除杂质、成熟饱满、无虫害、无病斑、无破烂、大小与本品种一致的籽粒作种子；播前晒种1~2 d，或用10%~15%的盐水浸泡10 min左右，捞出晾干后播种。连荣芳等（2018）介绍播种前在选用良种的基础上应进行种子精选和处理。剔除病虫危害粒、破碎粒、霉烂粒、秕粒，选择无病虫害、无破碎、饱满、大中粒的籽粒作种用。同时，播前3~5 d晒种。赵定华（2018）介绍小扁豆播前7 d，将种子在阳光下晾晒2~3 d，以促进出全苗，使幼苗健壮。播前3~5 d，用100~150 g/kg的NaCl溶液浸种10 min左右，捞出晾干后播种。不仅对杀灭病虫害效果显著，而且有助于发芽和根的生长。冯敏等（2019）介绍播种前对所选用的种子进行机械筛选或人工粒选，剔除病斑、破粒、碎粒种子及杂质，并选择晴朗天气晒种8~16 h。另外，播前选用合适的根瘤菌拌种，每千克种子用100 g根瘤菌，加水搅拌成糊状，再与种子拌匀，晾干后待播。王苏林（2020）介绍为了提高种子的出苗率,播前 3~4 d,要用筛子过筛剔除小粒、虫蛀粒、霉烂粒、破损粒等,选用大、中粒饱满的种子播种。

(二)适期播种

1. 播种时期 在中国北方小扁豆产区,主要是高海拔一熟制地区要适期播种。具体播种日期范围因地而异。

张璞(1999)介绍秦豆九号适宜关中灌区、渭北和陕北旱原以及生态条件类同地区单作或间套。10月下旬至翌年3月下旬均为适播期。关中灌区以10月下旬至11月下旬播种为宜,秋播不宜过早,否则易发生冻害。春播以3月上旬为宜。渭北旱原和陕北高原在土壤解冻后及时春播较好,6月中旬左右即可收获。

晋北高寒区一般4月中下旬条播,播种量为5 kg左右,行距25~35 cm。一般每平方米保苗60~100株,正常播种深度3.5~4.0 cm,播后需镇压(陈喜明等,2011a)。

在甘肃高海拔冷凉区旱沙田,气温稳定在5 ℃以上、土壤解冻12 cm以上时可播种,适播期为4月中下旬(陈伟俊等,2013)。

在甘肃干旱半干旱春播区,小扁豆一般于3月中下旬或4月上中旬播种。播种方式多为条播或撒播,播种量根据籽粒大小而定,一般为30~45 kg/hm^2,留苗密度以60万~90万株/hm^{2}为宜(连荣芳等,2018)。

在甘肃省庆阳市,小扁豆一般4月20日至5月5日为适宜播期(冯敏等,2019)。

在甘肃省渭源县北部半干旱区,小扁豆一般在3—4月播种。当地表温度稳定在0~5 ℃、土壤解冻12~15 cm时,可适当早播(王苏林,2020)。

在宁夏南部山区,适宜播期3月中、下旬,如因气候影响,可延迟到4月下旬,播深5~8 cm(张菊花等,2017)。

总之,小扁豆可春播,也可秋冬播种。在陕西的榆林、延安,甘肃的定西,宁夏的固原,山西的大同、朔州,河北的张家口,内蒙古的鄂尔多斯、乌兰察布市等地区,一般在3—4月播种,7—8月收获。在陕西的宝鸡、咸阳,甘肃的天水、平凉、庆阳,山西的临汾、运城等地区,一般在10月初或11月初播种,翌年5—6月收获。

2. 播期对小扁豆生育期和产量的影响 一般是随着播期的推迟,生育期逐渐缩短,并且是营养生长阶段的缩短,影响苗期生长,进而影响产量。各地自然条件和生产条件不同,各有适宜的播期范围。

韩启亮(2014)以播期为主区,密度为副区,在山西省农业科学院五寨农业试验站进行小扁豆晋扁豆1号2因素4水平裂区试验。结果表明,播期对产量有非常显著的影响,总的趋势是早播比晚播好,各个播期之间的增产效果都很明显。3月27日(A1)、4月9日(A2)、4月16日(A3)、4月27日(A4)4个播期的平均产量分别为2030 kg/hm^2、1680 kg/hm^2、1590 kg/hm^{2}和1357 kg/hm^2,即最好的播期是处理A1,其次是处理A2、A3。处理A1播种,比处理A2播种增产20.8%;比处理A3播种增产27.7%;比处理A4播种增产49.6%。播期对小扁豆生育期的影响见表3-1。由表3-1看出,早播区出苗早、现花早、成熟也早,生育日数较长。晚播区出苗晚、现花晚、成熟也晚,生育日数较短,早一些、晚一些,长几天、短几天都很有规律;而在首期播种的处理A1中,播种至出苗的日数更长。这与早春地温低、萌芽速度慢有关。

表 3-1　不同播期对小扁豆生育期的影响(韩启亮,2014)

播种期 (月-日)	出苗期 (月-日)	开花期 (月-日)	成熟期 (月-日)	播种至出苗(d)	出苗至开花(d)	开花至成熟(d)	生育期(d)
3-27	4-18	5-30	7-19	22	43	49	92
4-09	4-22	6-01	7-21	13	40	50	90
4-16	4-28	6-06	7-22	12	39	46	86
4-27	5-18	6-14	7-31	13	34	47	82

（三）合理密植

作物产量是其品种遗传特性和栽培环境相互作用的结果。在各种栽培措施中,合理密植是提高作物产量的重要措施之一。合理密植时要控制好种植的行距和株距,通常情况下可以根据所种植农作物的特性和品种来调整行距,种植时也可以根据土质来控制行距。

李元宝等(2010)指出,小扁豆在播种前,种子应接种根瘤菌。正常播种深度 3.5~4.0 cm,如表土太干,可适当深播(6 cm)。小粒种子不宜深播。条播行距 20~30 cm,播种密度每亩 66600 株为宜,播种量每亩 2~6 kg。

陈伟俊等(2013)介绍,用磷酸二铵 45~60 kg/hm² 与种子混合均匀后条播,播种量为 37.5~45.0 kg/hm²,行距 20~30 cm。

韩启亮(2014)设 45 万株/hm²(B1)、75 万株/hm²(B2)、105 万株/hm²(B3)、135 万株/hm²(B4)4 种留苗密度研究密度对小扁豆的影响。结果表明,密度对小扁豆产量有一定的影响,但并不显著,各种密度之间的增产效果都有差异。最好的密度是 B2;最次的是处理 B4。处理 B2 比处理 B4 增产 8.6%,处理 B2 比处理 B1 增产 4.0%;处理 B2 比处理 B3 增产 2.8%;处理 B3 比处理 B4 增产 5.7%,处理 B3 比处理 B1 增产 1.2%,处理 B1 比处理 B4 增产 4.4%。由此认为,密度以处理 B2 较好,按密度对产量的影响趋势推断,75 万株/hm² 是个下限,105 万株/hm² 是个上限,适宜的留苗密度应该是 75 万~90 万株/hm²。按一般的耕作方式,行距在 0.3 m 时,平均株距应该在 4.5 cm 左右。

连荣芳等(2018)介绍播种量根据籽粒大小而定,一般为 30~45 kg/hm²,留苗密度以 60 万~90 万株/hm² 为宜。

王苏林(2020)介绍,在露地条播时行距 20~30 cm,平均株距 5.5 cm,留苗密度 60 万~90 万株/hm²,播种量 60~75 kg/hm²。

（四）种植规格和播种方式方法

小扁豆的播种方式多为条播或撒播。条播行距常因地区、种植季节、品种、播种期和播种密度不同而不同。

温日宇等(2015)介绍在山西省晋西北及同类生态区,晋扁豆 2 号有撒播、混播和条播等播种方式,一般采用条播方式。播种量为 45~60 kg/hm²,行距 20~30 cm,留苗密度为 40000~60000 株/hm²,正常播种深度 3.5~5.0 cm,如果干旱墒情不好,可适当深播至 6~8 cm,晋扁豆 2 号播深达 12 cm 也不影响出苗。

马晋宏等(2017)介绍在山西省晋西北及同类生态区,晋扁豆 3 号采用穴播或畜力播种机播种,严禁撒播,播深 5 cm 左右,行距 20 cm,播后收耱。为保证生长发育正常,应适当增加播量,一般为 75 kg/hm² 左右,以保证苗数 225 万株/hm² 为宜。

赵定华(2018)指出在甘肃省会宁县 A 级绿色食品小扁豆的种植方式及播量为:小扁豆的露地播种方式有条播、撒播或用畜力播种机播种。播种深度应根据籽粒大小和土壤墒情而定,通常以 3~5 cm 为宜,适宜播量为 60~75 kg/hm²,留苗密度为 60 万~90 万株/hm²。利用全膜双垄沟播或旧膜穴播时,每带种植 4 行,用穴播机点播,平均每穴下籽 5~6 粒,平均行距 28 cm,穴距 12~14 cm,留苗密度为 60 万~75 万株/hm²。

冯敏等(2019)介绍了在庆阳市小扁豆绿色生产中播种量 7.5~10.0 kg/hm²,保苗 10 万~15 万株/hm²,播种方法主要是条播,播种深度 4~5 cm,要防止覆土过深、下籽太稠或漏播,要求播种均匀不断条,行距 90~100 cm,株距 50~60 cm。

王苏林(2020)介绍了甘肃省渭源县北部半干旱区小扁豆的播种方式。一是犁沟条播。露地播种时,人工撒播或用小型播种机播种,种子应撒播均匀。播种深度 3~4 cm,如表土太干,可适当深播(不能超过 6 cm)。二是地膜穴播。旧膜再利用,全膜覆盖双垄沟播种植的玉米,收获时只收取果穗,茎秆一直竖立至第 2 年春播时割去茎秆,扫净残留茎叶,用土封好破损地膜,用改进的小麦穴播机点播。露地条播时,行距 20~30 cm,平均株距 5.5 cm,留苗密度 60 万~90 万株/hm²,播种量 60~75 kg/hm²。地膜穴播时,行距 20 cm,穴距 15 cm(固定),在垄面上点播,一般 3~4 粒/穴,播种深度 2~3 cm,播后及时封口,留苗密度 60 万~75 万株/hm²。

四、种植方式

(一)间套作

间作套种是指在同一土地上按照一定的行、株距和占地的宽窄比例种植不同种类的农作物,间作套种是运用群落的空间结构原理,以充分利用空间和资源为目的而发展起来的一种农业生产模式,也可称为立体农业。一般把几种作物同时期播种的叫间作,不同时期播种的叫套种。间作套种是中国农民的传统经验,是农业上的一项增产措施。间作套种能够合理配置作物群体,使作物高矮成层,相间成行,有利于改善作物的通风透光条件,提高光能利用率,充分发挥边行优势的增产作用。

在同一地块的年际间连续种植中,小扁豆应避免与蚕豆、菜豆、豌豆、大豆、向日葵、马铃薯等连作。适于与玉米、小谷物等连作。而在一熟制地区,因地实施间作套种是实现年内多熟种植的有效手段和方法。

1. 小扁豆与地膜玉米套种

茬口选择:3 年内不能用玉米、向日葵等与小扁豆套种。应建立小扁豆套种玉米→小麦→秋杂→胡麻→小扁豆的轮作方式。

整地施肥:整地施肥均按主栽作物要求进行。

播种:品种选择、播量和种子处理与前述小扁豆单作相同。因为玉米在 4 月下旬播种,所以小扁豆播种可适当延迟,使二者同期进行。在地膜行间播种,并紧贴地膜。行距 40 cm,种 2 行,行距 50 cm 种 3 行。

田间管理:除草、松土,可根据情况单独或与玉米一起进行,喷药防虫以小扁豆为主,且与单播相同。开花期结合给玉米灌水,可实施田间灌溉;成熟期控制水分供给,促进正常成熟。

收获:小扁豆比玉米成熟早,收获后能为玉米创造一个快速生长的环境条件。小扁豆的成熟标准、收获、晾晒、脱粒及储存,均与单播相同。

2. 小扁豆与马铃薯套种 郭继成(2011)、高鸿飞等(2011)通过试验均验证了马铃薯套种扁豆能取得较好的效益。具有试验如下:

试验概况:试验时间为2009年11月—2010年10月底。试验地点设在宁夏海原县海城镇武塬村。

试验材料:马铃薯选用青薯168,扁豆选用本地当家品种;试验选用厚0.01 mm、宽80 cm的地膜。

试验设计:试验共设计3个处理:单种马铃薯(不覆膜)、单种扁豆(不覆膜)和马铃薯套种扁豆(膜侧)。3个处理小区面积均为4 m×18 m,3个小区对比排列,区距80 cm。

试验方法:马铃薯套种扁豆采用80 cm宽的膜,平覆膜面宽60 cm,在膜上种4行扁豆,行距10 cm,株距10 cm,穴播苗10粒,播深5 cm,亩播量5 kg。膜两侧种马铃薯,行距40 cm,株距50 cm。单种马铃薯和扁豆的栽培同常规。每亩基施农家肥2000 kg,碳铵50 kg,磷肥50 kg。

管理措施:施肥、旋地、覆膜等操作在2009年11月15日完成,膜覆好后等下年开春种植;2010年3月23日种植扁豆,4月29日种植马铃薯;及时放苗、锄草、打花,做好病虫害防治。

试验结果表明,膜上种植扁豆比大田种植扁豆提前成熟,膜侧马铃薯也比大田种植马铃薯提前成熟。套种扁豆小区平均产量为6.48 kg,折合单产为60 kg/亩,单种扁豆小区平均产量为5.4 kg,折合单产为50 kg/亩;套种马铃薯小区平均产量为72.9 kg,折合单产为675 kg/亩,单种马铃薯小区产量为63.94 kg,折合单产为592.3 kg/亩。可见,马铃薯套种扁豆,产量比单种任何一种作物产量都高,既节省了土地面积,又增加了产量。

因此,采用地膜覆盖方式种植马铃薯套种扁豆,主副作物均表现出增产,因而套种合计产量大幅增产,效益十分显著。这种种植方式今后应予大力推广。

3. 小扁豆与桑树、枸杞、苹果等低龄果树套种 适于果树行间播种的品种有宁扁1号、定选1号、固原扁豆等。整地,施肥,播种,田间管理,收获,打碾和储存均与小扁豆单播一样。由于在果树行间种植,要加强虫害防治,成熟期防止水分过量供给,使落黄正常。以延安苹果幼园套种小扁豆栽培(刘小进等,2012)为例:

延安地处黄土高原梁峁丘陵沟壑区,平均海拔1000 m左右,年均降水量500 mm左右,光照充足,昼夜温差大,利于果实糖分积累,是典型的旱作雨养农业区,也是苹果生产适生区。通过采取园内套种对幼树生长影响较小的丰产、稳产、矮秆的小扁豆等豆类作物,以解决前期果树幼园收入少、投入不足的问题;通过地膜覆盖、垄面集流,有效解决幼龄果树和套种作物水分的需求。同时,豆类作物根系具有固氮能力,对地力消耗不大,从而达到了养园、早果、丰产的目的。现将关键技术介绍如下:

(1)播前准备

①选地 选择1～5年的苹果幼园,前茬作物以马铃薯为宜,不能重茬。

②整地 秋收后深翻20～30 cm,以利纳雨蓄水,晒垡土壤。早春旋耕(15～20 cm)耙耱,以利保墒。整地时做到整平耙细,田间无大坷垃、无残茬、无较大的残株。

③施肥 一般一次性每亩施入优质腐熟农家肥1500～2000 kg,尿素10～15 kg,过磷酸钙30 kg(或硫酸二铵10～20 kg),硫酸钾10 kg,结合春耕一次撒施在地里。

④品种选择及其处理

品种选择:幼园套种的首要关键就是选择适合套种的作物和品种。选择优质高产、熟期适宜、抗逆性强的品种或专用品种,如定边扁豆、定选1号、宁扁1号、固扁1号等。

种子处理:种子播前要进行精选,使种子纯度、净度不低于98%,发芽率不低于90%,含水量不高于12%。播种前用药剂、微肥、植物生长调节剂等进行拌种。播前利用晴天,种子铺平摊薄,曝晒3~5 d,提高种子发芽率和发芽势。

⑤土壤处理 地下害虫危害严重的地块,每亩用40%辛硫磷乳油0.50 kg,加细沙15 kg,制成毒土撒施。

(2)播种

①播种期 当土壤表层5 cm温度稳定在12 ℃时播种,在5月上旬种植为宜。

②播种方式及播种深度 畜力耧播或机械条播,覆土镇压后播深4~5 cm左右即可。

③播种密度 幼园套种的另一项关键技术就是确定合理的留苗密度。为了增加苹果幼园经济效益,合理利用果园空间,套种作物必须与苹果树保持1.0 m的距离,避免破坏幼苗覆膜,避免套种物的根系与苹果根系交叉生长,加剧争肥争水的矛盾。目前延安幼园苹果为5 m行距,第一年种3.0 m(7行),第二年2.5 m(6行),第三年2.0 m(5行),第四年1.5 m(4行),第五年1.0 m(3行),套种小扁豆行距一般为0.5 m。根据地力状况,肥力水平较高的地块,株距可适当放窄,肥力较低的地块,株距可适当放宽。一般小扁豆每亩留苗0.1万~0.5万株,随着树龄增大密度降低。

(3)田间管理

①查、补苗和间、定苗 出苗后,要及时查苗,发现缺苗、断行的,要抓紧补种或用田边预备苗移栽补缺。同时要及时间、定苗,一般间苗在1~2片真叶进行,3~4片真叶定苗,剔除瘦弱和高脚苗,选留壮苗。

②中耕除草 各豆类作物生育期间一般中耕2~3次。第一次在2~4叶期,结合间、定苗浅耕,破除板结,铲除杂草,提高地温,增强根瘤菌活动能力;分枝期进行第二次深耕;开花封垄前第三次中耕培土,以起到增根防倒伏作用;后期拔除田间大草。

③肥水管理

适时追肥:根据苗情长势、土壤肥力等情况确定是否追肥。一般在初花期追施少量氮肥(硫酸铵或尿素),每亩用5~7.5 kg;花荚期叶面喷施微肥,每亩用0.2 kg磷酸二氢钾与0.25~1 kg尿素兑水50 kg混合,也可加入少量硼、钼等微肥,叶面喷施2~3次,可提高根瘤菌固氮能力,增进叶片光合强度,促进开花结荚,提高产量。

合理灌水:在现蕾期(分枝期)和花荚期均为需水高峰。有灌溉条件的地方可在现蕾期、花荚期各灌水一次,以促单株结荚、单荚粒数、增粒重和延长花荚时间。

④病虫害防治(见第四章)

⑤适时收获:与单作相同。

(二)轮作

连作障碍,是指连续在同一土壤上栽培同种作物或近缘作物引起的作物生长发育异常。狭义的连作是指在同一块地里连续种植同一种作物(或同一科作物)。广义的连作是指同一种作物或感染同一种病原菌或线虫的作物连续种植。同一作物或近缘作物连作以后,即使在正常管理的情况下,也会产生产量降低、品质变劣、生育状况变差的现象,这就是连作障碍。扁豆连作,不仅造成当年病虫害严重、扁豆减产甚至无收,而且还会造成大量使用农药,极易使扁豆体内有害物质含量超标,严重威胁着消费者身体健康。更为严重的是,扁豆收获后,田间病虫残存基数大,亩用药量大,扁豆体内有害物质含量累加,造成恶性循环。因此,必须进行合理轮作。

轮作指在同一田块上有顺序地在季节间和年度间轮换种植不同作物或复种组合的种植方式。小扁豆忌连作,应因地制宜进行轮作倒茬。轮作周期一般要求3年左右。常与油菜、马铃薯、糜子、胡麻等非豆科作物施行轮作。

小扁豆株型小,主根明显,侧根发达,不但消耗土壤养分少,而且还能把土壤中难溶性磷富集为有效态,使土壤速效磷含量比马铃薯、小麦、玉米茬的平均值高28%左右,因此在肥力较低的旱地种植,不但凭自身固氮能力获得较好的收成,而且还能给后茬作物创造一个良好的土壤环境。所以,长期以来人们有以此为核心轮作倒茬的习惯,在旱作农业生产茬口调配中,不论过去、现在还是将来,都有不可替代的作用(宋刚等,2006)。

任广鑫等(1997)研究指出,在以雨养农业为基本特征的渭北旱原地区,以轮作期产量、产值、净产值和产投比衡量发现,三年四熟制轮作方式以小麦→大豆→春玉米→扁豆为最佳。温日宇等(2015)介绍,晋扁豆2号对前茬作物的要求不严格,可与玉米、谷子、小麦、高粱、水稻等轮作,在轮作中适宜种养地、肥地的作物,最忌重茬,不要与豆科作物连作。李军贤(2019)研究指出,增加豆科作物的种植频率有利于提高土壤含氮量和氮肥利用效率。与小麦连作相比,四年种植三茬、四年种植两茬和四年种植一茬豆科作物的轮作模式下,轮作系统的土壤含氮量分别增加45%、24%和11%,氮素流失分别降低了181%、133%和72%。在经过8年的轮作后,四年三茬和两茬豆科作物的轮作模式呈现氮输入>氮输出;而四年中安排一茬和四年中不种植豆科作物(小麦连作)的种植模式呈现氮输入<氮输出。与小麦连作相比,四年种植三茬、四年种植两茬和四年种植一茬豆科作物后,系统的氮肥产出投入比分别提高了5.1、2.7和1.6倍。另外,增加扁豆的种植频率,可以显著提高轮作系统的综合生产力。与安排豌豆、鹰嘴豆和小麦连作相比,轮作中安排扁豆的模式下,轮作系统的净效益平均分别提高了33%、24%和374%。因此,豆科作物和非豆科作物之间的多样化轮作有利于降低豆科作物的根腐病和茎腐病。适当增加扁豆的种植频率可以提高轮作系统中的总生物固氮量和土壤含氮量,减少无效的氮素流失,降低对外源氮肥的依赖,并可以提高轮作系统的综合生产力,有利于农作系统的可持续发展。

建议在内蒙古东部地区主推马铃薯—糜谷—荞麦、豌豆/小扁豆/草豌豆—胡麻—荞麦轮作方式,实行3年以上轮作,避免重迎茬。在东北杂粮区主推谷类(谷子/糜子/大麦/荞麦/高粱)—豆类(芸豆/绿豆/小豆/小扁豆)—马铃薯轮作。在华北杂粮区主推谷类(糜子/谷子/燕麦/荞麦)—豆类(芸豆/绿豆/小豆/豌豆/小扁豆)进行轮作。在西北杂粮区主推薯类(马铃薯)—谷类(糜子/荞麦/燕麦)—豆类(豌豆/蚕豆/小扁豆/草豌豆/鹰嘴豆)轮作和谷类(糜子/荞麦/燕麦)—油料(胡麻/黄芥)—豆类(豌豆/小扁豆/草豌豆/鹰嘴豆)轮作。

五、田间管理

(一)间苗和中耕

小扁豆植株较矮,在其播种后的前两个月容易遇到速生杂草的危害。如果不进行除草,产量损失将达70%~90%。一般播后30 d和60 d各进行一次中耕除草,将有利于小扁豆的生长发育。这方面的报道也较多,比如:

宋刚等(2002)介绍当苗高5 cm时及时锄草、松土,以后注意拔大草,防欺苗。

陈喜明等(2011a)指出中耕除草是田间管理工作中重要的环节。小扁豆整个生育期应做到保持土壤疏松、无杂草和适当的水分。苗期中耕,初花期后深中耕。播后 30 d 和 60 d 各人工除草一次,对小扁豆最为适宜。杂草对小扁豆产量影响很大,一生不除草可减产 50%~80%。

陈伟俊等(2013)介绍小扁豆整个生育期应做到保持沙砾疏松、无杂草。开花前中耕 1 次,以消灭田间杂草,疏松土壤,促进根系发育和植株生长。

马晋宏等(2017)介绍晋扁豆 3 号顶土能力较差,为保全苗,出苗前特别要注意破板结。幼苗期生长缓慢,一般齐苗后即可进行浅松土、碎胡基、除杂草。在开花前至少再锄草、松土 1~2 次,封垄后成熟前还应注意拔大草。

赵定华(2018)介绍了在甘肃省会宁县 A 级绿色食品小扁豆的苗期管理。一是及时查苗。扁豆幼苗期生长缓慢且植株较矮,播种后的前两个月容易遇到速生杂草的危害,应特别重视除草、松土,一般苗期后即可进行浅松土、除杂草。以后随着地上部生长加快,在开花前根据田间生长情况,至少再除草、松土 1~2 次,封行后至成熟前注意防控蚜虫、拔除杂草。二是早间苗。利用旧膜种扁豆播后 5~7 d 即可出苗,出苗后 7~8 d 应及时进行间苗,早间苗是培育壮苗的主要措施。三是适时定苗。留苗原则是肥地宜稠,薄地宜稀,达到留壮苗,留匀苗的标准。于 4 叶定苗,保苗 60 万~75 万株/hm²。

冯敏等(2019)介绍了在庆阳市小扁豆绿色生产的田间管理。出苗后,当第一片复叶展开后间苗,第二片复叶展开后定苗。定苗前后,结合除草灭茬中耕 1~2 次,促使根瘤的形成和根系下扎,分枝期进行第三次中耕并进行培土、护根防倒。

王苏林(2020)介绍小扁豆出苗期如果发现成片缺苗的地段应及时查苗补种;3~4 叶时轻松土,7~8 叶时浅锄草,防止伤根伤苗。利用旧膜种植小扁豆播后 5~7 d 即可出苗,出苗后 7~8 d 应及时间苗,早间苗是培育壮苗的主要措施。

(二)科学施肥

1. 重施基肥,适当追肥 在农作物种植过程中,需要积极做好田间管理工作,确保农作物健康苗壮的生长,进而有效提升农作物的产量。田间管理工作中最为关键的一项内容是对农作物进行科学合理的施肥,保证土壤中包含植物生长的各种营养元素,并且控制土壤的酸碱度在合适的范围。

温日宇等(2015)介绍在山西省晋西北及同类生态区,小扁豆属于豆科作物,根系有较强的生物固氮作用,因此对氮肥需求量不大,主要以有机肥和磷、钾肥为主。如果土壤供氮不足,可在苗期施少量氮肥,以促进幼苗发育,增强根瘤菌固氮能力。一般在播前深施普通过磷酸钙 325.0 kg/hm²、硫酸钾 22.5 kg/hm² 作为底肥,既可增加小扁豆产量,又能改进籽粒品质。

赵定华(2018)指出在甘肃省会宁县结合整地,及时施入基肥,基肥以有机肥和磷钾肥为主,肥料最好在秋耕打耱收口时一次性施入,一般施有机肥 22500~30000 kg/hm²。小扁豆自身有固氮作用,对氮素的要求不高,结合施有机肥加施磷酸二铵 150~225 kg/hm²、普通过磷酸钙 225~300 kg/hm²、硫酸钾 75 kg/hm²。在缺锌地区,播种前作为基肥在土壤中施硫酸锌 15~20 kg/hm²。春季耕翻施肥会导致跑墒,影响出苗,播种效果低于秋季耕翻施肥。另外,根据作物长势,及时补肥,特别是土壤肥力太差的旧膜地块要根据苗期长势情况及时追肥、补肥。有条件的追施沼液,冲施时沼液和水按质量比 1:3 或 1:5 的比例混合后对扁豆进行沟施肥,沼液用量为 15000 kg/hm²。叶面喷施时取沼液澄清过滤后,于扁豆花期前后进行叶面喷施,沼液用量为 750~1050 kg/hm²。也可用质量浓度 2~3 g/kg 磷酸二氢钾溶液进行叶面喷施。也可以用追肥枪追施适量磷肥、钾肥。

冯敏等（2019）介绍了庆阳市小扁豆绿色生成中应合理配方施肥，重施基肥，适量追肥。结合整地一次性施入经高温堆积发酵完全腐熟的农家肥 30000 kg/hm²、硫酸铵（含氮 20%）300～450 kg/hm²、过磷酸钙（含 P_2O_5 12%）300～450 kg/hm²。开花结果期叶面追施 2 g/kg 硼酸溶液、2 g/kg 磷酸二氢钾溶液。

王苏林（2020）指出土壤中氮素不足时，可在小扁豆生长初期施少量氮肥（尿素 60 kg/hm²），有利于根瘤菌的形成。

2. 一次性施肥 一次性施肥狭义来讲，是指在作物整个生育期只施用一次肥料的生产技术，该技术既可实现粮食生产的高产高效和节本增收、提高农民种粮积极性，又可节约劳动力、解决第二、三产业发展"用工荒"的难题，对促进国民经济协调发展和有效解决"三农"问题等具有重要的意义，也是当前国内农业劳动力缺乏条件下保障国家粮食安全的迫切需求。不同于将普通速效肥料底肥一次性施入不再进行追肥的"一炮轰"施肥方式，一次性施肥技术核心是绿色新型肥料产品和机械产品的研发与应用，通过专用机械将作物专用缓控释肥料一次施用，实现肥料养分释放与作物生长养分需求的时空匹配。

宋刚等（2002）、张菊花等（2017）均指出在宁南山区小扁豆施肥要求重施基肥，配施化肥，一般亩施农家肥 1500～2000 kg，二铵 5～10 kg，不宜用化肥做种肥，不追肥。

陈喜明等（2011a）指出在晋西北地区一般亩施农家肥 1500～2000 kg，二铵 5～10 kg，一般不宜用化肥做种肥。每亩 3 kg 左右五氧化二磷做底肥能明显增加产量。每亩 1.5 kg 左右氧化钾肥，也可增加小扁豆产量，并能改进籽粒品质。

马晋宏等（2017）指出小扁豆施肥应以农家肥、磷肥和钾肥为主，少施氮肥。施肥方式以基肥为主，一般在施农家肥 15.0～22.5 t/hm² 的基础上，加施磷酸二铵 150～225 kg/hm²，或普通过磷酸钙 225～300 kg/hm²，可在播前或播种时一次施入。

（三）合理补充灌溉

1. 灌溉水源 中国北方小扁豆产区主要在干旱、半干旱地区，天然降水不足，在关键生育时期缺少水分，需要进行补充灌溉。

应充分利用灌溉水源，如充分利用径流等。罗俊杰等（2003）介绍，以黄土高原半干旱区集雨技术及设施为基础，分析集雨水源的基本特征和特点，通过优化的补充灌溉方式，研究了不同作物在不同时期的补充灌溉定额、灌溉次数以及灌溉效果。试验研究表明，旱作区集雨补灌采用不同的微灌方式，在作物关键需水期和受旱后补充灌水，有显著的增产和保苗稳产效果。旱后补偿效应的研究表明，在作物受旱后供水，水分利用效率（WEU）显著增加。

赵西宁等（2009a）研究，降雨径流的调控利用是缓解黄土高原干旱缺水与控制水土流失的有效手段，研究区域降雨径流调控利用潜力的定量评价对黄土高原降雨径流合理利用的宏观决策与规划设计具有重要意义。以黄土高原为例，将可以调控利用的最大降雨径流量作为资源化潜力值，从宏观尺度上，系统分析了影响该潜力的各个因素，确定出黄土高原降雨径流调控利用潜力的各项评价指标，利用 GIS 技术，建立了降雨径流各个影响因素的专题图层，提取出各个影响因素专题信息。在上述基础上，引入人工神经网络建模方法，建立了黄土高原降雨径流调控利用潜力 BP 网络模型，并利用实际资料对网络模型进行了训练和预测，取得了较好的结果。评价模型可供黄土高原降雨径流调控利用及其生态与环境保护工作参考。

赵西宁等（2009b）论述，干旱缺水与水土流失并存是制约黄土高原经济发展的两大瓶颈性因素。集雨补灌农业作为雨水利用的更高发展阶段,更加强调了从时间和空间与两个方面对有限雨水资源实施主动调控与利用。大量研究与实践证明,集雨补灌农业不仅是黄土高原不可缺少的水资源开发利用形式,也是黄土高原水土保持工程技术体系的重要组成部分,更是黄土高原旱地农业持续发展的一种综合模式和战略性措施,是对旱地农业的进一步继承和发展。另外,具有工程化、科技化、规模化内涵的集雨补灌农业也已经成为现代节水农业技术体系的重要研究内容之一。黄土高原集雨补灌农业研究的深度和广度将会持续深入,其技术发展更加依赖于高新技术的支撑与应用。

唐丽霞等(2010)研究论述,水资源短缺是黄土高原面临的最为关键的一个生态环境问题。研究黄土高原地区河川径流演变对土地利用与气候变化的响应是开展适应性流域管理的基础。以黄河流域中游山西省吉县境内的清水河流域(面积436 km^2)为研究对象,采用非参数统计秩检验法(Mann-Kendall)、滑动 t 检验和跃变参数分析法,对该流域1959—2005年的年径流量、降水量和潜在蒸发散量进行了趋势分析和突变点验证;用遥感数据判读和解译的结果分析了该流域不同时期土地利用变化;在此基础上根据水量平衡原理,分析了土地利用变化和气候变化对流域径流变化的贡献,并采用FDC曲线法分析了二者对高、中、低流量变化的影响。研究结果表明:该流域年径流量在1959—2005年的47年间呈显著下降趋势,突变点出现在1980年,但该流域降水量未出现明显的趋势性变化,而以Hamon公式计算的流域年潜在蒸发、蒸散则呈显著上升趋势,其突变点出现在1997年。该流域气候变化和土地利用变化对年径流减少的贡献率分别为46.79%和53.21%。综上看出,潜在蒸发、蒸散增加和乔木林地面积增加是导致该流域径流减少的重要原因。

赵西宁等(2015)论述,降雨径流调控利用强调从时间和空间两个方面对产生水土流失的主导因子——坡面降雨径流进行科学聚集与分散,以主动调控手段同步缓解黄土高原干旱缺水与水土流失并存两大难题,实现坡面降雨径流拦截、存贮与利用的统一,是黄土高原水土保持科学理论的继承与进一步发展。不同尺度降雨径流运行规律、雨水资源化潜力计算与评价、降雨径流优化配置理论与方法、降雨径流资源化环境效应、小流域降雨径流综合调控试验模拟应是其应用基础研究的重点。

郑培龙等(2016)曾以黄土高原耤河流域为研究对象,采用Mann-Kendall检验、距平累积曲线、双累积曲线以及分离评判法等方法进行研究。1962—2010年耤河流域年降雨呈下降趋势,但下降趋势不显著($P>0.05$);流域年径流深呈显著下降趋势($P<0.001$),且在1985年发生减少突变;坡耕地面积减少,梯田面积增加是研究时段内流域土地利用变化的最明显特征。研究时段内土地利用变化是耤河流域径流量减少的主要驱动因素,影响贡献率为90.2%,而气候变化影响较小,贡献率仅为9.8%。

杨少俊(2002)介绍了农田灌溉水源的利用方式。①打水窖(窑)。选择有一定产流能力的坡面、路面、屋顶或经过夯实防渗处理的地面作为雨水集流场,将雨水汇集到打成的水窖或水窑中,一般水窖的容量为30~50 m^3,水窑的容量为20~30 m^3。利用水窖、水窑这种有限的灌溉水源,可以给作物浇关键水,以大幅度地提高作物产量。②建蓄水池。在渠旁或村庄附近,选择有可能汇集降雨径流或调蓄山泉、溪水的天然洼地,人工建蓄水池,实行蓄引结合,长蓄短用。还可以沿台地顺渠线修多个蓄水池,用渠道把各蓄水池串连起来,平时可以蓄积降雨径流或小泉小水,旱时可以用上埝池水,灌溉下埝作物。③修建塘坝。在有较大汇水面积的洼地、溪谷筑坝拦蓄降雨径流。蓄水一般在10万 m^3 以下的微型水库为"塘坝"。利用塘坝水可提水灌溉高地作物,也可引水灌溉下游作物,是一项蓄水量较大、能灌溉较大面积的好水源。

④利用污水。利用工厂或城市居民区排出的生产污水和生活污水来灌溉作物,是一项廉价的灌溉水源。但在灌溉前必须搞清水质。对一些生活污水,适宜农田灌溉的可直接利用;对工厂、企业排放的含各种重金属元素或病原生物等的污水,必须经过严格处理达到标准后才能用于灌溉非直接食用的农作物,谨防食物污染和危害人体健康。⑤井河双灌。有一些自流灌区,干旱季节地表来水少,作物轮灌周期长,供水不足,可在灌区内打机井,提取地下水灌溉作物,补充地表水不足。抽取地下水后,地下水位降低,又可"腾空"地下库容,增加雨季降水入渗,起到补给地下水的作用,使地表水、地下水两者互为补充,提高水资源的有效利用率。⑥储水灌溉。一般水库冬闲季节都把余水白白排入下游,造成冬水资源浪费,而春、夏季节用水紧张。如果把冬季河流余水引入田间灌溉,储存到田间土层"水库"中,供春季作物吸收利用,可以缓解春季用水的供需矛盾。因此,在水库灌区推广冬季储水灌溉,可以起到闲灌忙用的作用。

2. 灌溉方式方法 小扁豆在大多数情况下作为一种免耕作物种植,但对水分有强烈反应。小扁豆苗期需水较少,4~6片真叶期和花荚形成期是其两个需水临界期,有灌溉条件的地区此时应根据苗情和墒情,适时、适量灌水,以保证小扁豆获得较高的产量。

陈金陵(2015)总结了农田节水灌溉技术,比如沟灌、喷灌、滴灌、渗灌等。①沟灌。沟灌是中国地面灌溉中一种普遍使用的灌溉方法。灌溉前在作物行间开挖灌水沟,水分在灌水沟内流动过程中借助毛细管的作用润湿根区土壤。其优点是不会破坏作物根部附近的土壤结构,适用于宽行距的中耕作物,比漫灌节水30%~40%。缺点是一次灌水量较大,植物的蒸发蒸腾量仍很大。沟灌的灌溉面积大,会造成无效的土壤水分蒸发增加,且土壤含水量高、湿度大,增加了植株蒸腾量。②喷灌。喷灌是一种较为先进的全面灌溉方法,利用喷头等专门设备把有压水喷洒到空中,形成水滴后像降雨一样落到地面和作物表面。喷灌具有降低近地面温度,提高作物生长区大气湿度,调节田间小气候的作用。与地面灌溉相比,可降低冠层温度使其维持在适宜光合作用的温度范围(20~25℃左右)内;同时可以增大气孔阻力,进而降低蒸腾速率,其研究还表明喷灌的水分利用效率比地面灌溉高出52%。③滴灌。滴灌属于局部灌溉,由滴头直接把水滴在作物根区的土壤表面,其水分利用效率可达95%,是中国干旱地区最有效的节水灌溉方式之一。滴灌之所以有较高的水分利用效率主要是因为减少土壤湿润面积降低了无效的棵间蒸发,从而减少了水分浪费。而且滴灌能够保持较好的根部土壤结构,改善了根区土壤的通气状况,为农作物生长创造了更为有利的根区微环境条件。与沟灌相比,能够使地表湿度减到最小,因此可以减少病虫害的发生,有利于产量与品质的提高。④渗灌。渗灌,即地下滴灌,是利用地下管道系统将灌溉水引入田间耕作层借毛细管作用自下而上湿润土壤的方式,是目前世界范围内最节水的灌溉技术之一。渗灌减少了棵间无效的水分蒸发,提高水分利用效率;渗灌技术将水分直接输送到植物根系层,提高了根系对水分的吸收;而且地表干燥,不易产生病虫害及杂草、减少农药的使用;同时也提高了地表温度,为作物生长提供有利环境,这些优势都有利于作物产量与品质的提高。

陈喜明等(2011a)指出在晋北高寒区4~6真叶期和花荚期各1次或仅在花荚期浇水,小水慢浇,对小扁豆产量有明显增产效果。浇水时禁大水浇灌,小扁豆怕水淹,应及时排涝。

温日宇等(2015)介绍,在大多数情况下小扁豆是作为一种免于灌溉的作物种植的,但要获得较高产量,苗期和花荚期各1次或仅在花荚期浇1次水,都有明显增产效果。由于小扁豆根系较浅,因此浇水时要用小水缓浇,不能大水漫灌。

冯敏等(2019)介绍小扁豆比较耐旱,不耐涝,对水分反应敏感。前期水分过多易引起烂根死苗,或发生徒长导致后期倒伏。后期遇涝,易使植株根系生长不良,出现早衰、花脱落、产量下降,因此应该注意防涝排涝。小扁豆现蕾期是需水临界期,花荚期是需水高峰期,在这两个时期如遇干旱应及时浇跑马水或灌溉。

（四）应对环境胁迫

具体见本章第二节。

六、适期收获

陈喜明等(2011a)、陈伟俊等(2013)介绍当植株开始转黄,下部豆荚变褐或黄褐色时,即可收获。收割应在早晚湿度大时进行,干热天气易引起落粒。面积小,可以分批收获,先熟先收;面积大,要一次收获。收获后要及时晾晒、脱粒。收获季节,雨季尚未过,要注意防止捂垛出芽。储藏期间种子含水量14%为宜,以免种子在储藏期间发热或发霉。

温日宇等(2015)介绍植株颜色开始转黄,70%的豆荚变褐或黄褐色时,即可收获。由于小扁豆成熟后易落粒,因此收割应在早晚湿度大时进行。在条件允许的情况下可以分批收获,先熟先收,收获后要及时晾晒、脱粒,防止出芽。

连荣芳等(2018)介绍,小扁豆成熟时易落荚、落粒,应在植株豆荚干黄、茎叶变黄、70%~80%豆荚枯黄时及时收获。小面积种植时,一般采用人工整株连根拔起或用镰刀等工具收割。收获后的小扁豆应及时晾晒脱粒。脱粒后的小扁豆经充分晾晒和清选后,在干燥冷凉的条件下贮藏。小扁豆虽可以长期保存,但随着时间的延长,籽粒颜色将越来越深。

冯敏等(2019)介绍,一般在植株上有60%~70%豆荚成熟时即可开始收摘,以后每6~8天收摘1次。

王苏林(2020)介绍,小扁豆的成熟期不一致,往往基部荚果已成熟,而上部荚果还呈青色或尚在灌浆。一般7—8月植株开始转黄、2/3的豆荚变褐或黄褐色时即可收获。收割时应在早晚湿度较大时进行,干热天气易引起落粒。

当植株开始转黄,下部豆荚变褐或黄褐色时,即可收获。收割应在早晚湿度大时进行,干热天气易引起落粒。种子含水量14%为宜,这样种子在储藏期间不易发热或发霉(李元宝等,2010)。

七、小扁豆栽培的全程机械化

（一）机械化播种

播种是农作物生产过程中重要环节之一,要想实现农业机械化,就必须实现农作物播种机械化。播种机械在保证粮食增产、推动种植业发展和农业科技进步中,具有极其重要的地位和作用。金荣圣(2019)概述了国内目前播种机械的发展的现状。

1. 播种机械的概述

播种机的种类较多,按播种方式,可分为撒播机、条播机和精密播种机。

(1)撒播机　撒播是将种子漫撒于地表,再用其他工具进行覆土的播种方式。撒播的生产率很高,但种子分布不均匀,覆土深浅不一致。常用的机型为离心式撒播机,多用于牧草播种和航空播种。

(2)条播机　条播是将种子成条状地播入土中,在每条中,种子分布的宽度称为苗幅,条与条之间的中心距叫作行距。条播是最常用的一种播种方式。主要用于谷物、蔬菜、牧草等小粒种子的播种作业。单机播幅为 6~7 m,播速一般为 10~12 km/h。

(3)精密播种机　精密播种机按其机构原理分为机械式和气吸式两大类。机械式精密播种机结构和使用调整比较简单,价格便宜,适于小型机具。气吸式精密播种机增加了气吸系统,造价较高,但对种子形状和尺寸适应能力强,伤种少,播种精度高,适于高速作业,多用于播幅较宽的机型。镇压轮用来压紧土壤,减少水分蒸发,使种子与湿土紧密接触,有利于种子发芽和生长。压力要求一般为 30~50 kPa,压紧后的土壤密度一般为 0.8~1.2 g/cm。黑龙江勃农兴达机械有限公司生产的勃农 2BQJ-2 播种机与小四轮拖拉机配套,通过选用不同的排种器及相关部件可实现在玉米、大豆、扁豆等不同作物的垄上播种和平播作业,一次播两行。调整排种盘还可进行高粱、甜菜等作物点播。一次完成深施化肥、播种、开沟、覆土、镇压等项作业,各种作物的株距均可调。

(4)铺膜播种机　铺膜播种机械主要是由铺膜机和播种机组合而成,是为了解决干旱半干旱地区农作物生长期缺水问题,播种的同时在种床上铺以塑料地膜,可以达到保水保墒,促进种子生长。铺膜播种机种类较多,内蒙古农牧机械学院研制的 2BP-2 型铺膜播种机,是一种多用途的小型种植播种机械。该机械可以进行联合播种作业,同时也可以单独进行铺膜作业、播种作业。配套动力为 8.8~11.0 kW,适用于棉花、玉米、花生、菜花、扁豆等作物的施肥以及铺膜播种作业。该机械具有生产率高,结构设计合理,操作简单,作业质量高的优点。

(5)免耕播种机　免耕播种是保护性耕作重要项目之一,是在未经耕翻的原茬地上直接开出种沟播种,能防止水土流失、节省能源,降低作业成本,与此配套的机具称为免耕播种机。

2. 新技术在播种机上的应用

(1)液压技术在播种机械上的应用　液压技术在播种机械上的应用比较广泛,大多是通过液压油缸来提升播种机及其工作部件,以及用液压马达驱动播种机工作部件。现代宽幅播种机则采用液压油缸来折叠机架,使其至运输状态时播种机幅宽缩小,便于转移地块和运输。播种机上的划印器也大多用液压油缸来升降和折合。

由于联合作业项目较多,机架及工作部件前后配置使机组较长重心偏后,地头转弯或运输时,使拖拉机机组的稳定性变坏,增加了作业困难,因而采用前后分两组液压升降的方法。前机为耕整地机,后机为施肥播种机,当拖拉机提升前机时,利用装在前机架上的液压油缸将后机升起,并前移到前机的上方,使整个联合作业机组的重心前移,改善了纵向稳定性,机组转弯机动灵活。

(2)电子监视技术在播种机械上的应用　为了进一步提高播种作业质量实现精量播种,近年来,高新科技在播种作业上得到了广泛应用,如通过光电传感器和计算机控制机保证播种质量和数量;通过卫星遥感技术对地理、环境、气候、进行精确预报,确保了合适的种植时间;运用红外探测仪来保证田块平整度等。

国外许多播种机上装有作业质量监测与控制装置,以便及时发现和排除故障,一些重要工作部件实现自动控制。国内播种机研究工作者也在积极研究开发适合我国实际情况的播种作业监控装置,有些成熟技术已投入使用。

3. 播种机械的展望

播种机性能比较完善,基本能满足主要农作物的机械化播种需要,但在高端产品以及经济作物机械化播种方面,还有很大的拓展空间。未来播种机械将进一步向多功能联合作业机发展,自动化、智能化、信息化程度将越来越高。

(二)机械化收获

小扁豆在中国是重要的食用豆类作物之一,由于食用豆种类多、地域分散、种植模式多样,当前其机械化生产水平较为低下,与之对应的生产装备极度缺乏,特别是在食用豆收获阶段,基本上是采用传统的手工操作,依靠人工完成割晒、打捆、运输、脱粒和清选等作业过程,整个过程耗时长、工作效率低、人工成本高,而且遇到雨季,容易造成籽粒发芽和霉烂。

夏先飞等(2019)论述了中国食用豆机械化收获技术发展现状及对策。

1. 中国食用豆机械化收获技术现状

(1)食用豆分段收获技术现状 分段收获为将豆秆割倒(或起拔)铺放,待晾晒干后,再拾禾并脱粒或者人工摘荚后再进行脱粒的收获方法。分段收获与直接收获比较,具有收割早、损失小、炸荚和籽粒破碎少的优点,适应性广,但作业效率低于联合收割,在降雨量较多地域不适用。实现分段收获的机具包括割晒机、起拔机和脱粒机。

(2)食用豆割晒 割晒机是一种特殊的收割机,作业过程中通过割倒作物禾秆,并将其有序摊铺在田地上进行晾晒。通过提前适度时间的割晒,可切断作物禾秆与根系的水分输送,降低水分含量,利于后续收获作业,另外对于具有后熟特性的作物,割倒后的禾秆可继续为籽粒输送部分养分,促其后熟,使作物增产,提高收获籽粒品质,这在食用豆生产中具有较好的适用性。19世纪初期,美国发明了由人或牲畜提供动力的脱粒机和割捆机,中国自1947年起,在东北等地的国营农场开始逐步推广使用,其主要结构型式有自走式、脱粒机牵引式和悬挂式等三种。核心组成部分包括割台机架、拨禾机构、分禾机构、切割机构、输送机构、传动系统与驱动控制等。对于食用豆割晒,对切割机构和输送机构有较高要求,部分作物还需重点解决秸秆缠绕问题,对稻麦割晒机进行适度改进后可用于食用豆割晒作业。

(3)食用豆脱粒 脱粒机按照不同的脱粒原理可分为打击式、碾压式、挤搓式、差速式和搓擦式。打击式脱粒机主要通过脱粒元件打击果穗,从而使籽粒脱落,较为适合食用豆脱粒采用。钉齿式脱粒装置是击打式脱粒机的执行机构,其主要由钉齿滚筒和凹板组成,脱粒物料在脱粒区内靠滚筒上高速旋转钉齿的正面冲击使籽粒和秸秆分离,实现脱粒,其生产效率高,工作可靠,喂入时抓取能力好。国内专门用来对食用豆类进行脱粒的设备很少,大多是利用原有的谷物脱粒机进行适度改进。农业农村部南京农业机械化研究所食用豆收获机械化团队设计了一种可调速食用豆脱粒机,可根据不同豆种的实际情况进行脱粒滚筒和风机转速调节,具有对不同豆种的广适性和作业效率高的特点。

(4)起拔机和捡拾脱粒 起拔机的起拔装置由固定机构、传动机构、起拔轴和仿形土铲构成,作业时,作物经分禾器进入起拔装置,起拔装置的起拔轴高速旋转,将作物连根拔起,使作物根部脱离土壤,随后拔起的作物由拾禾器拾起进入输送铺放机构,在地面整齐铺放。在晾晒一定时间后,进行机械捡拾脱粒,该模式在西北和东北地区适用。当前有简易的作业机具进行生产应用,但使用过程中存在损失率高、脱粒过程漏粒的问题,并且捡拾过程中需要人工辅助,效率相对较低。

2. 食用豆联合收获技术现状

(1)联合收割技术发展概况 联合收获为采用联合收割机具完成一次性收获。

联合收割机是一种集作物割倒输送、籽粒脱粒、茎秆分离、杂物清选和储粮等功能为一体的复合收获作业机械,具有作业效率高、机动性好等优势,对降低劳动强度,促进增产增收起着重要作用,在农业生产中应用非常广泛。18世纪,英国、美国等开始研制和设计联合收割机,1834年,美国农民发明家海勒姆·摩尔设计制造出第一台由畜群牵引、通过地轮驱动的联合收割机,其作业效率超过30个人工,是联合收割机研制的重要起点,经上百年的发展,联合收割技术已较为成熟。

按动力分配的连接方式,联合收割机可分为牵引式、自走式和悬挂式,按谷物喂入方式可分为全喂式和半喂入式。其主要组成部分为:割台装置、输送装置、脱粒装置、清选分离装置、储粮部件、底盘、液压装置、行走系统及传动系统等。脱粒清选装置是联合收割机的重要部件,其工作能力决定了收割机的工作效率,其工作状态直接影响机具的脱粒、清选性能(含杂率、破碎率)。脱粒装置主要包括脱粒滚筒、凹板筛、压草板、喂料机构及脱粒仓盖等;清选装置主要包括主副风扇、振动筛、输送搅龙,其功能是将谷物籽粒从脱粒混合物中分离出来,并最大可能降低杂质,得到清洁的谷物籽粒。稻麦联合收割机目前已进行广泛应用,但对于食用豆,还存在较多问题。首先此方法对品种、地形地貌、种植农艺具有严格要求,设备要求高、投入成本大,其次需要根据物料含水量、喂入量、成熟度等情况,实时调整机具作业参数,以便脱粒干净和减少破碎率。另外食用豆联合收获对脱粒清选装置有较高要求,对脱粒转速尤为敏感,直接使用稻麦联合收割机进行食用豆收获作业时籽粒破碎多、杂质含量大。

(2)适用于食用豆的联合收割技术 食用豆秸秆比重高,籽粒成熟期不一致,在机械化收获作业时,极易发生籽粒破碎和较高的秸秆杂质。因此,联合收获作业时需要重点解决割台防堵、物料输送破碎和脱粒清选含杂率高等问题。农业农村部南京农业机械化研究所食用豆收获机械化团队近年在食用豆专用低损防堵割台、食用豆脱粒清选装置自适应调节技术和适用于食用豆联合收获的低损物料输送系统等方面做了较多研究工作。

①低损防堵割台 食用豆联合收获中存在的割台损失率高、作物高度不一致和物料输送易堵等问题。食用豆专用低损防堵割台可在拨禾轮作用下,通过水平输送装置将不同高度植株顺利进入送料绞龙内,同时加长后的割台能有效降低拨禾和切割过程中炸荚带来的籽粒损失。

②高效脱粒清选系统 脱粒系统转速便捷可调,能根据不同的豆种、作业环境、作物含水率和成熟度进行现场调节,从而确定最佳滚筒脱粒转速,以有效降低破碎率和含杂率。同时设计高效清选分离系统,提高清选能力,能将大比重的秸秆进行除杂。

③物料低损输送系统 输送系统是联合收割机的关键部件,传统联合收割机物料输送系统为绞龙,对于蚕豆等籽粒不规则食用豆在输送过程中极易发生二次损伤。物料经脱粒滚筒脱粒后,水平输送采用高摩擦输送带形式,物料经脱粒滚筒脱粒后,垂直输送采用刮板输送形式,由这两类输送机构进行脱粒后籽粒的输送,可极大降低物料输送过程中的破损,提高联合收割作业效果。

(3)食用豆联合收获效益分析 食用豆机械化收获存在的收获损失和破碎损失问题,一部分原因是食用豆成熟期不一致,选择机收时间非常重要,在满足70%以上成熟度情况下可以进行机收,但过度成熟的豆荚在拨禾和割刀切割时容易炸荚,带来割台损失;另一部分原因食用豆收获时茎秆未干透,仍然含有较高水分,比重较大,在机器脱粒后,为降低含杂率,较高的清选风量会把质量较小的籽粒一同吹出,带来清选损失。农业农村部南京农业机械化研究所收获机械化团队在明光市涧溪镇蒲塘村对皖科绿3号绿豆百亩示范片进行机械化收获效益测算(机械化收获效益以机收节约成本去除机械收获损失计算,机收成本、人工采摘成本及绿豆价格以市价计算,机械化收获按实际收获面积和精选后产量计算),综合测产结果显示每公顷机收较人工采摘节约开支5988元,增加效益4638元。因此,在有限损失的情况下食用豆机收综合经济效益高于人工采收,机械化收获节本增效显著。

3. 食用豆机械化收获模式

食用豆收获可通过三类方式实现:全程机械化、适度机械化和人工收获,具体体现为联合收获和分段收获的适度选择。食用豆的收获模式可参照以下方式选择:平原缓坡、大规模种植地区宜采用联合收获作业模式;丘陵山区、较大规模种植且少雨地区宜采用分段收获作业模式(割晒+机械化脱粒);丘陵山区、较小规模种植且多雨地区宜采用分段收获作业模式(人工摘荚或割晒+机械化脱粒)。

(三)制约食用豆机械化生产的因素

1. 地域特征差异问题 中国食用豆的产区主要分布在东北、东南、西南、华北、西北等地区。根据地域情况的不同,主要分为春播和秋播。主产地既有平原地带,也有丘陵山区,客观环境的复杂性极大地增加了收获机具的研发与推广难度。当前平原地带有少量联合收割机用于机械化收获。

2. 种植规模与生产管理问题 目前中国食用豆小规模种植的区域较多,且种植模式包括间作、套作等。不同地区的种植农艺也不够规范,有的是撒播,有的是条播,撒播的播种量各不相同,植株的密度差异很大。后期收获时喂入量过大会使得机器堵塞,导致含杂率和破碎率上升,收获质量差,条播的株距和行距各地也不尽相同,这对实现通用机械化生产具有较大挑战,除对作业机具有更高要求外,对机械作业效率、生产成本等方面有很大影响。另外,部分区域在播种后很少对田间进行管理,田间杂草多、倒伏严重,使得机械化收获作业无法开展。因此,以生产性为目的食用豆种植必须规模化或者适度规模化,小块地或者丘陵山地应进行宜机化改造,生产模式应以实现机械化作业为首要考虑因素,同时加强田间管理。

3. 品种适应性问题 优良的品种是实现食用豆机械化生产的重要条件,结荚高度高且集中、成熟期一致、株型紧凑且直立性好、不易炸荚的食用豆品种适宜机械化收获,通过对收获机具的优化设计能将收获损失率、含杂率控制在较好水平。目前食用豆品种在籽粒形态、成熟期一致性和节荚特征等方面对机械化生产的适应性较为欠缺。在后续的食用豆育种工作中,应同时将抗病、抗虫、高产和宜机械化生产作为育种目标,同时当前食用豆的栽培技术尚无法完全适应机械化生产需求。

4. 机具适应性和可靠性问题 目前食用豆机械化生产机具大都处于研发或试验阶段,有部分机具进行作业应用,但由于食用豆品种的复杂性和其机械化生产的特殊性,优质高效实现其机械化生产技术难度较大,难题较多。目前部分应用机具本身对多豆种的适应性和可靠性有待提高,以适应大面积推广应用的要求。

(四)实现食用豆机械化生产的对策

要实现食用豆生产的现代化(包括规模化、标准化、机械化和智能化),降低食用豆生产成本和提高机械装备使用效率。需实施科技兴农、推进食用豆类生产农机农艺融合,开展食用豆农机农艺技术融合示范区建设行动。实现农业高质量和绿色发展,最关键、最根本的举措是依靠科技创新,通过开展跨领域应用技术研究,将各项新技术、新成果运用于食用豆生产机械装备研发生产中,提高作业装备的性能,实现作业装备的自动化和智能化,使农业资源的利用更加精确高效和科学合理。同时坚持良种良法配套、大力推广食用豆类特色作物高效栽培及田间管理技术,结合机械化生产特征完善优化特色作物的耕、种、管、收等环节农艺规范,实现先进农艺技术的标准化。结合专用品种选育、标准化农艺和机械化生产要求,建立食用豆机械化生产示范基地,加强宣传和技术培训,推动食用豆机械化生产模式的推广应用,促进产业健康发展。

1. 分地形、按品种,逐一突破 通过对食用豆不同品种、不同种植地域进行分类研究,开展食用豆全程机械化收获技术与装备研究,对食用豆主要品种的机械化生产特性(适播性、宜收性等)进行试验评价。

2. 农机作业与农艺结合问题 实现食用豆高效机械化收获,需融合食用豆耕、种、管、收环节的整体机械化作业要求,坚持良种良法配套、大力推广食用豆高效栽培及田间管理技术,结合机械化生产特征完善优化食用豆生产的农艺规范。

3. 食用豆机械化低损保质收获技术 研究基于食用豆株系—机构交互作用下连续低损伤收获技术,割台、输送及脱粒清选装置自适应调节技术,以解决脱不净、落粒及籽粒破损等问题,实现低损收获、保证产品品质,提升种植效益。

4. 食用豆高效机械化生产技术模式 针对食用豆的生产特点,构建适宜的机械化生产模式,突破食用豆生产机具智能化和轻简化关键技术,提出适用于不同地区的食用豆机械化生产技术集成路径和装备配置解决方案。例如,大区缓坡或平坡区域采用联合收获作业,小区或丘陵山地采用分段收获作业。

在后续研究工作中需要重点解决的技术问题:基于食用豆株系—机构交互作用下连续低损伤收获技术;收获装备作业环境自动检测技术;割台、输送及脱粒清选装置自适应调节技术;作业状态监控及故障适时诊断技术;食用豆收获装备模块化装配技术。

(五)展望

食用豆由于品种多、作物特征差异大、秸秆比重高,且籽粒成熟期不一致,加之气候以及种植农艺等众多关联因素,以及缺乏相应的机械化收获作业技术标准,当前机械化生产水平较低。实现食用豆机械化收获可采用分段收获和联合收获两种方式,分段收获的机具包括割晒机、起拔机和脱粒机,对于食用豆联合收获,需要解决割台堵塞、脱粒清选破碎含杂高和物料输送系统带来的籽粒破碎等问题。

食用豆的收获模式可参照以下方式选择:平原缓坡、大规模种植地区宜采用联合收获作业模式;丘陵山区、较大规模种植且少雨地区宜采用分段收获作业模式(割晒+机械化脱粒);丘陵山区、较小规模种植且多雨地区宜采用分段收获作业模式(人工摘荚或割晒+机械化脱粒)。在有限损失的情况下食用豆机收综合经济效益高于人工采收,机械化收获节本增效显著。

制约食用豆机械化生产发展的因素包括:地域特征差异、种植规模与生产管理问题、品种适应性和机具可靠性问题。要实现食用豆生产的现代化(包括规模化、标准化、机械化和智能化)降低食用豆生产成本和提高机械装备使用效率。需实施技兴农、推进食用豆类生产农机农艺融合,从基于食用豆株系—机构交互作用下连续低损伤收获技术,收获装备作业环境自动检测技术,割台、输送及脱粒清选装置自适应调节技术,作业状态监控及故障实时诊断技术和食用豆收获装备模块化装配技术等方面开展研究。

第二节　应对环境胁迫

植物在复杂环境中生长和繁衍,受多种化学和物理的非生物因子胁迫,且这些胁迫随时间和地理位置而发生变化。影响植物生长发育的主要非生物因子包括水、温度、灾害性天气等,本节将重点从这三方面来讨论这些因子对小扁豆生长发育的影响,进而提出有效应对措施。

一、水分胁迫及其应对

干旱是全球最常见、最广泛的自然灾害,其发生频率高、持续时间长、影响范围广,对农业生产、生态环境和社会经济发展影响深远。世界气象组织的统计数据表明,气象灾害约占自然灾害的70%,而干旱灾害又占气象灾害的50%左右(秦大河等,2002)。每年因干旱造成的全球经济损失平均高达80多亿美元,远远超过了其他气象灾害,尤其在气候变暖背景下,全球干旱灾害发生逐渐呈常态化趋势,特大干旱事件发生的频率和强度不断增加,干旱灾害的异常性更加突出,破坏性更加明显(王伟光等,2013)。

同多数生物一样,植物中水分占细胞体积的最大部分,也是细胞最受限制性的资源。植物体内大约97%的水分会散失到大气中(大多数通过蒸腾作用)。大约2%用于体积膨胀或细胞扩增,1%用于代谢过程,主要是光合作用。水分亏缺和过量都会限制植物生长。水分亏缺大多发生在自然和农业环境条件下,主要是由间歇性的连续无降水造成的。

(一)发生时期和对小扁豆的影响

水分胁迫一般发生在季节性缺水时期。小扁豆种子发芽需要吸收相当于其自身干重的水分,通常24~32 h可以吸足水分并开始萌动。小扁豆耐旱不耐涝,多种植在干旱地区或山区,靠自然降雨或底土水分生长。但是,小扁豆对灌水有强烈的反应,当地墒很差和降雨过少时,更为突出。小扁豆一生需要200~300 mm的降水或灌溉。4~6片真叶期和花荚形成期是其两个需水临界期。

舒敏玉等(2007)曾采用盆栽试验,对不同播种方式和水分处理下2个小扁豆品种叶片中丙二醛、脯氨酸含量及生物量进行了初步研究。结果表明,随着水分处理时间增加,2种水分处理下小扁豆叶片中丙二醛和脯氨酸含量均呈增加趋势,且从水分处理开始,低水处理小扁豆叶片中的丙二醛和脯氨酸含量均高于高水处理。播种方式对小扁豆叶片中丙二醛、脯氨酸含量也有一定影响,单播方式下,两品种小扁豆叶片中丙二醛、脯氨酸含量变化趋势基本相似。舒敏玉(2007)通过进一步试验,测定了不同播种方式和水分处理下2个小扁豆品种叶绿素荧光参数、叶水势、叶片气孔导度及光合参数等,进一步来探讨水分处理对小扁豆生理生化指标、荧光参数、光合参数的影响及其产量与抗旱性之间的关系。研究结果表明:随水分胁迫的延长,同一播种方式下,相同品种的小扁豆高水处理的地上、地下生物量、籽粒产量均高于低水处理;在水分胁迫下不同品种的小扁豆,在两种播种方式下荧光参数F_m、F_v、F_v/F_m、F_v/F_o、qP、Y、ETR均有所下降,表明水分胁迫抑制了PSⅡ的光化学活性,对小扁豆叶片PSⅡ原初光能转化效率,PSⅡ潜在活性,PSⅡ潜在光合作用活力,光合电子传递能力等均产生了抑制作用;水分胁迫下不同品种的小扁豆叶水势和气孔导度在水分处理下发生明显变化,叶片含水量未达到可测变化前时,植物地上部分对土壤干旱的响应已经显现,即在干旱胁迫时小扁豆气孔开度减少或部分关闭,导致气孔阻力加大,蒸腾速率减少,从而减少了植株体内的水分蒸发。气孔导度的下降将引起作物光合能力下降,降低植物干物质生产,影响作物产量的提高。小扁豆在高水处理下的蒸腾速率高于低水处理,小扁豆遭水分胁迫时,通过体内的自身调节降低蒸腾速率,从而减轻水分胁迫对其伤害。

(二)水分胁迫的应对措施

1. 选用抗(耐)旱品种　掌握小扁豆的抗旱机理,开展抗旱育种,因地制宜选用抗旱性强、丰产稳产性好、增产潜力大、熟期适宜的优良小扁豆品种。姜雪琴等(2016)认为,培育和选择抗旱型新品种是解决宁夏南部山区水资源不足和干旱胁迫的主要途径之一。因此,及时准确地筛选和鉴定小扁豆新品系的抗旱性,是进行小扁豆育种和筛选小扁豆新品种的基础,也是缩短育种年限的有效途径。为此,研究了对自育的24份小扁豆新品系,以株高、单株荚数、单株粒数、籽粒产量为指标,用抗旱指数法进行分级,筛选出1级抗旱(高抗)品系7份,2级抗旱品系5份,3级中抗类型3份,4级弱抗类型3份,5级不抗类型6份。李云霞(2003)借鉴其他作物抗旱性的鉴定经验,用目测法测定小扁豆的抗旱性。观察时间为12:00—14:00,观察小扁豆的叶片卷曲程度,18:00—19:00时再观察叶片的伸展程度,以判断其抗旱性的强弱,并分为三个级别强、中、弱记载,伸展程度较好的认为抗旱性较强;另一个观察时间是14:00以后观察叶片萎蔫程度,第二天早上再观察其叶片伸展程度,伸展程度较好且叶片上有露珠的小扁豆表明抗旱性较强,如叶片较萎蔫即认为其抗旱性较弱。用此方法筛选出抗旱性强的材料22份。

2. 及时补充灌溉

(1)合理利用水资源　随着水资源短缺的加剧和全球人口的增长,农业水资源利用不仅要实现节水目标,更重要的是在节水的前提下实现产出的高效益。但是目前中国水资源短缺对农业发展的制约越来越严重,已经成为限制农业发展的重要因素,所以合理利用水资源对农业发展来说至关重要。尤其是在陕北干旱地区,通过蓄住天然降水、有效利用地面水、合理开采地下水等多种高效用水方式,可有效促进农业经济发展。

生产上可通过修建小型水库,雨季蓄水旱季调用、固化沟渠等具体措施来提高水分利用率。地膜覆盖技术也可以有效提高小扁豆水分利用率。地膜覆盖具有减轻雨滴打击、防止冲刷与结皮形成的作用;可有效减少土壤水分的蒸发,天旱保墒、雨后提墒,促进作物对水分的吸收和生长发育,提高土壤水分的利用效率。赵雪英等(2014)在绿豆鼓粒期,选取晴朗无云天气,对不同覆膜方式处理下的绿豆进行光合指标采集,结合成熟期与绿豆产量有关的表型性状,研究不同地膜覆盖方式对绿豆产量的影响。结果表明:地膜覆盖能增温、保湿、保持养分、增加光效。用140 cm渗水地膜覆盖处理的绿豆持绿度高,叶片叶绿素含量明显高于露地平播(对照),净光合速率高,干物质积累时间长,绿豆产量有明显增加。140 cm渗水地膜覆盖绿豆产量达2691 kg/hm²,较露地平播和窄幅地膜处理分别增加了20.9%和6.3%。

(2)节水灌溉　根据土壤田间持水量决定灌溉,土壤持水量低于各时期适宜最大持水量5%时,就应立即进行灌水。每次灌水量达到适宜持水量指标或地表干土层湿透与下部湿土层相接即可。灌水要匀、用水要省、进度要快。目前,灌溉效果较好的节水灌溉方法是喷灌和滴灌。喷灌是将灌溉水加压后,经管道输送至喷头,并由喷头将水射出,均匀地散成细小水滴对作物进行灌溉的节水型灌溉技术,比普通地面灌水省水30%~50%,少占耕地,节省人力,但受风影响大,设备投资高。滴灌节水效果最好,通过低压管道系统,使灌溉水成点滴地、缓慢地、均匀而又定量地浸润作物根系最发达的区域,使作物主要活动区的土壤始终保持在最优含水状态的一种灌溉技术。滴灌不破坏表土的结构,不会产生地表径流,可以大大地减少棵间蒸发量,是一种最节水的灌溉技术,一般比地面灌溉省水30%~50%,比喷灌省水15%~25%。

灌水时,除根据需水规律和生育特点外,对土壤类型、降雨量和雨量分配时期等应进行综合考虑,正确确定灌水时间和灌水量。小扁豆苗期需水较少,4~6片真叶期和花荚形成期是其两个需水临界期,有灌溉条件的地区此时期应根据苗情和墒情,适时、适量灌水,以保证小扁豆获得较高的产量。

二、温度胁迫及其应对

植物的生长发育需要一定的温度条件,当环境温度超出了它们的适应范围,就对植物形成胁迫。温度胁迫持续一段时间,就可能对植物造成不同程度的损害。小扁豆适于温带和亚热带冷凉气候地区种植,在纬度为15°~45°的低海拔地区都有栽培。小扁豆种子在土壤温度5℃时就能发芽,18~21℃为最适发芽温度。据国际干旱地区农业研究中心(ICARDA)报道,冬播时气温和土温低于10℃,需要25~30 d才出苗,而春播气温和土温约20℃时7~9 d就可出苗。一般情况下,平均气温24℃最适于小扁豆生长,超过27℃时对多数品种的生长有不利影响。严寒或霜冻对小扁豆生长也有害。张传乃等(1990)报道了小扁豆开花与温度的关系:小扁豆在14~22℃开花较多,占80.1%;10℃以下和26℃以上开花极少,甚至没有。品种间有差异,大荔小扁豆在10~26℃开花;彬县小扁豆在10℃以下还有1.1%开花,24℃以上不再开花。因此,温度是限制小扁豆生长发育的重要环境因子之一。

(一)高温胁迫

绝大多数高等植物正在生长的活性组织若长期暴露在45℃以上高温不能存活,或者甚至短时间暴露在55℃或更高温度也不能存活。有关高温对小扁豆生长和产量的影响的研究极少报道,有待广大学者今后认真研究,其他豆科植物的有关资料可资借鉴。田学军等(2010)曾报道了高温胁迫对绿豆下胚轴生长和抗热性物质的影响。结果表明,在44℃高温胁迫下,绿豆下胚轴的长度明显短于22℃生长的绿豆下胚轴长度。同时,经37℃热驯1 h,返回22℃正常条件下生长1 h,再转存到44℃高温胁迫,下胚轴长度明显高于直接在44℃下胁迫的。显然,热驯提高了绿豆的耐热性,高温胁迫则抑制了根的生长发育。由于根系承担着植物生长发育所需水分和无机盐的吸收,根系生长发育一旦受到抑制,将影响地上部分的生长发育,进而影响作物的产量和质量。渗透调节是植物在胁迫下降低渗透势、抵抗逆境胁迫的一种重要方式,这种调节由氨基酸、可溶性糖等渗透调节物质来实现。在高温环境下,植物主动积累这些物质,以抵抗热胁迫的伤害。在正常条件下,植物游离脯氨酸含量很低,但遇到逆境时,游离脯氨酸便会大量积累,且积累量与植物抗逆性呈正相关,其积累明显提高了植物内部渗透势,同时还能保护相关的酶系统和细胞器。在本研究中,绿豆下胚轴游离脯氨酸和可溶性糖的含量随胁迫温度的升高而升高。显然,下胚轴中这些物质含量的升高有利于绿豆提高耐热性。抗坏血酸是植物自由基清除系统中的一种重要抗氧化剂,是减少细胞氧化胁迫和超微结构损伤的热有效抗氧化剂,在热胁迫下抗坏血酸含量下降。在本研究中,绿豆下胚轴抗坏血酸含量随胁迫温度的升高而降低,这就可能导致绿豆清除自由基的能力下降,加剧了绿豆的氧化损伤,最终影响其生长发育。仇锦生(2003)曾研究高温对大豆生产的影响,报道表明:高温对大豆的生产的影响主要是结荚数和粒重的影响,1993年是凉夏,大豆开花结荚期的7月、8月份平均气温24.1℃,该年度夏大豆单株结荚数平均21.6个;1994年是高温之年,7月、8月份平均气温28.4℃,当年大豆单株结荚数下降为18.7个。温度高呼吸作用旺盛,干物质消耗多积累少,大豆粒重减轻是必然的,进而会影响产量。大豆播种期遇高温,会出现"高温煮豆"烫死胚芽,进而导致不出苗。

为防治高温危害,可以采取以下两种措施:

1. 及时灌溉 在花荚期出现持续高温天气,一般伴有干旱发生。所以,此时应及时灌溉,井灌效果更好,因水温比地表温度低得多,灌水降温改善田间小气候,能缓减高温对其伤害,开花坐荚期也是生理需水关键时期,所以及时灌溉增产显著。

2. 喷施微肥 如锌离子在植物体内能加强蛋白质的抗热能力,硼对于碳水化合物运输是必不可少的。所以,在高温来临之前喷施磷酸二氢钾或上述微肥都能有减轻高温伤害的作用,作为预防高温的措施也是十分有效的。

(二)低温胁迫

低温冷害是中国北方地区经常遇到的一种自然灾害之一,在农作物生长期间出现低温,会严重影响作物的正常生长发育,造成减产和品质下降(张国栋等,1983)。大量研究表明,低温胁迫下植物体内细胞的结构及新陈代谢过程会发生一系列重大变化。有关低温胁迫对小扁豆的生长及产量影响的直接研究报道尚鲜见,其他豆科植物的有关资料可资借鉴。黄真池等(1997)曾研究低温胁迫对绿豆幼苗的影响,结果发现7℃低温条件下,绿豆幼苗的外观形态和新陈代谢被破坏。扫描电镜照片显示其根尖表皮细胞剥脱,排列不规则。一些生理生化指标,如酸性磷酸酶同工酶的种类、蛋白质和丙二醛的含量、超氧化物歧化酶的活性以及呼吸速率都有明显改变。王萍等(2000)通过对3个不同熟期组大豆品种在花期以15℃、15℃/10℃和17℃/12℃进行低温处理,初步研究花期低温对大豆荚和籽粒形成的影响,结果表明,超早熟品种Aldana花期对17℃/12℃低温有较好的耐性;中晚熟品种吉林29号花期对低温耐性最差。大豆在花期遇低温时一粒荚数增多,三粒荚数和单株荚数减少,导致单株粒数下降;大豆花期低温处理时,变温低温处理对大豆荚和籽粒形成的影响小于恒温低温处理,花期持续低温对大豆荚和籽粒的形成有较大的影响。盖志佳等(2019)曾研究低温胁迫对大豆幼苗形态生理指标及籽粒产量的影响,试验采用盆栽方法,在大豆V1期将自然环境下生长的幼苗置于人工气候箱进行不同温度处理,分别为6℃,10℃和25℃(对照),处理48 h后测定叶片鲜重、子叶鲜重、茎鲜重、根系鲜重及叶片叶绿素含量,然后将幼苗转移到盆栽盆中生长,成熟期测定大豆籽粒产量及产量构成因子。结果表明:大豆幼苗期低温胁迫显著降低了不同大豆品种叶片鲜重、子叶鲜重、茎鲜重、根系鲜重及叶绿素含量;随着温度的降低,耐低温大豆品种"合农60"的形态及生理指标降低幅度要低于低温敏感型大豆品种"黑农48"。苗期低温胁迫未显著降低耐低温大豆品种"合农60"的株荚数、株粒数、百粒重及籽粒产量,但显著降低了低温敏感型大豆"黑农48"的株荚数、株粒数、百粒重及籽粒产量。研究得出结论为苗期大豆低温胁迫不利于大豆籽粒产量形成,并且会显著降低低温敏感品种大豆籽粒产量。王新欣等(2020)研究低温胁迫对大豆花期不同冠层叶片生理活性及产量的影响,试验以垦丰16和合丰50为材料,于大豆开花期进行低温及恢复处理,采用人工模拟自然环境低温的方式,研究低温对大豆花期不同冠层叶片叶绿素、蔗糖、淀粉、淀粉酶及产量的影响。研究表明:大豆花期遭遇低温胁迫显著降低了单株粒重,随低温胁迫时间的延长,其下降幅度逐渐增加,2年内合丰50各处理从上到下各冠层粒重减少幅度依次为17.96%~32.89%、3.46%~10.79%和23.24%~45.35%,垦丰16各处理从上到下各冠层粒重减少幅度依次为1.63%~38.83%、7.67%~30.45%和2.91%~21.22%;两品种的单株荚数和单株粒数也有不同程度的减少。随低温处理时间的延长,不同冠层叶片叶绿素、淀粉和蔗糖含量逐渐降低,叶片淀粉酶活性逐渐增加,自然环境下恢复过程中上述指标呈相反的变化趋势。大豆花期遭遇低温胁迫致使叶片叶绿素含量降低,不利于叶片进行光合作用,叶片内淀粉和蔗糖含量急剧减少且不能在 4 d 内恢复,不利于大豆产量的形成,推断这是低温胁迫造成大豆减产的重要原因。

为防止低温危害,采取有效农艺措施,加强田间管理可防止冷冻害发生,及时播种、培土、控肥、通气,促进幼苗健壮,防止徒长,增强秧苗素质,寒流霜冻来临之前实行冬灌、熏烟、盖草,以抵御强寒流袭击,实行合理施肥,适当增施钾肥等。

三、灾害性天气及其应对

在农业的生产发展中,对农作物产量和质量造成影响的关键性因素之一是灾害性天气的发生。灾害性天气不仅影响农作物的生长,还可能造成巨大的经济损失,在灾害性天气面前,人们也无法改变。近年来,在全球气候逐渐变暖的状态下,极端天气的发生频率也开始逐年升高,使国家粮食安全受到了极大的威胁(王金城等,2007)。因此,必须加强预防灾害性天气对农业的影响,在预防灾害性天气时,要采取科学的方法、把灾害性天气发生的特点和类型进行认真评估和分析。

(一)主要灾害性天气类型和发生时期

1. 干旱 干旱指降雨量少对农作物造成的影响,使农作物处于缺水的状态下,无法正常的生长,这种现象存在的时间越长,对农作物造成的影响越大,会出现减产和绝收的情况,严重的会导致农作物的死亡,给农民的经济收入造成不同程度的影响,进而影响农民的生活质量(王娅玲等,2015)。干旱灾害影响中国范围广,其中华北地区干旱发生的时间是春季,长江中下游地区干旱发生的时间是夏季。

2. 风暴灾害 强对流天气系统经大气动力和热力条件的共同作用产生了风暴灾害,虽然风暴灾害的影响范围广,但是地域性表现却十分突出。在大风灾害的影响下,农作物的受害程度受密度、株高、行向、风力等多种因素的影响。大风可以使农作物的幼苗折断枯死,开花期遇上大风会影响授粉,成熟期遇上大风会使作物的植株出现倒伏、折断的情况,还会吹掉果实。另外,大风也会破坏农业生产设施,影响农事活动,传播病虫害,扩散各种各样的污染,从而影响农作物生长(平措次仁等,2015)。风暴灾害一般发生在春季和秋季。

3. 低温冷害 低温冷害是影响农作物生长的另一种气象灾害,该时段的气温明显偏低对农作物的正常发育产生影响。主要包括两种形式:冻害和低温冷害(黄茜等,2016)。农作物的冻害程度不仅与品种、播种量、播种期、耕作质量等有关,还与降温幅度和低温持续时间有关,冻害是农作物自身的抵抗能力超出了抗寒能力而引起的。冷害会使农作物的生长发育期推迟,出现生长缓慢,还会导致农作物生殖器官受冻损害,对其产量和经济效益产生严重影响。春季低温冷害主要发生在 3 月中旬至 4 月上旬,秋季低温冷害主要发生在 9 月下旬至 10 月上旬。

4. 冰雹 冰雹来自对流特别旺盛的积雨云中,冰雹是固态降水物、通常是圆球形或圆锥形的冰块,由透明层和不透明层相间组成。冰雹发生时通常伴随着大风大雨和雷鸣闪电。冰雹对人畜的安全造成威胁,常把庄稼砸坏,造成农作物减产,是一种严重的自然灾害。一般而言,中国的降雹多发生在春、夏、秋 3 季,另外,由于降雹有非常强的局地性,所以各个地区以至全国年际变化都很大。

5. 洪涝 洪灾、涝灾、湿害都属于洪涝灾害,主要是地表被洪水无节制地泛滥以及被雨水大量贮积,造成了农业气象灾害。组成土壤成分、地面的植被保护、农作物种类和防洪设施等都与洪涝灾害的形成有关系。中国东部季风区夏秋多雨,冬春少雨,洪水期也相应会出现在夏秋季节。一般多发在6—8月。

(二)灾害性天气对小扁豆生长和产量的影响

灾害性天气对小扁豆生长和产量的影响的直接研究报道较少。其中干旱灾害对小扁豆的影响已在本节的第一部分中介绍,低温冷害灾害在本节的第二部分已作介绍,在此不作重复说明。其他豆科植物的有关资料可资借鉴。

李静等(2017)曾研究干旱胁迫对绿豆农艺性状及产量的影响。该试验主要对19个绿豆品种的抗旱性及主要农艺性状进行比较分析。结果表明,19个绿豆品种中抗旱性极强、强、中等、弱、极弱的品种分别有1个、3个、7个、7个、1个;单株荚数对绿豆产量的直接作用最大,其次为单株粒重,单株粒数的影响较小,并且单株粒重通过单株荚数的间接作用对产量的贡献大于单株粒重对产量的直接作用。因此,在干旱条件下选有丰产性较强的品种时,对单株荚数、株粒重和单株粒数的选择尤为重要。刘世鹏等(2011)曾研究水分胁迫对红小豆和绿豆发芽的影响,试验采用配置不同浓度的聚乙二醇(PEG-6000)溶液来模拟土壤自然水势,对红小豆和绿豆种子萌发进行人工水分胁迫处理。结果表明:随着胁迫程度的加剧,红小豆和绿豆的发芽率、发芽势、发芽指数、活力指数均呈下降趋势;胁迫浓度达20%时红小豆种子不能萌发,表明红小豆种子萌发的临界水分胁迫值小于20%,而绿豆种子在25%的胁迫溶液中没有发芽,表明绿豆种子萌发的临界水分胁迫值小于25%;发芽后胚轴和胚根的生长亦受到水分胁迫的影响,胚轴/胚根的比值随水分胁迫强度的加强而减小,表明红小豆和绿豆种子萌发后对水分胁迫具有较强的适应性。

陈旭微(2009)曾研究低温对豌豆幼苗生理特性和超微结构的影响。该试验通过豌豆种子在25 ℃下浸种24 h后暗培养,待胚根长到3~4 cm时,转入10 ℃下继续暗处理2 d,取近子叶端的下胚轴,测定细胞可溶性糖和丙二醛(MDA)含量、电解质外渗率以及抗氧化酶活性,并观察细胞的超微结构变化。研究结果显示:从生理特性看,10 ℃低温后,除POD活性略有下降外($P>0.05$),豌豆幼苗细胞其他指标均不同程度上升,其中SOD活性显著($P<0.05$)升高。从超微结构看,10 ℃低温后,质膜出现凹陷、外凸、质壁分离以及波浪状等现象;中央大液泡、内质网、高尔基体和细胞质等多处结构形成小液泡,小液泡聚集或分散出现在细胞质中或大液泡内,或质膜和细胞壁间;细胞质内出现多种变形质体,有哑铃形、变形虫形、马蹄形、镰刀形、棒状等。说明豌豆幼苗细胞具有较强的抗寒性,并能从提高细胞质或细胞液浓度、增加质膜的透性、保证能量的供给等方面对10 ℃低温产生积极的防御作用。

(三)针对灾害性天气的应对措施

气象灾害对农作物的影响极其严重,农作物种植的优劣将直接影响到一个地区的发展,因此,认真分析农业气象灾害就显得十分必要。下文对上述气象灾害提出相关的防治措施。

1. 干旱防御 在种植农作物的过程中,出现干旱现象的原因很多,主要原因是降水量小、土壤中的水分少。因此,对干旱天气做好提前预警预报,加强土壤湿度墒情监测,给农民提供更完善的旱情气象资料及气候特征数据库。严重的干旱地区要实时监测预警,并对该地区实施人工降雨,保证农作物有充足的水分供给。同时,在干旱地区可以调整农作物的布局,种植耐旱的植物,还可以植树造林,种花种草,减少当地的水土流失。另外,还应该重视水利工程的建设,推广节水灌溉技术。

2. 风暴防御 加强大风监测预报。气象部门应做好大风监测预报,在接收到大风预报和预警信息后,及时科学地加固棚架及现代农业设施,建设农业产业、农业设施等必须依据气象部门对大风灾害风险区域的划分进行规划,同时,努力推广建设果园、花卉、苗木等园区防风林带,以此对大风进行有效的防御。

3. 低温冷害防御 低温冷害是指在某一地区或某一时间段内,由于气候变化所产生的低温对农作物的正常生长造成一定损失。最常见影响农作物的气象灾害包括:冻害和低温冷害。防御冷害的措施是使农作物自身抵抗力与外界生态条件相适应。可以通过合理对农作物进行灌溉、科学施肥等措施进行防御,这些措施能改善土壤的性能。磷钾肥料能在提高农作物的抗旱性能的同时,还可以使农作物提早成熟。农作物在遭受低温冷害时,由于土壤温度较低,对磷肥的吸收比较缓慢,所以要把磷钾肥的用量提高、增加农作物的吸收率。另外,做好低温冰冻预报预警,及时做好应对低温冻害的工作,积极采取科学防冻措施,例如,选择培育能够抗冻抗寒的良种,提高农作物抵御低温冰冻能力。

4. 冰雹防御 对冰雹的防御措施主要有:(1)在冰雹的多发地带,多养牧草或植树造林,增加森林面积,从而改善地貌环境,破坏雹云条件,达到减少雹灾的目的;(2)增种抗雹和恢复能力强的农作物;(3)成熟的作物及时抢收;(4)在一些多雹地区的降雹季节,提醒广大群众随身携带一些防雹工具,如竹篮、柳条筐等,而这样做的目的就是为了减少人身伤亡。另外,气象部门还要定期交给农民一些防雹知识,以降低灾害对农业造成的损失。

5. 洪涝灾害防御 若对洪涝灾害进行治理就必须分析其形成的原因,针对原因来治理洪涝灾害。如果洪涝灾害是由暴雨造成的,治理时可以借助河堤和大坝,减轻洪涝对农作物的伤害。另外,有关气象部门也应该加强此阶段暴雨预报预警工作,及时通知农民群众做好暴雨前的准备和防御措施。同时相关部门也应该做好防洪工程建设和防洪防御机制,加强对农田内部的排涝工作,注重排涝设施的建设与维护,使洪涝损失降到最低。

参考文献

陈金陵,2015.气候变化背景下农田灌溉措施的现状与思考[J].安徽农业科学,43(17):378-380.
陈伟俊,樊胜祖,2013.高海拔冷凉区旱砂田小扁豆栽培技术[J].甘肃农业科技(4):57-58.
陈喜明,高克昌,韩云丽,等,2011a.小扁豆特征特性及高产栽培技术[J].中国农业信息(4):31,33.
陈喜明,高克昌,韩云丽,等,2011b.小扁豆新品种晋扁豆1号的选育及栽培技术[J].农业科技通讯(5):143-144.
陈旭微,2009.低温对豌豆幼苗生理特性和超微结构的影响[J].安徽农业科学,37(31):15209-15211,15264.
冯敏,肖正璐,付金元,2019.庆阳市小扁豆绿色生产栽培技术[J].农业科技通讯(9):314-315.
盖志佳,张敬涛,刘婧琦,等,2019.低温胁迫对大豆幼苗形态生理指标及籽粒产量的影响[J].农学学报,9(12):1-4.
高鸿飞,王海燕,崔建荣,2011.膜侧马铃薯套种扁豆栽培技术研究[J].中国农技推广,27(12):24,38.
郭继成,2011.膜侧马铃薯套种扁豆生成效益研究[J].现代农村科技(19):56.
韩启亮,2014.小扁豆主要栽培技术研究[J].现代农业科技(8):93,98.
黄茜,龙志军,张生浩,2016.灾害性天气对农作物的影响分析及应对[J].中国农业信息(7):103,109.
黄真池,张保恩,黄霞,1997.低温胁迫对绿豆幼苗的影响[J].中山大学研究生学刊(自然科学版)(4):22-25.

姜雪琴,邵千顺,牛永岐,等,2016.抗旱型小扁豆品种早期筛选试验[J].现代农业科技(10):79-82.
金荣圣,2019.我国播种机械的发展与技术创新[J].农业开发与装备(4):32.
李静,徐其江,2017.干旱胁迫对绿豆农艺性状及产量的影响研究[J].新疆农垦科技,40(7):8-11.
李军贤,2019.豆科作物轮作对半干旱地区农作系统氮平衡和生产力的影响[D].兰州:甘肃农业大学.
李元宝,和卫东,2010.新型豆类作物的栽培技术[J].云南农业(2):14.
李云霞,2003.小扁豆种质资源筛选及评价[J].杂粮作物(6):331-332.
连荣芳,墨金萍,肖贵,等,2018.干旱半干旱区小扁豆丰产栽培技术[J].现代农业科技(19):39.
刘世鹏,叶飞,曹娟云,等,2011.水分胁迫对红小豆和绿豆发芽的影响[J].北方园艺(15):38-41.
刘小进,王金明,封伟,等,2012.延安苹果幼园套种豆类作物栽培技术[J].陕西农业科学(1):256-257.
罗俊杰,杨封科,高世铭,2003.黄土高原半干旱区集雨补灌灌溉制度研究[J].灌溉排水学报,22(3):25-28.
马晋宏,陈喜明,韩云丽,等,2017.小扁豆新品种晋扁豆3号的选育经过及高产栽培技术[J].现代农业科技(21):46-47.
平措次仁,格桑卓嘎,2015.灾害性天气对农作物的影响分析及应对措施[J].中国农业信息(15):107.
秦大河,丁一汇,王绍武,等,2002.中国西部环境变化与对策建议[J].地球科学进展,17(3):314-319.
仇锦生,2003.高温对大豆生产的影响[J].大豆通报(1):12.
任广鑫,魏其克,闵安成,等,1997.渭北旱原不同轮作方式比较研究[J].干旱地区农业研究,15(3):12-16.
舒敏玉,2007.水分和播种方式对小扁豆生化特性、叶绿素荧光参数及光合作用的影响[D].杨凌:西北农林科技大学.
舒敏玉,李凤民,白红英,等,2007.干旱胁迫和播种方式对小扁豆生化指标与生物量的影响[J].西北农林科技大学学报(自然科学版),35(7):154-158.
宋刚,金怀玉,徐玉明,等,2006.宁夏小扁豆生产现状及发展对策[J].杂粮作物,26(1):56-57.
宋刚,徐玉明,2002.优质抗旱小扁豆新品种定选一号[J].中国种业(9):10.
唐丽霞,张志强,王新杰,等,2010.晋西黄土高原丘陵沟壑区清水河流域径流对土地利用与气候变化的响应[J].植物生态学报,34(7):800-810.
田学军,罗晶,罗冰,2010.高温胁迫对绿豆下胚轴生长和抗热性物质的影响[J].西南农业学报,23(3):707-709.
王金城,朱延红,王鑫,2007.灾害性天气对农作物的影响及对策[J].中国种业(5):71-72.
王萍,宋海星,马淑英,等,2000.花期低温对大豆荚和籽粒形成的影响[J].中国油料作物学报(2):34-36.
王苏林,2020.渭源县北部半干旱区小扁豆优质丰产栽培技术[J].现代农业科技(2):22-23.
王伟光,郑国光,2013.应对气候变化报告(2013)—聚焦低碳城镇化[M].北京:社会科学文献出版社,360-362.
王新欣,赵晶晶,冯乃杰,等,2020.低温胁迫对大豆花期不同冠层叶片生理活性及产量的影响[J].大豆科学,39(02):252-259.
王娅玲,李维峰,2015.干旱胁迫对植物生长及其生理的影响概述[J].南方农业,9(06):37,39.
温日宇,陈喜明,刘建霞,等,2015.小扁豆新品种晋扁豆2号的选育及栽培技术[J].安徽农业科学,43(2):41,45.
夏先飞,陈巧敏,肖宏儒,等,2019.我国食用豆机械化收获技术发展现状及对策[J].中国农机化学报,40(5):22-28.
杨少俊,2002.开辟农田灌溉新水源[J].河北农业科技(6):26.
张传乃,袁公选,蔺崇明,1990.小扁豆生长和开花特性的观察[J].陕西农业科学(4):28-30.
张国栋,袭文娟,1983.高寒地区大豆品种资源的研究[J].黑龙江农业科学(5):14-19
张菊花,宋刚,2017.固扁1号小扁豆选育报告[J].种子世界(1):40-41.
张璞,1999.秦豆儿号扁豆的选育及栽培技术[J].陕西农业科学(3):16-18.
赵定华,2018.会宁县A级绿色食品小扁豆栽培技术规程[J].甘肃农业科技(8):91-93.

赵西宁,吴普特,冯浩,等,2009a.黄土高原降雨径流调控利用潜力定量评价模型[J].自然灾害学报,18(3):32-36.

赵西宁,吴普特,冯浩,等,2009b.浅论黄土高原集雨补灌农业的地位与作用[J].武汉大学学报(工学版),42(5):649-652.

赵西宁,吴普特,黄俊,等,2015.黄土高原降雨径流调控利用应用基础研究评述[J].自然灾害学报,24(1):32-38.

赵雪英,卢成达,张泽燕,等,2014.绿豆覆膜栽培效应研究[J].农学学报,4(12):1-3,47.

郑培龙,李云霞,寇磬月,等,2016.黄土高原秸河流域径流对气候和土地利用变化的响应[J].水土保持学报,36(2):250-253.

第四章 病、虫、草害防治与防除

第一节 病害及其防治

一、病害种类和危害

目前在中国北方小扁豆种植区，小扁豆主要病害有根腐病、萎蔫病、茎腐病、褐斑病、锈病等。

安欢乐等（2016）介绍，世界上小扁豆的主要叶部病害有壳二孢叶枯病（*Ascochyta lentils*）、炭疽病（*Colletotricum lindemuthianum*）、葡萄孢灰霉病（*Botrytis cinerea*）、链格孢枯萎病（*Alternaria alternata*）等。小扁豆根腐病也是影响产量的重要病害，其病原菌有立枯丝核菌（*Rhizoctonia solani*）、齐整小核菌（*Sclerotium rolfsii*）、镰刀菌（*Fusarium* spp.）、核盘菌（*Sclerotinia sclerotiorum*）、豌豆根腐丝囊菌霉（*Aphanomyces euteiches*）、瓜果腐霉（*Pythium aphani dermatum*）、根串珠霉（*Thielaviopsis basicola*）、甘薯丝核菌（*Rhizoctonia bataticola*）。病害造成小扁豆生长期间植株死亡，造成较大损失。但对其死亡原因研究较少，其中张彦梅等（2007）年报道甘肃省定西地区小扁豆死亡的原因为镰刀菌根腐病（*Fusarium* spp.），优势种为尖孢镰刀菌（*F. oxysporum*）。在甘肃中部地区，豌豆（*Pisum sativum*）在开花前后大量死亡的情况最早始于 2000 前，后来由于病害的发生，各地陆续减少了种植面积，目前已极少种植。近年来，在会宁等甘肃中部地区扁豆死亡的情况逐年加剧。对于甘肃豌豆死亡的原因，前人分析主要是由腐皮镰孢（*F. solani*）、链孢粘帚霉（*Gliocladium catenulatum*）、豌豆根腐丝囊菌霉（*A euteiches*）、根串珠霉、立枯丝核菌、尖孢镰刀菌（*F. oxysporum*）、腐霉（*Pythium* spp.）、壳二孢（*Ascochyta* spp.）等病原菌引起的。由于中国记录的小扁豆根腐病的病原种类较少，除镰刀菌根腐病之外，其他均未报道。

为确定小扁豆死亡的原因是否为病原菌所致，如果是病原菌，是何种病原菌，因此在甘肃省会宁县开展田间调查与病原菌的研究。研究结果是，2012 年当地小扁豆根腐病的发病率为 58.4%，死亡率为 43.2%，从发病植株的根部分离出的真菌从形态学上鉴定为尖孢镰刀菌（*Fusarium oxysporum*）、锐顶镰刀菌（*F. acuminatum*）和木贼镰刀菌（*F. equiseti*），分离率分别为 55%、18% 和 9%，以 ITS 为引物扩展真菌的 DNA，测序后构建的系统发育树支持以上形态学鉴定结果。接种试验显示，此 3 种镰刀菌均能显著（$P<0.05$）降低植株的根长和干重，其中尖孢镰刀菌的影响最大，其次为木贼镰刀菌，此 2 种镰刀菌还显著降低植株的鲜重和株高，但 3 种镰刀菌均未对出苗率和死亡率产生影响（$P>0.05$）。在发病田间采集的土壤中播种小扁豆，与灭菌土壤中栽培的植株相比，未灭菌土壤中植株的根长和根干重显著降低。3 种镰刀菌对小扁豆菌有致病性，但致病性均不强，干旱可能是导致镰刀菌在田间危害程度加大的主要原因。

镰刀菌除了影响小扁豆植株的生长外，还影响根瘤菌的形成，使病株根部的根瘤数量下降,从而影响植株的生长和产量。研究表明,根瘤菌通过其固氮作用对植物自身组成变换或其生理应答机制进行改变,从而提高苜蓿的抗旱、耐盐、抗高温及非机械损伤等非生物胁迫能力。研究发现:受镰刀菌影响的小扁豆根系上根瘤菌的数量很少,由此根瘤菌的不正常生长影响小扁豆抗逆性和氮素的固定。根瘤菌可以提供小扁豆生长的3/4的氮素,也通过共生作用能增强植物抗逆性,根瘤菌结瘤受到阻碍,小扁豆的氮素供应不足并且抗逆性减弱,影响小扁豆有机物的积累及根系的生长,进而影响其在干旱条件下吸收深层土壤的水分,同时利于病原菌的侵入。

目前,引起小扁豆病害的病原菌有很多种。有研究报道,齐整小核菌(*Sclerotium rolfsii*)在美国首先发现引起小扁豆基腐病;壳二孢菌(*Ascochyta fabae f. sp. lentis*)在加拿大引起小扁豆壳二孢枯萎病;立枯丝菌核(*Rhizoctonia solani*)在苏联首先发现引起小扁豆褐斑病;核盘菌(*Sclerotinia sclerotiorum*)在印度引起小扁豆茎腐病;灰霉菌(*Botrytis cinerea*)在加拿大首先发现引起小扁豆灰霉茎腐病;在甘肃省定西发现引起小扁豆根腐病的主要病原菌为尖镰孢,茄腐镰孢,串珠镰孢,木贼镰孢;在甘肃省会宁县发现小扁豆根部病害的病原菌主要为尖镰孢、锐顶镰孢、木贼镰孢,但是并未分离出茄腐镰孢、串珠镰孢和接骨镰孢。存在差异的原因可能与不同的研究地点有关。因为不同地区的土壤、气候等外界环境存在一定的差异,可能由此导致小扁豆发病的病原也不同。

(一)根腐病

根腐病是农业生产上的毁灭性病害,具有"植物癌症"之称。生产上一般所说的"根腐病"是指不同的症状表现,包括黄腐型、干裂型、髓烂型、湿腐型、茎基干枯型、急性青枯型等。

1. 病原 在国外对小扁豆根腐病的研究中认为,其根腐病的病原主要为立枯丝核菌(*Rhizoctonia solani*)、齐整小核菌(*Sclerotium rolfsii*)、镰刀菌(*Fusarium* spp.)、核盘菌(*Sclerotinia sclerotiorum*)等,而国内报道的只有镰刀菌。燕翀(2013)对小扁豆根腐病菌进行分离与鉴定后认为,主要的镰刀菌为尖镰孢(*Fusarium oxysporum*)、锐顶镰孢(*F. acuminatum*)和木贼镰孢(*F. equiseti*),在病株根部的分离率分别为55%、18%、9%。张彦梅等(2007)对定西3个镇的小扁豆根腐病植株进行了分离,得到了130株镰刀菌单孢株系,经过鉴定属于6个种,单孢镰刀菌所占的比例最大,达到了76.96%,茄病镰刀菌、串珠镰刀菌、木贼镰刀菌、接骨木镰刀菌、锐顶镰刀菌所占的比例分别为9.00%、7.00%、3.90%、0.70%、3.08%。

2. 传播途径 小扁豆根腐病是一种土传性根部病害,致病菌为致病真菌或卵菌。镰刀菌的种类繁多,广泛分布于各种环境条件下,可侵染多种农林植物,造成植物萎蔫、穗腐、根腐等多种病害,导致农林植物减产,从而造成了巨大的经济损失。在生产实践中镰刀菌主要通过破坏植物的维管束组织,使植物不能传输营养物质引起萎蔫,最后发生根腐、基腐及果腐等。而且病菌菌丝及厚垣孢子可在土壤中存活多年,在防治上存在一定的困难。

引起小扁豆根腐病的主要致病菌尖孢镰刀菌在世界各地都有普遍发生,此病害严重影响小扁豆的产量。通常病原菌从根部伤口或根毛侵入,进而侵染植株的维管束系统,植株的主根感病后生长受到阻碍,叶片由下而上逐渐干枯,病株易拔起。病害在田间的传播主要是依靠种子、土壤及一些地下害虫,通常在开花期和结荚期前后对植株的危害最为严重。

3. 发生条件 根腐病的病原菌在土壤中和病残体上过冬,是次年的主要初侵染源。其发生与气候条件关系很大,发病时间一般多在3月下旬至4月上旬,5月进入发病盛期。因为病菌能通过雨水或灌溉水进行传播和蔓延,土壤黏性大,土壤板结通气不足根系发育受阻就易引起根腐病,植物根部受线虫、害虫危害后产生伤口使病原菌侵入,也是根腐病的发病原因。地势低洼、排水不良、田间积水、连作及种子园棚内滴水漏水、植株根际生理活力、共生固氮系统等各方面都会受到影响,导致根腐病的发病较重。

Cook等(1972)的研究表明,干旱的土壤条件反而更有利于镰刀菌生长,因为土壤中的镰刀菌属于好氧型,其在干燥的土壤环境中比较活跃,干燥的土壤比湿润的土壤更有利于该菌生长。多数研究者都认为在小扁豆根腐病中的优势种为尖孢镰刀菌,该菌也是世界范围内小扁豆萎蔫病的主要菌种,可发生于小扁豆的整个生长时期。据报道,20~25 ℃的土壤温度有利于该菌生长,但较强光照和较高温度增强了植株的蒸腾作用,故夏季高温是决定症状的关键因素。

引起豆类根腐病的各种主要病原菌生长发育的适宜温度范围为5~35 ℃。尖镰孢在20~30 ℃的范围内生长速度最快;茄镰孢豌豆专化型菌最适生长温度25~30 ℃,低于18 ℃也可进行侵染;其他镰孢菌和立枯丝核菌在25 ℃生长良好,丝囊霉菌丝4 ℃开始生长,适宜生长温度28~32 ℃;腐霉菌在温度为18~23 ℃时生长较好;镰孢菌和立枯丝核菌受湿度影响较小。在pH为3~9范围内,各种病原菌均能生长。其中尖镰孢喜欢偏碱性环境,其他病原菌生长发育最适pH为5~7。

4. 危害症状 由不同病原菌引起的根腐病的危害及表现症状存在差异。植株感染根腐病后,轻者水肥输送受阻,供应不足,树势衰弱;重者不仅完全切断水分和养分供应,根系腐烂。茄镰孢(*Fusarium solani*)引起的根腐病发病较早,由子叶附近侵染,主要侵染茎基部及种子节处,形成缢缩状黑腐,根部由浅褐色变为深褐色,皮层腐烂。

张彦梅等(2007)的研究根据小扁豆根腐病的发病程度,将其依照病病情指数的不同分为6级,分别为:

0级:根部健康无病,无变色症状;

1级:根部有0.1~0.5 cm褐色凹陷的小条斑,地上部无不良症状;

2级:根部有0.6~2.0 cm褐色凹陷的条斑,地上部病症不明显;

3级:根部有小于30%面积变褐,地上部轻矮化和黄化;

4级:根部30%~80%的面积变褐,地上部矮化或发黄,但植株不死亡;

5级:根部腐烂,植株死亡。

5. 产量损失 安欢乐(2016)对甘肃省中部地区2012年小扁豆根腐病的调查结果为:发病率为58.4%,死亡率为43.2%;燕翀(2013)调查的甘肃省会宁县小扁豆根腐病的发病率为58.4%,死亡率达到了43.2%。

(二)壳二孢枯萎病

1. 病原 小扁豆壳二孢枯萎病是由壳二孢属真菌(*Ascochyta fabae* f. sp. *Lentis*)引起的小扁豆壳二孢枯萎病。该菌为分生孢子双细胞,无色或略带浅色,卵形、椭圆形,大小为16~22 μm×4.8~6.2 μm。

2. 传播途径 种子带菌是小扁豆壳二孢枯萎病的一个重要来源。壳二孢真菌也可以在春天依靠风吹被感染的农作物残体上该菌的孢子而传播。到了夏天,该病害主要依靠水传,盛夏潮湿的天气会导致大量的豆荚和种子被感染。

3. 危害症状 壳二孢叶枯病主要侵染叶片,从叶尖开始向下传染,叶尖发白立枯。随着病情的加重,发病叶片连秆逐渐由浅灰色变为黄褐色,壳二孢菌病变部位散生着许多黑褐色的斑点和小颗粒状的黑色斑点。在潮湿的环境中,该病害会加重,导致叶片过早脱落。病害严重时导致叶尖枯萎,变成褐色。之后,该病害则侵染小扁豆豆荚,导致种子也被感染。感病的种子部分或全部变成棕紫色。感染严重的种子可能会干枯。在感染种子的表面会出现细小褐色的菌丝体颗粒,集群的棕色子实体经常形成在叶子上,逐渐侵染到基秆和豆荚上。这些褐色的子实体是诊断和区别壳二孢和炭疽病的标志。

4. 发生条件 该病害通常在秋末和早春发生,夏季的高湿和频繁灌溉,极有利于发病。病菌在降雨或高湿时产生并释放,通过风雨或由介体携带传播,主要是从伤口侵入。

5. 产量损失 壳二孢属真菌普遍存在于小扁豆植株中,该病使小扁豆严重减产,并使种子染病,从而导致种子品质下降。

(三)茎腐病

1. 病原 在美国北卡罗来纳州首次报道了由齐整小核菌(*Sclerotium rolfsii*)引发的小扁豆茎腐病。

2. 危害症状 在小扁豆苗期,该病害可以导致植株茎基部腐烂,秧苗倒伏。茎腐病是全世界小扁豆种植区的重要病害。在植株的生育前期,病原真菌侵害幼苗的根颈部,使颈部发病而植株凋萎死亡。在受害植株的茎基部,可发现形似菌核的白色束状真菌。*Pellicularia rolfsii*(Sacc.)是茎腐病真菌的担子体阶段。大雨过后如遇阳光,幼龄植株极容易感染这种病害。

3. 发生条件 种植密度大,通风透光不好;土壤黏重、偏酸;多年重茬,田间病残体多;氮肥施用太多,生长过嫩等,发病重。地势低洼积水、排水不良、土壤潮湿易发病,高温、高湿、多雨、日照不足也易引发此病。

4. 危害症状 幼苗出土前即开始发病。播下的种子发病时,发生烂种。幼苗发病时,近土表的茎部呈水渍状,幼苗萎蔫状或死亡。大苗发病时,茎基部出现溃疡病斑,稍凹陷,红褐色,茎内组织变成赫红色。

5. 产量损失 茎腐病是农作物生长过程中常见的一种病害,多危害植物的茎基部、根部,发病率达50%~70%,一般可减产20%左右。

(四)褐斑病

1. 病原 此病由真菌半知菌亚门菜豆假尾孢(*Pseudocerospora cruenta*(Sacc.) Delghton)侵染引起。

2. 传播途径 褐斑病病菌以菌丝体随病残体遗落在土壤中越冬,也可以分生孢子黏附在种子上越冬,以分生孢子器内生的分生孢子作为初侵染与再侵染的菌源体,翌年条件适合时,分生孢子器吸水,使器内胶质物溶解后,分生孢子就从孔口逸出,借风雨传播到寄主上,病菌从气孔或者直接穿透表皮侵入。

3. 发生条件 病菌发育的温度为15~33 ℃,最适温度15~26 ℃,高湿多雨条件下容易发病。施肥不足,缺乏磷、钾肥,管理粗放,植株生长衰弱,抗病力下降,发病加重。施带病残体未经腐熟的有机肥,或低洼地、雨后不及时排水、田间积水,发病也重。

4. 危害症状 由立枯丝核菌(*Rhizoctonia solani*)感染的小扁豆褐斑病主要为害叶片,在叶片上出现不规则的褐色病斑,中央灰白色至灰褐色,边缘浅黑褐色,具轮纹,后期叶片上生褐色的分生孢子器。该病通常借助风雨传播，在高温多雨条件下，发病严重。褐斑病的症状是：豆荚上出现深褐色的同心环状的病斑，上面遍布病原真菌的分生孢子器。

5. 产量损失 1938年Bondartzeva和Monteverde首次发现此病害，1940年研究出褐斑菌（*Ascochyta lentis*）是该病的致病源，此病害可引起小扁豆产量大幅下降和品质降低。

（五）锈病

1. 病原 小扁豆锈病是由疣顶单胞锈菌（*Uromyces appendiculatus*）引起的。目前仅发现夏孢子和冬孢子。夏孢子为淡黄褐色，近圆形、卵圆形和梨形，大小为 20.8～38.4 μm×14.4～25.6 μm，孢子表面有突起，着生于架形的夏孢子堆中，成熟后由孔口散出。冬孢子黑褐色，无柄，棍棒形，外壁光滑，大小为 11.9～16.66 μm×7.14～11.9 μm，在夏泡子堆附近散生或群生，且埋藏于寄主叶片组织内，由2～6层冬孢子排列成栅状，即形成冬孢子堆。夏孢子堆和冬孢子堆在叶的正反两面都可见到，以叶背面较多。

2. 传播途径 Grew等（1989）的研究结果表明：临近1月末，在温度高而地势低的地带，往往形成发病区。病株叶片上形成气生的菌盘，豆荚和茎秆上也形成夏孢子堆和冬孢子堆。深褐色的冬孢子堆的大部分于生育后期在茎秆上形成。危害严重时，植株于结实之前干枯。

3. 发生条件 小扁豆锈病属于单寄主锈病，因此其病原真菌的整个生命周期都在小扁豆上完成。高湿、多云和20～22℃温度适宜于该病的发生。与大量种子掺和在一起的病株残体上的冬孢子，可作为下季作物锈病发病的主要病原。

4. 危害症状 由疣顶单胞锈菌（*Uromyces appendiculatus*）引起的小扁豆锈病主要为害小扁豆叶片、叶柄、茎及豆荚，染病初期，叶片表面呈现黄白色至黄褐色的突起小斑点，随后逐渐扩大，严重时茎、蔓、叶柄及荚均可受害。叶片和茎蔓染病初期，边缘有不明显的褪色绿小黄斑，直径为0.5～2.5 mm，中央稍突起，逐渐扩大现出深黄色夏孢子堆，表皮破裂后三处红褐色粉末即夏孢子。在夏孢子堆或四周生紫黑色孢斑。有时叶面或背面可见略凸起的白色病斑，寄主衰老后叶片枯死。豆荚感病后形成凸出的表皮孢斑，发病重的失去食用价值。据报道，1976年，在讷尔默达河的大部分地区，小扁豆锈病严重，造成小扁豆大量减产。接近1月底，在温度高而海拔低的地区，通常形成发病区，危害严重时，植株于结实之前逐渐枯萎。

王润初等（1994）认为，豆科蔬菜锈病是一种侵染性气传病害，年份间流行频率差异较大，近年中原地区该病的发生与流行趋于严重。在郑州1983年、1985年、1987年、1989年、1992年均属偏重流行年。典型的病症表现为，病菌的夏孢子堆在感病植株的叶片、叶柄、茎秆及豆荚表面均有分布，尤其在叶片上夏孢子堆数目，最多的一张病叶可达3000多个，病斑相互靠拢，整个叶片变为铁锈色。

5. 产量损失 锈病使得豆科蔬菜在短期内叶片干枯脱落，缩短生长期，减少采摘次数，提前10～15天拉秧败园，影响市场供应，降低商品价值，常年损失30%以上。

（六）炭疽病

1. 病原 由炭疽菌（*Colletotrichum truncatum*）引起的小扁豆炭疽病是小扁豆的一种新病害。小扁豆炭疽病比壳二孢更具破坏性，能够导致其产量损失。Mokati于1992年首次在经济作物小扁豆上发现炭疽病。在1993年，小扁豆被这种病害严重毁灭，而且毁坏了小扁豆的多样性。

炭疽病是由小扁豆刺盘孢（*Colletotrichum lentis*）引起的一种病害。分生孢子盘黑色，埋生于表皮下,后突破表皮外露,圆形或近圆形。盘上散生黑色刺状刚毛。分生孢子梗短小,单胞,无色,密集在分生孢子盘上。分生孢子圆形或卵圆形,单胞,无色,两端较圆,或一端稍狭。病菌生长发育适温为 21～23 ℃。除侵染小扁豆外,还侵染扁豆、豇豆、蚕豆等。

2. 发生条件 炭疽病病菌主要以菌丝体潜伏在种皮下或以菌丝体随病残体在地面上越冬。翌年播种带病种子引致幼苗子叶或嫩茎染病,病部产生的分生孢子通过昆虫及风雨传播蔓延进行再侵染。豆荚染病,病菌透过荚壳进入种皮,致种子带菌,成为来年的初侵染源。一般来说,气温 17～20 ℃,相对湿度 100%时发病重。生产上遇冷凉多湿多雨或多雾天气及地势低洼时发病重。

3. 传播途径 小扁豆炭疽病在苗期和成株期均可侵染,主要侵染小扁豆的叶片、叶柄、茎蔓、果荚和种子。病菌主要以菌丝在种子上越冬,也能以菌丝体随病株残体在田间越冬。播种带菌的种子,幼苗即可染病,产生的分生孢子借雨水和昆虫进行传播。越冬菌丝体在环境条件适宜时产生孢子,通过雨水滴溅至寄主植物上,从寄主表皮直接侵入,引起初次侵染。经潜育后出现病斑,在病斑上就会产生新生代孢子,进行多次再侵染。田间病害传播主要靠的是雨水和风冲洗孢子。炭疽病病原菌也可以依靠秋天收获时的尘土传播。

4. 危害症状 炭疽病对小扁豆的影响是杀死其下部叶片从而引起植物早衰,受到影响的植物可能会产生严重落叶。茎秆变为棕褐色,小的黑色的突起毛状结构发生在受害的植物的茎秆。典型的田间症状是植株倒伏,茎秆出现不规则黑褐色病斑。

炭疽病主要危害豆荚,后期危害豆粒。豆荚感病后在表皮形成褐色小斑块,后期变黑,在湿度高时,病斑出现呈轮纹状排列的小黑点。高温高湿、时晴时雨天气时发病严重。该病蔓延速度极快,发病中心出现后 2～3 d 即迅速扩展。

5. 产量损失 炭疽病是小扁豆苗期病害,各地普遍发生,南方播区发生较重,发生时常造成缺苗断垄或毁种重播。

(七)细菌性疫病

1. 病原 小扁豆细菌性疫病又叫火烧病、叶烧病,是小扁豆生产中一种常见的细菌性病害。病原菌属于黄单胞杆菌属,菌体短杆状,两端钝圆,极生单根鞭毛。有荚膜,不形成芽孢,革兰氏染色呈阴性反应。

2. 发生条件 病害的发生受环境条件影响较大。一般环境温度在 24～32 ℃,相对湿度 85%以上,植株叶面较为湿润时,病害易发生。高温多雨,雨后气温变化较大时利于发病。小扁豆细菌性疫病($Xanthomonas\ campestris\ pv.\ phaseoli$)病菌发育适温 30 ℃,随温度上升而加剧,但在 35 ℃以上时,病菌的侵染受到抑制。高温高湿为该病发生的重要条件,在高温条件下,潜育期一般为 3～5 d,在 30 ℃时症状出现最快,潜育期仅 1 d 左右。黄晕症状一般在 20～28 ℃时出现,28 ℃以上出现的病斑则无黄晕。高温多雨、特别是有暴风雨的条件下,该病严重发生,因为暴风雨不仅有利于病菌传播,而且由于植株间相互摩擦造成更多伤口,便于病菌侵入。此外,栽培管理不当,肥料不足或偏施氮肥,虫害发生严重的田块,发病严重。农事操作过程中造成的机械和虫害伤口,有利于病原菌侵染,发病严重。

此外,保护地通风不良、温度高湿度大易发病,栽培管理不当、大水漫灌、肥力不足或偏施氮肥造成植株长势较差或徒长,皆易加重发病,露地春夏季多雨多雾多露、重茬种植、肥力不足、管理粗放发病也较重。病菌在种子内可存活 2～3 年,病残体上的病菌随病残体腐烂即失活。

3. 传播途径 病菌的传播方式为风雨或者昆虫。病菌主要在种子内越冬,也可在田间病残体内越冬,成为初侵染源。在土壤病残体上的细菌比在土壤内的细菌存活力强,这可能与土壤内存在着大量拮抗微生物有关。种子内的病菌可存活3~5年,田间病残体内的细菌可存活1~2年,当病残体在土壤中分解腐烂后,病菌随即死亡。通过植株病残体越冬的,待植株病残体腐烂分解后,病原菌进入休眠状态,翌年条件适宜时,开始进行侵染。带菌种子播种发芽后,首先引起幼苗子叶发病,产生菌脓,而后借风雨、昆虫、人畜等传播,从植株的水孔、气孔及伤口等处侵入到细胞间隙,在寄主薄壁组织的细胞间繁殖并扩展,消解中胶层而形成菌穴,当菌穴扩大时,外部即出现症状,并伴有菌脓出现,再通过雨水、昆虫传播,扩大再侵染。此外,病原细胞也可侵入寄主维管束组织,在其中扩展,并迅速蔓延到植株各部,轻者植株矮缩,重者全株枯死。病菌也可由豆荚组织直接进入种子。

4. 危害症状 主要危害叶片,病原菌侵染叶片后,先从叶片边缘开始,迅速向内扩展,并出现油浸状,似开水烫状,后逐渐干枯呈黄白色。一般开始于底部叶片,然后由下往上扩散,病害发生严重时会引发大量叶片枯死。花冠被侵染后腐烂脱落,如掉落到豆荚上时,遇高温高湿会导致豆荚被病原菌侵染而发病。

5. 产量损失 可造成一定程度的减产。危害较轻时减产10%左右,较重时可达20%以上。

(八) 白粉病

1. 病原 目前已经发现的白粉病的病原菌为子囊菌门(*Ascomycota*)、盘菌亚门(*Pezizomycotina*)、白粉菌目(*Erysiphales*)、白粉菌科(*Erysiphaceae*)、布氏白粉菌属(*Blumeria*)的禾本科布氏白粉菌(*B. graminis f. Speer*),但对于小扁豆白粉病的致病菌还没有形成定论。

2. 发生条件 植株生长不良,抗病力弱容易发病,日暖夜凉,温差大,空气潮湿,植株结露,适宜发病。干湿交替发病较重,持续干燥病害也较重。品种间抗病性差异明显。

3. 传播途径 寒冷地区病菌以子囊壳随病残体越冬。翌年产生子囊孢子进行初侵染,借气流和雨水溅射传播。病部产生分生孢子进行多次重复侵染,使病害进一步拓展蔓延。温暖地区病菌以分生孢子在寄主作物间辗转传播危害,无明显越冬期,也未见产生子囊壳。病原菌分生孢子萌发产生附着孢,附着孢穿透角质层和表皮细胞壁进入到表皮细胞,在表皮内细胞首先形成一个吸器,从植物细胞吸收养分,由分生孢子上长出的菌丝在细胞间蔓延,菌丝表面形成气生孢子梗产生分生孢子开始一个新的侵染周期。在温暖地区,豌豆白粉菌无明显越冬期,病原菌以无性时期的结构越冬并在春季直接进行侵染;而寒冷地区,病原菌多以闭囊壳在病残体上越冬,翌年产生子囊孢子进行初侵染,发病后病部产生分生孢子借助气流、雨水、昆虫、机械、人力等因素进行多次重复侵染,使病害逐渐蔓延扩大,后期病菌产生闭囊壳越冬。病害在日暖夜凉多露潮湿的环境易发生和流行,但即使气候干旱,该病仍有可能发生。白粉菌在植物整个生育期均可侵染,侵染后与植株争夺养分,提高植株呼吸作用并加强蒸腾作用,显著降低光合作用以及碳水化合物的积累,致使作物千粒重下降、产量受损。

4. 危害症状 白粉病多在结荚中后期,主要危害叶片,茎蔓和豆荚,多始于叶片。叶片染病初出现白粉状淡黄色小斑点,后扩大呈不规则形粉斑,相互连合,病部表面被白粉覆盖,叶背呈褐色或紫色斑块。病情发展,病斑波及全叶,致叶片迅速枯黄坏死。茎蔓和豆荚染病,也出现白色粉斑,严重时布满茎荚,致使茎蔓枯黄,嫩茎干缩,豆荚干小。

5. 产量损失 白粉病在南方种植区发生普遍,发病严重时对产量影响很大。

(九)花叶病

花叶病毒是小扁豆种植中较为常见的病害,也是一种世界性分布的系统性病害。一旦发生,就会对小扁豆的产量和品质造成严重的影响。

1. 病原 花叶病的病原主要有以下 3 种,分别为:①黄瓜花叶病毒(CMV),病毒粒体球形,直径 28~30 nm,病汁液稀释终点为 1000~10000 倍,病株汁液可通过摩擦接触传染,但以菜田的多种蚜虫,如菜蚜、桃蚜、棉蚜等传毒为主。种子不带毒;②豇豆蚜传花叶病毒(CAMV),病毒粒体线条状。主要通过桃蚜、棉蚜和豆蚜传毒;汁液摩擦接种也能传毒;种子也有约 8%~10% 的带毒率。除侵染豇豆外,还能侵染绿豆、利马豆和苋色藜、昆诺藜等。③豇豆花叶病毒(Cowpea MV),病毒粒体棒状,长约 750 nm,病汁液稀释终点 3000~4000 倍。主要通过病汁液摩擦接触传毒,棉蚜、桃蚜亦可传毒。

2. 发生条件 花叶病在中国各小扁豆产区均有发生,相比较而言,南方的发病程度重于北方。小扁豆花叶病发病的主要原因之一就是种子携带病毒,再加上种子自身的抗病性不强,出现花叶病的概率会大大增加。另外,花叶病的病毒会存在于种子的胚部和子叶内,在种子里面进行越冬,等到第 2 年温度适宜后,开始侵染。一般情况下,蚜虫发生比较严重的区域,花叶病的发生也会比较严重;如果品种不抗病或抗病性较差,大豆感染花叶病的概率也会加大;播种过晚的地块,花叶病的发生相比适期播种的地块,也有一定程度的增加。

3. 传播途径 主要有种子携带病菌传播和蚜虫传播。在实际种植过程中,有些种植户会串种子种植,或是购买一些不符合标准的种子,这些种子很有可能携带花叶病病毒,本来自家地块没有花叶病,结果导致花叶病大发生。蚜虫传播是很重要的传播方式,在花叶病流行的时候,随着田间蚜虫数量的增加,病毒病的发生会比较严重,总的来说,主要有以下三种途径:①使用带病毒害的种子。种子中带有的病毒是花叶病毒,带有线状的病毒颗粒。小扁豆感染花叶病的最初病源是带有花叶病毒的小扁豆种子,带病毒的种子长出来的植株是整个小扁豆田间的病毒源头,并且只要植株之间有接触就会感染花叶病毒。一般情况下,感染花叶病毒的种子会呈现黑色或褐色的斑点。②蚜虫的传播。小扁豆花叶病毒的传播主要是通过蚜虫进行。如果种植地的温度过高、降水量少,而且蚜虫拥有较高浓度的体液,在营养充足的条件下,蚜虫会很迅速地繁殖。随着蚜虫数量的增多,小扁豆的病株也会逐渐增多,花叶病逐渐加重。③种植人员的预防意识较差。大多数的农民只是片面了解花叶病,只是知道在发生花叶病的时候,需要采取化学药物的手段,在种植的初期,对花叶病毒的预防意识比较差。在小扁豆的预防时期,如果没有采用及时的预防手段,或者在预防病毒的时候使用的药物量没有到达标准,这些原因都会导致小扁豆花叶病毒的发生。

4. 危害症状 花叶病症状常因作物品种、感病阶段及气温不同差异较大。小扁豆刚开始感染花叶病,叶片生长基本正常,不仔细看不太容易分辨。叶片上会出现轻微的病斑,颜色呈黄绿相间,在不太容易观察的情况下,可以对着阳光查看,相对比较明显,通常后期病株或抗病品种多表现此状。随着病害的加重,黄绿相间的病斑会逐渐显现,并且在叶脉处开始有凸起,叶缘下卷、叶片皱缩的情况,呈不规则状。另外,病斑也会坏死,黄绿相间的也会逐渐变成黄色;叶脉也会枯死,颜色呈褐色。大豆花叶病严重时,叶片皱缩严重,叶脉坏死,整棵小扁豆植株明显矮化,最终导致死亡。

5. 产量损失 该病严重发生时,小扁豆结荚少或不结荚,褐斑粒多,一般减产率在 25% 以上,受害严重者减产率达 95%,甚至绝收。

二、防治措施

小扁豆病害主要是以预防为主,应加强栽培管理,提高植株的抗病力。一旦发现有病害发生,应该在发病初期及时用药治疗。总的来说,还是要以农业防治为主,药剂防治为辅的预防原则,同时做好各时期的田间管理工作。

(一)选择优质的小扁豆品种及种子检疫

可选用发病轻的高产、优质、抗逆性强的品种。实践证明,选用抗病或耐病品种,是减轻重迎茬影响豆类作物产量与品质的有效措施。郑艳梅(2017)认为,通过种子检疫避免种子带菌,尽量选用一些抗病力较强的品种进行种植,好的品种生长快、植株强壮、生命力强,自然对于一些病菌的抵抗力也相对较强。发病地块杜绝自留种子。选用无病种子,增加播量。对于重迎茬地块,要确保豆苗株数,发挥群体的增产作用,以减轻减产幅度。在播种前对所选用的种子进行机械筛选或人工粒选,剔除病斑、破粒、碎粒种子及杂质,并选择晴朗天气晒种 8~16 h。

陈喜明等(2011)研究指出,为防治小扁豆病害,播种前可用杀菌剂苯菌灵、苯来特(benomyl)、克菌丹等对种子进行处理。

(二)根据土壤理化性质科学选地。

选地时,要求排水力强,因为小扁豆不耐涝,短时间淹水会导致小扁豆死亡。

土壤质地疏松、通透性好,如沙壤土、轻壤土、黑土较土壤黏重、通透性差的白浆土、黏土地发病轻,土壤肥沃地较土壤瘠薄地发病轻。

(三)做好田园管理

发现病株及时拔除,带离田块进行集中销毁,并在病穴周围撒少许熟石灰。减少田间菌原,防止病害之间交叉传播。收获后及时清洁田间,将秸秆全部翻埋回田,切忌将病残植株茎秆放在田埂上或田边的杂草堆上,以减少病原菌的来源。

雨后及时排除田间积水,降低土壤湿度减轻病情。及时翻耕、平整细耕土地,改善土壤通气状态,减少田间积水,适时中耕培土,促进根系发育,防治地下害虫,增施有机肥,培育壮苗,增强抗病力。在春季气温低,土壤黏重的地块为根腐病常发区,提高耕作水平是一项重要的防病措施。

种植小扁豆地块应在前茬作物收获后,适墒秋深耕,深度 18~25 cm,耙耱保墒。要求田间无坷垃、无根茬,做到土壤上虚下实、田间平整。春播前结合施肥、旋耕,进行耙耱,疏松表土和平整地面。

(四)适时早播

小扁豆有冬播习性,当地表温度稳定在 0~5 ℃、土壤解冻 12~15 cm 时,或者地表 10 cm 地温连续 5 d 稳定达到 12 ℃就可以播种了。一般 4 月 20 日至 5 月 5 日为适宜播期。一般保苗 60~100 株/m^2,正常播种深度 3.5~4.0 cm,行距 90~100 cm,株距 50~60 cm。播后需镇压。如表土太干,可适当深播 6 cm。小扁豆种子发芽最低温度为 15 ℃,最适温度为 18~21 ℃,结荚期最适温度为 24 ℃,生育期 90~120 d。种子休眠期短,子叶不出土。早春气温低,萌芽速度慢,发育时间长,致使播种至出苗、出苗至现花的日数增长,低温条件下萌芽也是一种增花、增荚、增粒进而增产的因素。

（五）合理施肥

施底肥要求重施基肥，配施化肥。一般亩施农家肥 1500～2000 kg，二铵 5～10 kg，一般不宜用化肥做种肥。每亩 3 kg 左右 P_2O_5 做底肥能明显增加产量。每亩 1.5 kg 左右 K_2O 肥，也可增加小扁豆产量，并能改进籽粒品质。

施足基肥、种肥，及时追肥。应用多元复合液肥进行叶面施肥，弥补根部吸收肥、水的不足。人们在种植小扁豆时，往往重视磷肥、而忽略氮肥、钾肥及微量元素的施用，也很少施用农家肥，重迎茬地块土壤速效氮、钾养分含量下降，硼、锌、钼等微量元素含量减少，营养失调，使作物抗病性下降。通过科学的测土配方技术进行平衡施肥，合理补充氮、磷、钾肥以及微量元素肥料可显著提高大豆对根腐病害的抵抗能力。

（六）合理轮作倒茬

在连作的条件下，病菌生育良好，繁殖快，土壤中菌源数量增多，发病重。连作地块根系分泌物、根茬腐解物、根际微生物的变化使土壤环境恶化，破坏了小扁豆根部的正常生理活动，降低了根系生理活力，破坏了共生固氮系统，抑制了根的吸收能力，使植株代谢减弱，植株生育缓慢。因此，小扁豆连作年限越长，土传病害发病越重。解决小扁豆重、迎茬危害的根本途径是坚持 3 年以上与禾本科作物进行轮作的制度。但是，在当前以农户为生产经营单位的条件下，小扁豆重、迎茬是不可避免的。因此，应把重茬和迎茬区别开来，尽量减少重茬，适当迎茬。

小扁豆应避免与蚕豆、菜豆、豌豆、大豆、向日葵、马铃薯等作物连作，因为它们有共同的病害。玉米和小谷物适合与小扁豆轮作。小扁豆适宜于沙质壤土而较不适于酸性土壤，适宜在中性或弱碱性土壤上种植。

（七）杂草防治

过多的杂草也会增加小扁豆病害的发生。为防治杂草，可在旋耕前 2 h 每亩施 48% 氟乐灵乳油 100 ml 兑水 50 kg 进行地表均匀喷雾，可防除禾本科杂草达 95% 以上。

（八）化学药剂防治

1. 根腐病防治 发病前或发病初期，用 75% 百菌清可湿性粉剂 500 倍液或 70% 甲基托布津 800 倍液喷洒地表或灌根防治根腐病，隔 7～10 d 施药 1 次。根腐病在出苗至结荚期用 75% 百菌清可湿性粉剂 800 倍液喷雾防治，每隔 10～15 d 喷 1 次，连喷 1～2 次。

2. 小扁豆炭疽病防治 在发病初期开始喷药，用药间隔期 7～10 d，连续防治 2～4 次，重病田块视病情发展，必要时还可以增加喷药次数，喷药时间一般在 7:30～11:00 进行为好。药剂选用 25% 使百克乳油 800～1000 倍液或 70% 甲基托布津可湿性粉剂 600～800 倍液，或 30% 爱苗乳油 3000 倍液进行防治。

3. 锈病防治 王润初等（1994）的研究结果表明：豆类蔬菜锈病一般情况防治效果不够理想，因锈菌传播距离较远，危害范围广，防不胜防。目前防治措施主要以化学药剂防治为主。根据历年锈病发生时间、天气预报及近日天气情况，在发病前施一次药，可以推迟发病 8～10 d 左右。另锈病发生后，要采用联片防治。施药要周到，植株各个部位和叶片正反面均要着药，如在药液中加入少许洗衣粉，则会增加药液的附着，保持药效持久性。防治豆科蔬菜锈病常用的农药有:15%粉锈宁可湿性粉剂800倍、70%代森锰锌可湿粉400～500倍、70%甲基托布津可湿性粉剂700倍、50%多菌灵可湿粉剂600倍等,7～10 d喷1次,一般喷2～3次,视病情而定。

在发病前或者发病初期,锈病用15%三唑酮可湿性粉剂1000～1500倍液或80%代森锌可湿性粉剂500～600倍液喷防,隔10 d喷雾1次,连防2～3次。可喷施氨基酸叶面肥(肥仙)500倍液,增强植株抗病力;发病初期喷施10%世高水分散粒剂2000倍液或80%代森锰锌可湿性粉剂800倍液。

4. 褐斑病防治 发病初期用40%多菌灵可湿性粉剂600倍液喷雾防治,每隔25 d喷1次,连喷2～3次。

5. 细菌性疫病防治 用10000倍液新植霉素或800倍液DT可湿性粉剂浸种1 h,然后用清水冲洗,催芽播种;发病初期及时喷药,常用药剂有72%农用链霉素3000～4000倍液,或用新植霉素5000倍液,或用30%琥胶肥酸铜胶悬剂300～4000倍液,或用60%琥乙膦铝(DTM)可湿性粉剂500倍液,以上药剂交替使用,隔7～10天防治1次,连续防治2～3次。

第二节 虫害及其防治

一、常见种类和危害

小扁豆常见害虫种类有蚜虫、豆象鼻虫、豆荚斑螟、黏虫、线虫、地老虎、蓟马、豆象、黑绒金龟甲、金象甲等。

(一)地上害虫

1. 蚜虫(*Aphis craccivora* Koch)

(1)分类地位 蚜虫别称腻虫或蜜虫,属于节肢动物门(Arthropoda)昆虫纲(Insecta)半翅目(Hemiptera)[原为同翅目(Homoptera)],分为球蚜总科(Adegoidea)和蚜总科(Aphidoidea)2个大类。

(2)形态特征 蚜虫具有多型多态现象,蚜虫的多型多态是对环境条件的适应。危害小扁豆的蚜虫主要是豆蚜,又称花生蚜、苜蓿蚜,属蚜总科。成虫分有翅胎生雌蚜和无翅胎生雌蚜2种。有翅胎生雌蚜体长1.6～1.8 mm;黑色或黑褐色,有光泽;触角6节,第一节、第二节黑褐色,第三节至第六节黄白色,节间褐色,第三节有感觉圈4～7个,排列成行;翅基、翅痣和翅脉均为橙黄色,后翅具中脉和肘脉;腹部第一至六节背面各有硬化条斑,第一节、第七节各具腹侧突起1对;腹管较长,末端黑色,有覆瓦状花纹;尾片乳突起,黑色,明显上翘,两侧各生刚毛3根。无翅胎生雌蚜体长1.8～2 mm左右,体肥胖,黑色、浓紫色或墨绿色,具光泽,体被甚薄的蜡粉,约为体长2/3,触角6节,第一节、第二节、第六节及第五节末端黑色,余黄白色,腹部第一至六节背面隆起,有一块灰色斑,分节界限不清;各节侧缘有明显的凹陷;足黄白色、胫节、腿节端部和跗节黑色;腹管细长,末端黑色,约为尾片2倍。卵长椭圆形,初为淡黄色,后变为草绿色至黑色。若蚜与成蚜相似,体小,灰紫色,体节明显,体上具薄蜡粉。

(3)生活习性 豆蚜对黄色有较强的趋性,对银灰色有忌避习性,且具较强的迁飞和扩散能力,成虫、若虫有群居性。豆蚜繁殖能力强,在23～27 ℃温度下和75%～85%湿度条件下生殖最快,4～6 d即可完成1代,雌蚜寿命可长达10 d以上,每头无翅胎生雌蚜可产若蚜100

多头,一年可繁殖 20~30 代,世代重叠现象突出。一般 4 月下旬至 5 月下旬和 10—11 月发生较多,秋季进行一次两性生殖,其余均以孤雌胎生方式繁殖后代,生下的若蚜全部为卵繁殖后代的雌蚜。

(4)生活史 蚜虫有着复杂的生活史,卵生或卵胎生,存在全周期与不全周期生活史。不全周期生活史主要进行孤雌生殖。孤雌生殖在其整个生活周期中,没有雄性蚜的发生,一年四季都是雌性蚜进行孤雌生殖,待蚜虫种群密度过大时,会产生有翅型蚜虫,在寄主之间进行迁飞扩散。孤雌生殖的蚜虫繁殖速率快,种群增长快,同时世代更替快,易产生耐受性,对植物危害极大。

全周期生活史是孤雌生殖和有性生殖世代交替进行。在全周期的种类中,又有同寄主和异寄主之分。全周期同寄主生活史,是指一种蚜虫只有一种或几种近缘的寄主植物,其生活史大致与全周期异寄主的生活史相似,不同之处:一是在其整个的生活史中,没有寄主之间的转移,以孤雌胎生的方式繁殖,当蚜虫群密度过大时,产生有翅型个体,在寄主之间迁移扩散;二是在秋季,受气候和食物的影响,直接产生无翅雌蚜和无翅雄蚜,交配产卵越冬。全周期异寄主生活史,是指一种蚜虫有两类寄主植物,一类是一种或多种原生寄主,又叫冬寄主。蚜虫在其上面产生两性蚜,交配产卵越冬并繁殖春季世代;另一类是一种或多种次生寄主,又叫夏寄主,蚜虫在其上孤雌繁殖。在不同蚜虫种类中,大约有 10% 的蚜虫会在第一寄主和第二寄主之间转移来完成一个生活周期。以卵或成、若蚜在冬寄主的芽旁、裂缝等处越冬,翌年春天气转暖,冬寄主萌芽时,卵开始孵化为干母,并进行孤雌生殖。一般繁殖 2~3 代都是无翅雌性蚜,到春末夏初时产生有翅雌性蚜,迁飞到夏寄主,继续进行孤雌生殖。这样在短时间内蚜虫的种群数量就会迅速增长,蚜虫数量超过一定限度时,其生存空间和食物对种群产生压力,就会出现有翅雌蚜,迁飞扩散,寻找新的寄主,并继续在其上进行孤雌生殖。到了秋季,由于日照变短、气温下降和食物老化等原因,产生了有翅性母蚜和有翅雄蚜,并迁飞到越冬寄主上,有翅性母蚜孤雌胎生产生无翅型产卵雌蚜,在冬寄主上与有翅雄蚜交配,产卵越冬。有性生殖世代雌雄蚜虫通过遗传物质重组,既保持了种的特征,同时又产生变异,出现种群内的分化,对环境条件的适应性更强。一般豆蚜在山东、河北一年发生 20 代,广东、福建一年发生 30 代以上,完成一代需 4~17 d。

(5)危害途径 冬季以无翅胎生雌蚜、若蚜在背风向阳的山坡、沟边、路旁的蚕豆、冬豌豆、荠菜、苜蓿、紫云英等植物心叶或根茎处越冬,也有少量以卵在枯死寄主残株上越冬。翌年,豆蚜在冬寄主上开始正常繁殖;随后,成、若蚜群集于留种紫云英和蚕豆嫩梢、花序、叶柄、荚果等处繁殖危害;随着植株的衰老,产生有翅蚜迁向夏、秋刀豆、豇豆、扁豆、花生等豆科植物上寄生繁殖;随着气温下降和寄主植物的衰老,又产生有翅蚜迁向紫云英、蚕豆等冬寄主上繁殖并在其上越冬。

(6)危害症状 蚜虫是植食性昆虫,主要危害植物的根、茎、叶、花、果实等部位,其中以植物幼嫩部位为主要取食部位。蚜虫常聚集在这些幼嫩部位,通过取食作用,以其刺吸式口器大量地吸取植物的汁液、破坏植物组织、利用唾液毒害植物等,引起植物出现斑点、卷叶、黄叶、缩叶、虫瘿等多种症状,从而造成植物黄化、枯萎、畸形生长甚至死亡;同时,蚜虫分泌的蜜露覆盖在植物表面,严重影响植物的呼吸作用和光合作用,蜜露中糖分干燥后浓缩产生较高渗透压,使植物细胞发生质壁分离,蜜露还会吸引蚂蚁共同危害植物,引起霉菌滋生诱发植物黑霉病等;另外,蚜虫除了吸食植物汁液及分泌蜜露对植物造成直接危害外,还传播多种植物病毒,传播病毒危害远超过蚜虫本身对植物造成的危害,对农业生产造成的损失更为严重。

(7)产量损失　成蚜和若蚜集中在植株的顶叶、嫩叶、嫩茎刺吸汁液,受害严重的植株,叶片受损,根系发育不良,分枝及结荚少,百粒重降低,干旱年份大发生时为害更为严重,可减产20%～30%,甚至达50%以上。

2. 豆荚斑螟(*Etiella zinckenella* Treitschke)

(1)分类地位　豆荚斑螟又名豇豆荚螟、大豆荚螟、豆荚螟、槐螟蛾、洋槐螟蛾,属于鳞翅目(Lepidoptera)螟蛾科(Pyralidae)。寄主有大豆、扁豆、绿豆、豇豆、菜豆、豌豆、洋槐、刺槐、毛条、苦参、苕子、鳌豆等豆科植物。该虫为世界性分布,在中国分布面广,除西藏未见报道外,其余各省(区、市)均有发生,黄河以南以及甘肃、青海多数地方密度均很高。

(2)形态特征　成虫体长10～12 mm,翅展20～24 mm,灰褐色或暗黄褐色;前翅狭长,灰褐色,覆有深褐色、黄色及白色鳞片,沿前缘有1条白色纵带,近翅基有1条黄褐色月牙形宽横带;后翅灰白色,边缘色泽较深。幼虫共5龄,幼虫头及前胸背板淡褐色;老熟幼虫体长14～18 mm,面紫红色,腹面绿色,前胸背板上有"人"字形黑斑,两侧各有1个黑斑,后缘中央有2个小黑斑。背线、亚背线、气门线和气门下线明显。卵椭圆形,乳白至红黄色。蛹外包白色丝茧。

(3)生活习性　豆荚斑螟属于寡食性害虫,仅危害大豆、豇豆、豌豆、绿豆、菜豆、扁豆等豆科植物。成虫白天潜伏在叶背,夜晚活动,飞翔力不强,趋光性弱。

一般于秋季,尤其是干旱的条件下,发生数量多,危害较重。豆荚斑螟对温度的适应性较强,喜干燥,在20～35 ℃范围内皆能正常生长发育,以日平均温度26～30 ℃时为最适,适宜的相对湿度为70%左右,高温干旱是促使豆荚螟猖獗发生的重要因素,温度高有利于加速各虫态发育,使发生期提前。在适温条件下,湿度对其发生的轻重有很大影响,雨量多湿度大则虫口少,雨量少湿度低则虫口大;地势高的豆田,土壤湿度低的地块比地势低、湿度大的地块危害重。结荚期长的品种较结荚期短的品种受害重,荚毛多的品种较荚毛少的品种受害重,豆科植物连作田受害重。

(4)生活史　豆荚螟每年发生代数因地而异。辽宁和陕西的南部每年发生2代,山东发生3代,江苏、河南、湖北等省发生4～5代,广东发生7～8代。卵期3～6 d,幼虫期9～12 d,成虫寿命6～7 d。4月上旬为化蛹盛期,就开始危害,4月下旬至5月中旬开始羽化,6—9月份为为害盛期,危害豇豆、豌豆等及豆科绿肥,10—11月危害秋播大豆。各地主要以老熟幼虫在寄主植物附近土表下5～6 cm处结茧越冬。越冬代成虫在豌豆、绿豆或冬季豆科绿肥上产卵发育危害;第2代幼虫危害春播大豆或绿豆等其他豆科植物;第3代危害晚播春大豆、早播夏大豆及夏播豆科绿肥;第4代危害夏播大豆和早播秋大豆;第5代危害晚播夏大豆和秋大豆。

(5)危害途径　成虫夜出,卵产于花瓣或嫩荚上,散产或数粒一起,每头雌成虫产卵80～90粒。幼虫孵化后在荚上爬行或吐丝悬垂转荚,选荚后先在荚上吐丝作一小白丝囊,从丝囊下蛀入荚内,潜入豆粒中取食,1龄幼虫不转荚,2～5龄幼有转荚为害习性,每一幼虫可转荚为害1～3次。先在植株上部为害,渐至下部,一般以上部幼虫分布最多。幼虫老熟后离荚入土,结茧化蛹,茧外粘有土粒。

(6)危害症状　幼虫危害叶、蕾、花及豆荚,卷叶危害或蛀入荚内取食幼嫩籽粒,荚内及蛀孔外常堆积粪便,轻者把豆粒蛀成缺刻、孔洞,重则把整个豆荚蛀空,受害豆荚味苦,造成落蕾、落花、落荚和枯梢。

(7)产量损失　幼虫在豆荚内蛀食豆粒,轻则造成残破,重则全荚豆粒被吃空。豆粒被虫粪污染后,易发褐霉烂。对品质为害损失大于产量损失。一般蛀荚率达14%~26%,严重的达60%以上。防治不及时的田块,常常造成十荚七蛀,一般减产可达30%~50%,严重的减产70%以上。

3. 豆象鼻虫（*Sympiezomias velatus* Chevrolat）

(1)分类地位　别名大灰象甲、象鼻虫。节肢动物门(Arthropoda)昆虫纲(Isecta)鞘翅目(Coleoptera)象鼻虫总科(Curculionoidea)。

(2)形态特征　成虫体长约10 mm,灰黄色,有光泽,密被灰白色鳞片。头部和喙密被金黄色发光鳞片,喙粗且宽,具纵沟3条。触角柄节较长,末端3节膨大呈棍棒状。前胸背板宽大于长。鞘翅卵圆形,中间有一白色横带,每一鞘翅具10条刻点沟,中部有褐色云斑。后翅退化。足腿节膨大,前胫节内缘具一列齿突。卵长约1 mm,宽0.4 mm,长椭圆形,初产时乳白色,近孵化时乳黄色。初孵幼虫体长约1.5 mm,近老熟时约14 mm,乳白色。头部米黄色。蛹长9~10 mm,长椭圆形,乳黄色。后足为鞘翅覆盖,鞘翅尖端达于后足第3附节基部。尾端向腹面弯曲,其末端两侧各具一刺。

(3)生活习性　成虫不能飞翔,有假死性、隐蔽性和群居性,取食时间多在10时以前和傍晚,以16—22时取食的最多。

(4)生活史　东北地区每2年发生1代,浙江一年发生1代,以成虫和幼虫在土中越冬。东北地区第一年以幼虫越冬,第二年以成虫越冬,成虫大都在60 mm深的土中越冬,幼虫在40 cm左右的土中越冬,均在耕作层以下。3月份开始出土活动,先取食杂草。白天多栖息于土缝或叶背,清晨、傍晚和夜间活跃。4月中下旬从土内钻出,群集于刚萌发的幼苗取食。4月中下旬越冬成虫出土活动,群集取食。5月下旬成虫产卵于土中,成虫把叶片沿尖端从两侧向内折合,将叶粘成饺子形,卵产于折叶内,每雌虫平均产卵702粒,每次产卵数十粒,粘在一起成为块状,卵期10~11 d。6月上旬后陆续孵化为幼虫,幼虫孵出后落地,钻入土中。幼虫期生活于土内,取食腐殖质和须根,对幼苗危害不大。9月下旬幼虫在土壤深处做成土室越冬。翌春越冬幼虫上升表土层继续取食,春季中午前后活动最盛,夏季在早晨、傍晚活动,中午高温时潜伏。6月下旬开始化蛹,7月中旬羽化为成虫。

(5)危害途径　咀嚼式口器害虫,主要以幼虫和成虫危害豆类作物的根、嫩尖和叶片。翌春,越冬成虫开始出土活动,先取食杂草,后迁入农田,群集取食刚萌发幼苗的嫩梢、嫩叶。6月上旬后,新孵化幼虫生活于土内,取食腐殖质和须根。翌春越冬幼虫上升表土层继续取食,春季中午前后活动最盛。

(6)危害特征　以成虫危害豆类、瓜类等作物的茎干和叶片,轻者把叶片食成缺刻或孔洞,严重时吃成光秆致植株死亡,造成缺苗断垄。

(7)产量损失　暂无文献报道豆象鼻虫对小扁豆产量危害研究。但是,有报道象鼻虫对豌豆危害严重时可导致产量下降两三成;危害白芷一般造成10%~20%的减产,严重年份可减产达40%以上。

4. 黏虫（*Mythimna separata*（Walker））

(1)分类地位　黏虫又称剃枝虫、行军虫,俗称五彩虫、麦蚕,是一种主要以小麦、玉米、高粱、水稻、豆类等粮食作物和牧草的杂多食性、迁移性、间歇暴发性害虫,可危害16科104种以上的余种植物。属鳞翅目(Lepidotera)夜蛾科(Noctuidae)害虫。

(2)形态特征　黏虫成虫体色呈淡黄色或淡灰褐色,体长17~20 mm,翅展35~45 mm,触角丝状,前翅中央近前缘有2个淡黄色圆斑,外侧环形圆斑较大,后翅正面呈暗褐,反面呈淡褐,缘毛呈白色,由翅尖向斜后方由1条暗色条纹,中室下角处有1个小白点,白点两侧各有1个小黑点。雄蛾较小,体色较深,其尾端经挤压后,可伸出1对鳃盖形的抱握器,抱握器顶端具1长刺,这一特征是别于其他近似种的可靠特征。雌蛾腹部末端有1尖形的产卵器。黏虫卵半球形,直径0.5 mm,初产时乳白色,表面有网状脊纹,孵化前呈黄褐色至黑褐色。卵粒单层排列成行,但不整齐,常夹于叶鞘缝内,或枯叶卷内,在水稻和谷子叶片尖端上产卵时常卷成卵棒。老熟幼虫体长38～40 mm,头黄褐色至淡红褐色,正面有近八字形黑褐色纵纹。体色多变,背面底色有:黄褐色、淡绿色、黑褐至黑色。体背有5条纵线,背中线白色,边缘有细黑线,两侧各有2条极明显的浅色宽纵带,上方1条红褐色,下方1条黄白色、黄褐色或近红褐色。两纵带边缘饰灰白色细线。腹面污黄色,腹足外侧有黑褐色斑。腹足趾钩呈半环形排列。蛹红褐色,体长17～23 mm,腹部第5节、6节、7节背面近前缘处有横列的马蹄形刻点,中央刻点大而密,两侧渐稀,尾端有尾刺3对,中间1对粗大,两侧各有短而弯曲的细刺1对。雄蛹生殖孔在腹部第9节,雌蛹生殖孔位于第8节。

(3)生活习性　黏虫是一种无滞育性害虫,条件适合时终年可以繁殖。黏虫只在幼虫阶段对农业产生危害,喜在温暖湿润麦田、水稻、草丛中产卵。成虫昼伏夜出。夜间有两次明显的活动高峰,第1次在傍晚8—9时左右,第2次则在黎明前。成虫羽化后必须取食花蜜补充营养,在相对湿度75%以上,温度23～30 ℃条件下,利于成虫产卵和幼虫存活。成虫飞翔力强,有迁飞的习性,对黑光灯和糖、醋、酒液有很强的趋性。成虫的繁殖力很强,每头雌蛾能产卵1000～2000余粒,最多可达3000粒。产卵部位趋向于黄枯叶片。产卵时分泌黏液,使叶片卷成条状,将卵黏包住。每个卵块一般20～40粒,成条状或重叠,多者达200～300粒。幼虫孵化后一般栖息在隐蔽部位,常躲在植株心叶、穗码和裂开的叶鞘等部位,有时也躲在中、下部茎叶丛间。幼虫一般在夜间出来取食,但阴天或黏虫大发生进入高龄时,白天也能大量取食。1～2龄食量很小,啃食叶肉,在叶部形成半透明的小斑点。3龄、4龄后,从叶缘蚕食,咬成缺刻。5～6龄幼虫进入暴食期,大量蚕食叶片。在田间,同龄幼虫的体长变异较大,不易掌握。初孵幼虫腹足未全发育,所以行走如尺蠖,4龄以后则呈蠕动爬行。幼虫还有假死性,1～2龄幼虫受惊后常吐丝下垂,悬在半空中,随风飘散,3龄以后受惊则立即落地,身体蜷曲成环状不动。片刻后再爬到植株或松土中。幼虫有潜土习性,4龄以后幼虫常潜伏在作物根旁的松土里或土块下,深度大约1～2 cm。

(4)生活史　在中国各地发生的世代数因地区纬度而异,纬度越高发生世代数越少。在中国由北至南一年发生2～8代。东北、内蒙古一年发生2～3代,华北中南部3～4代,江苏淮河流域4～5代,长江流域5～6代,华南6～8代。海拔1000 m左右高原1年发生3代,海拔2000 m左右高原则发生2代,各省(区)由于地势不同,世代数亦有一些变化。黏虫属迁飞性害虫,其越冬分界线在北纬33°一带,在33°以北地区任何虫态均不能越冬。黏虫成虫3月、4月间由长江以南向北迁飞至黄淮地区繁殖,4月、5月间为害麦类作物,5月、6月间一代化蛹羽化成虫后迁飞至东北、西北和西南等地繁殖危害,6月、7月间危害小麦、玉米、水稻和牧草,7月中下旬至8月上旬二代化蛹羽化成虫后向南迁飞至山东、河北、河南、苏北和皖北等地繁殖,危害玉米、水稻。

(5)危害途径　黏虫为食叶性害虫。6月、7月第2代幼虫危害,1、2龄幼虫吐丝下垂,随风飘散或爬行在叶背处取食叶肉,残留叶皮,3龄后咬食叶边缘,严重时只留主脉,5、6龄幼虫蚕食叶片,幼虫老熟后停止取食,下移入土作茧化蛹。

(6)危害特征　黏虫是一种多食性害虫,可取食100余种植物,以幼虫咬食寄主的叶片危害。1龄、2龄幼虫潜入心叶取食叶肉形成小孔,3龄后食量大增,由叶边缘咬食形成缺刻,5～

6龄进入暴食阶段,其食量占整个幼虫期90%左右,可食光叶片。

(7)产量损失　一般可造成减产10%~20%,偏重发生年份减产30%以上,甚至绝收。

5.蓟马

(1)分类地位　蓟马是昆虫纲缨翅目的统称。属于缨翅目(Thysanoptera)蓟马总科(Thripoidea),有针蓟马亚科(Panchaetothripinae)、棍蓟马亚科(Dendrothripinae)、绢蓟马亚科(Sericothripinae)和蓟马亚科(Thripinae)4个亚科,全世界已知276属2000余种,中国有蓟马科昆虫79属315种。该科昆虫广泛分布在世界各地,食性复杂,主要危害花生、四季豆、豌豆、蚕豆、丝瓜、胡萝卜、白菜、油菜等十字花科植物以及苜蓿、红花草、紫云英、筐子、猪屎豆、桂麻、小麦、水稻等,是重要的经济害虫之一。

(2)形态特征　黑色、褐色或黄色;头略呈后口式,口器锉吸式,能锉破植物表皮,吸吮汁液;触角6~9节,线状,略呈念珠状,一些节上有感觉器,翅狭长,边缘有长而整齐的缘毛,脉纹最多有两条纵脉;足的末端有泡状的中垫,爪退化;雌性腹部末端圆锥形,腹面有锯齿状产卵器,或呈圆柱形,无产卵器。触角5~9节,节Ⅲ~Ⅳ感觉锥叉状或者简单;下颚须2~3节,下唇须2节;翅较窄,端部较窄尖,常略弯曲,有2根或者1根纵脉,少缺,横脉常退化;锯状产卵器腹向弯曲。

(3)生活习性　蓟马在一年四季均有发生,春、夏、秋三季主要发生在露地,3—5月份是发生高峰期,秋季或入冬的11—12月份也是高峰期,阴天、早晨、傍晚和夜间才在寄主表面活动。食性复杂,主要有植食性、菌食性和捕食性,其中植食性占一半以上,是主要的作物害虫之一。它们常以锉吸式口器锉破植物的表皮组织吮吸其汁液,引起植株萎蔫,造成籽粒干瘪,影响产量和品质。蓟马喜欢温暖、干旱的天气,其适温为23~28℃,适宜空气湿度为40%~70%;湿度过大不能存活,当湿度达到100%,温度达31℃时,若虫全部死亡。在雨季,如遇连阴多雨,田间积水,能导致若虫死亡。大雨后或浇水后致使土壤板结,使若虫不能入土化蛹和蛹不能孵化成虫。它们有较强的隐蔽习性,大都成群地聚集在花生未张开的复叶内,以锉吸式口器锉破花生嫩叶和花器,吸取汁液,叶片被害处呈黄褐色凸起小斑,被害较重的叶片,则变狭变小,或卷曲、绉缩,严重的甚至凋萎脱落,严重影响花生的长势及产量。

(4)生活史　蓟马一年四季均有发生,春、夏、秋三季主要发生在露地,冬季主要在温室大棚中,危害茄子、黄瓜、芸豆、辣椒、西瓜等作物。发生高峰期在秋季或入冬的11—12月份,3—5月份则是第二个高峰期。雌成虫主要进行孤雌生殖,偶有两性生殖,极难见到雄虫。卵散产于叶肉组织内,每雌产卵22~35粒。雌成虫寿命8~10 d。卵期在5—6月份为6~7 d。若虫在叶背取食到高龄末期停止取食,落入表土化蛹。

(5)危害途径　成虫、若虫白天栖息在花器内和叶背面,行动迅速,常把卵产在花萼或花梗组织里,卵期7 d,若虫在花器中危害1周左右,钻入表土0.5~1 cm深处进行蜕皮,蜕皮时先变为预蛹,后再蜕皮化蛹,蛹经一周羽化为成虫,迁入猪食豆、扁豆、豇豆等植株上生活,10月下旬至11月开始越冬,3—4月干旱易发生,高温多雨年份发生轻。

(6)危害特征　蓟马以成虫和若虫锉吸植株幼嫩组织(枝梢、叶片、花、果实等)汁液。嫩叶嫩梢受害后变硬卷曲枯萎,叶面上有密集的小白点或长条状斑块,后期叶脉变黑褐色,受害嫩梢节间变短,生长缓慢。叶背面出现长条状或斑点状黄白、银灰色斑块,后期斑块失绿、黄枯、叶脉变黑褐色,叶片逐渐皱缩、干枯。花器受害,初为白斑,后期变褐色,逐渐枯萎。果实受害,会产生疤痕,疤痕随果实膨大而扩展,呈现不同形状、不同程度的木栓化,严重时造成落果。蓟马除了直接危害植物以外,还可以传播病毒病。

(7)产量损失　蓟马种类繁多,繁殖速度极快,若不及时防治,直接对作物造成毁灭性危害,还将传播病毒病,危害后引起植株萎蔫,造成籽粒干瘪,严重影响植株的产量及品质。

6. 豆象(*Bruchuidae*)

(1)分类地位　豆象俗称豆牛、麦牛,是鞘翅类豆象科的通称,是仓储豆类的主要害虫之一,有一千多种在世界各地分布,中国有四十多种。属鞘翅目(Coleoptera)豆象科(Bruchidae)。主要危害菜豆、豇豆、扁豆、豌豆、蚕豆、绿豆、赤豆。危害小扁豆的豆象有兵豆象、绿豆象、蚕豆象、扁豆象、鹰嘴豆象、大豆象等。

(2)形态特征　成虫体长 2~3.5 mm,宽 1.3~2 mm,卵圆形,深褐色;头密布刻点,额部具一条纵脊,雄虫触角栉齿状,雌虫锯齿状;前胸背板后端宽,两侧向前部倾斜,前端窄,着生刻点和黄褐、灰白色毛,后缘中叶有 1 对被白色毛的瘤状突起,中部两侧各有一个灰白色毛斑。小盾片被有灰白色毛。鞘翅基部宽于前胸背板,小刻点密,灰白色毛与黄褐色毛组成斑纹,中部前后有向外倾斜的 2 条纹。臀板被灰白色毛,近中部与端部两侧有 4 个褐色斑。后足腿节端部内缘有一个长而直的齿,外端有一个端齿,后足胫节腹面端部有尖的内、外齿各一个。卵长约 0.6 mm,椭圆形,淡黄色,半透明,略有光泽。幼虫长约 3.6 mm,肥大弯曲,乳白色,多横皱纹。蛹 3.4~3.6 mm,椭圆形,黄色,头部向下弯曲,足和翅痕明显。

(3)生活习性　豆象生性活泼,善于飞翔。产卵习性因种而异,除野生外,仓库内的豆象在所寄生的豆上产卵。大多数种类在野外、部分在仓库内生活。在气温较高的地区和仓库内能全年繁殖危害,造成豆类大量损失。豆象多为单宿主,即专寄生于某一种豆科植物,少数食性广,为害多种豆类。常见的有绿豆象和蚕豆象,分别为害绿豆、赤小豆、蚕豆和其他一些豆类。

(4)生活史　年发生 4~5 代,南方可发生 9~11 代,成虫与幼虫均可越冬。成虫可在仓内豆粒上或田间豆荚上产卵,每雌虫可产 70~80 粒。成虫善飞翔,并有假死习性。幼虫孵化后即蛀入豆荚豆粒。

(5)危害途径　兵豆象主要随被害寄主的调运而传播,为兵豆和单花野豆的重要害虫。幼虫在豆粒内蛀食,以幼虫或成虫在仓内越冬,部分在田间越冬。次年春播时随被害种子带到田间,或成虫在仓内羽化后飞往田间,豆类结荚时于豆荚上产卵,待幼虫孵化后,蛀入豆荚内危害,豆粒成熟后随之进入仓库。另外,此虫同样可以在仓内连续繁殖。

(6)危害特征　以幼虫蛀荚,食害豆粒成大洞或空壳,大大降低豆的食用和商品价值。

(7)产量损失　豌豆象危害豌豆种子被害率达 40%~50%,产量损失在 20% 左右。蚕豆象引起蚕豆种子被害率平均 45%,个别年份高达 96%。绿豆象危害多种储藏豆类,一年发生多代,被害率高达 43%~69%,一般十粒九空,不能食用,丧失种子发芽力。

(二)地下害虫

1. 黑绒金龟甲(*Serica orientalis* Motschulsky)

(1)分类地位　属于鞘翅目,鳃金龟科,又称天鹅绒金龟子、东方金龟子,俗称黑小子、铁岭等。在中国东北、华北、西北和河南、江苏、浙江、江西均有分布,危害多种植物和蔬菜。主要寄主有桑榆杏树和禾本科幼嫩植物、豆科植物、十字花科植物等。按其食性可分为植食性、粪食性、腐食性三类。常见的有华北大黑鳃金龟、暗黑鳃金龟、东北大黑鳃金龟、黑绒金龟和铜绿丽金龟等优势物种。

(2)形态特征　成虫呈卵圆形,体长 8~10 mm,宽 3.5~5.2 mm。体黑褐色略带紫色,被灰黑色绒毛。触角 9 节,鳃片 3 节。雌雄异型。雄虫鳃片部大,雌虫鳃片部小,鞘翅侧缘列生褐色刺毛。卵椭圆形,长约 1.2 mm,乳白色。幼虫体长 14~16 mm,乳白色。头部黄色,体被黄褐色细毛,在尾部的肛腹片上有 28 根锥状刺排列成向前突的横弧。蛹长 8~10 mm,宽 3.5~4.0 mm,裸蛹,黄色,头部黑褐色,触角靴状。

(3)生活习性 成虫有趋光性和假死性,飞翔力强,雄虫一般飞翔高度 1.5~3 m,最高可飞 8 m 左右。雌虫一般不飞翔,仍作短距离的急飞或跳飞。成虫多在白天活动。低温时成虫活动力弱,多在地面上爬行,很少飞行,黄昏时入土潜伏在干湿土交界处。幼虫以腐殖质和嫩根为食。黑绒金龟甲成虫群集性较强,出土后,群体集结到附近幼小植物上咬食,个别成虫单个在附近寄主上危害。1天当中取食的高峰期在 16:00—19:00,13:00—14:00 也有一个危害小高峰,黄昏时分,入土潜伏在地表土缝中或枯枝枯叶的背面。黑绒金龟甲成虫风雨天不出土活动。

(4)生活史 黑绒金龟甲在东北、华北、西北各省每年发生 1 代,均以成虫在土中越冬。越冬深度一般在 20~30 cm,也有个别达 50 cm,阳坡地较阴坡地为多。幼虫危害盛期在 5 月中旬至 7 月底,成虫危害盛期在 4 月下旬至 5 月底。翌年春季,当土壤 15 cm 深处的平均温度达 9.2 ℃时,成虫集中到 5~10 cm 深的表土层。当温度升至 10 ℃以上时,开始出土活动。成虫出土期,北京为 4 月上旬至 6 月中旬,盛期在 5 月上、中旬;辽宁西部为 4 月上、中旬至 6 月间,盛期在 4 月下旬至 5 月下旬;江苏北部为 4 月上旬至 6 月上旬;甘肃 4 月上旬开始活动,盛期在 4 月下旬至 5 月中旬,终期为 6 月下旬。5 月中旬开始交配产卵,6 月下旬产卵结束,卵期约 9 d。5 月下旬卵开始孵化成幼虫(蛴螬),幼虫期为 55~60 d。7 月上旬幼虫开始转入地下化蛹,蛹期 16~21 d。8 月中旬蛹开始羽化,约经 10 d 羽化结束,且羽化的成虫当年不出土,在地下越冬,翌年 4 月下旬出蛰。

张艳霞等(2017)研究表明:黑绒金龟甲在 25 ℃时,卵期 6~9 d,幼虫期 53~86 d,蛹期 9~16 d,成虫期长达 9 个多月,约 280 d。黑绒金龟甲卵在 18 ℃以下不能孵化,22~30 ℃时卵的历期随温度的升高逐渐缩短,32~35 ℃卵的历期则随温度的升高逐渐延长,其中 25 ℃时卵的孵化率最高,35 ℃时孵化率最低。黑绒金龟甲在兰州 1 年发生一代,每年 4 月下旬,越冬成虫开始出土危害,5 月中旬至 6 月下旬交配产卵,5 月下旬至 7 月上旬为幼虫危害期,8 月中旬羽化的成虫不出土,在地下蛰伏越冬,翌年 4 月下旬开始出土,黑绒金龟甲的发生量与降水量的关系密切。

(5)危害途径 成虫出土后,首先危害返青早的杂草,待喜食植物发芽后,转移危害,开始取食子叶,后啃咬心叶、叶片成缺刻,甚至全部吃光。当新一代幼虫出现后,仅取食一些植物的根和土壤中腐殖质,一般危害不大。

(6)危害症状 黑绒金龟甲对农业、林业、畜牧业及草坪产业造成严重损失。成虫嗜食植株地上部分幼嫩组织,越冬成虫翌年出土后饥饿程度高,食量大,常群集暴食,取食叶、花蕾、嫩芽和幼果,常将叶片咬食成缺刻和孔洞,残留叶脉基部,严重时将叶全部吃光,造成植株死亡;幼虫又名蛴螬,是地下主要害虫之一,取食地下幼嫩部分,破坏根系,轻则造成缺苗断垄,重则毁种绝苗,食害幼苗后断口整齐平截,且被取食过的伤口易发生软腐等病害。特别是对刚定植的幼树危害更为严重。

(7)产量损失 黑绒金龟主要以成虫为害,在成虫期暴食幼苗叶片及幼芽,严重时常将叶、芽食光,造成死亡率可达 96.73%。

2. 线虫(nematode)

(1)分类地位 危害植物的称为植物病原线虫或植物寄生线虫,简称植物线虫。线虫又称蠕虫，是一类两侧对称原体腔无脊椎动物，是一类较低等的动物，它们在自然界分布很广，种类繁多。目前，线虫的分类无统一标准，主要有两种观点：一是将其作为线形动物门（Nemathelminthes），另一种观点则认为其是一个独立的线虫门（Nematoda），线虫门又根据侧尾腺（phasmids）的有无分为侧尾腺纲（Secernentea＝Phasmidia）和无侧尾腺纲，这个观点自 20 世纪 30 年代以来较统一。自然界约有线虫 50 万～100 万种，其中约有 20％是植物线虫，目前世界上已记载的植物线虫约有 200 多属 5000 余种，其中大多数隶属于侧尾腺纲中的垫刃亚目（Tylenchina）和滑刃亚目（Aphelenchina），少数隶属于无侧尾腺纲中的矛线亚目（Dorylaimina）长针科（Longidoridae）和膜皮亚目（Diphtherophorina）毛刺科（Trichodoridae）。

(2) 形态特征　植物寄生线虫绝大多数为雌雄同体，一般体长仅 1 mm，体宽 0.05 mm 左右，雌雄虫均呈线状，细长透明，无色或乳白色，不分节，假体腔，左右对称。其口腔壁加厚形成吻针的特征，是大多数植物寄生线虫与其他线虫的重要区别之一。还有少数植物线虫是雌雄不同形状的，雌虫呈梨形、球形或囊状，而雄虫仍呈线状。最常见的如根结线虫、胞囊线虫、肾状线虫等，它们都是最重要的病原线虫

(3) 生活习性　植物线虫的寄生方式和习性大致可分为内寄生、半内寄生或半外寄生以及外寄生三种，每一种又可根据线虫寄生后移动与否分为定居型和移动型。内寄生线虫的全部体躯进入寄主植物体内，其定居型有根结线虫和胞囊线虫、移动型有短体线虫和松材线虫等。半内寄生线虫只以头部或身体的前半部进入植物体内取食，而后半部则留在植物体外，其定居型有柑橘半穿刺线虫，移动型有拟环线虫、针线虫和鞘线虫等。外寄生线虫不进入植物体内，只以口针刺破植物表皮吸取营养，其定居型有肾形线虫，移动型有剑线虫和锥线虫等。

植物寄生线虫的生殖方式有有性生殖和孤雌生殖两种类型。有性生殖时受精卵经减数分裂而形成胚胎；孤雌生殖时卵母细胞不经过受精，而通过有丝分裂后形成胚胎。发育历经卵、幼虫和成虫 3 态。幼虫有 4 个龄期，经 4 次蜕皮后成为成虫。世代长短因种类不同而有很大差别，短的 7～10 d，一般 3～4 周，长的可达 9 个月。大多可在土壤、虫瘿或病植物残体上越冬。

线虫靠自行迁移而传播的能力是有限的，一年内最大的移动范围在 1 m 左右。因此，线虫远距离的移动和传播，通常是借助于流水、风、病土搬迁和农机具沾带病残体和病土、带病的种子、苗木、薯块和其他营养材料，以及人的各项活动而将线虫传播开。所以，在使用种子、苗木时应检查是否带有线虫，千万不要人为地将病原线虫带到无线虫的地块里。

(4) 生活史　线虫由卵孵化出幼虫，幼虫发育为成虫后，大多数需通过两性交配后产卵，完成一个发育循环，即线虫的生活史。线虫的生活史很简单，卵孵化出来的幼虫形态与成虫大致相似。所不同的是生殖系统尚未发育或未充分发育。幼虫发育到一定阶段就蜕皮一次，蜕去原来的角质膜而形成新的角质膜，蜕化后的幼虫大于原来的幼虫。每蜕化一次，线虫就增加一个龄期。线虫的幼虫一般有 4 个龄期。垫刃目线虫的第一龄幼虫是在卵内发育的，所以从卵内孵化出来的幼虫已是第二龄幼虫（开始侵染寄主，也称侵染性幼虫）。经过最后一次的蜕化形成成虫，这时雌虫和雄虫在形态上已明显不同，生殖系统已充分发育，性器官容易观察。有些线虫的成熟雌虫的虫体膨大。有的线虫在发育过程中，雌虫和雄虫的幼虫在形态上已经有一定的差异。雌虫经过交配后产卵，雄虫交配后随即即死亡。

有些线虫的雌虫可以不经与雄虫交配也能产卵繁殖，这种生殖方式称孤雌生殖。在一些定居性的植物寄生线虫（如包囊类线虫和根结线虫等）的生活史中，在寄主植物的营养条件和环境条件适宜时，往往进行孤雌生殖。因此，在线虫的生活史中，一些线虫的雄虫是起作用的，

有的似乎不起作用或作用还不清楚。

在环境条件适宜的情况下,大多数植物病原线虫完成一个世代一般只需要 3～4 周,如温度低或其他条件不合适,则所需时间要长一些。线虫在一个生长季节里大部可以发生若干代。发生的代数因线虫种类、环境条件和危害方式而不同。不同线虫种类的生活史长短差异很大。小麦粒线虫则一年仅发生一代,而一些长针类线虫完成一代所需时间超过一年。

(5)危害症状 因线虫的种类、危害部位及寄主植物的不同而异。地上部分症状:①叶片:叶片可扭曲畸形、坏死或变色,或局部形成斑点,如小麦粒线虫病,水稻干尖线虫病、菊花叶线虫病等。②茎:茎可肿胀、扭曲、腐烂。如洋葱鳞茎腐烂是由茎线虫危害所引起的。③花:花序变短,或不孕,或变成虫瘿状。如水稻干尖线虫病,小麦粒线虫病等。④整株死亡:如松材线虫萎蔫病,由于受线虫危害,松树树脂道被堵塞,水分正常输送受到破坏,造成上部叶变红黄色,后变褐色,最后整株松树萎蔫枯死。地下部分症状:①根结瘤。入侵线虫周围的植物细胞由于受到线虫分泌物的刺激而膨大、增生,形成结瘤。通常由根结线虫、鞘线虫和剑线虫引起。②根坏死腐烂:常因受根腐线虫危害,造成根的皮层和中柱组织分离而呈腐烂状。或线虫和其他病原复合侵染根,而造成根部腐烂。③根丛生:由于线虫分泌物的刺激,根过度生长,须根呈乱发丛状丛生。根结线虫、短体线虫、胞囊线虫、长针线虫及毛刺线虫均可引起这种症状。北方根结线虫侵害番茄后,除形成根结外,还使根部产生很多侧根,而使根部呈丛生状。④根短粗。线虫在根尖取食,根的生长点遭到破坏,致使根不能延长生长而变短粗。常由毛刺线虫、根结线虫和剑线虫引起。

(6)产量损失 线虫作为常见土传病害的主要害虫之一,对农业危害极大,穿孔线虫、根结线虫、胞囊线虫、茎线虫等线虫使农业产业减产 5%～20%,局部减产达 60%甚至绝收。有报道根结线虫病发病轻的减产 20%～30%,严重的可致减产 50%～70%,甚至绝产。

3. 地老虎(*Euxoasegetum Schiffer-muller*)

(1)分类地位 属鳞翅目夜蛾科,又名土蚕、切根虫等。是各类农作物苗期的重要地下害虫,中国记载的地老虎有 170 余种,已知危害农作物的大约有 20 种左右。其中小地老虎、黄地老虎、大地老虎、白边地老虎和警纹地老虎等危害比较严重。以小地老虎为例。

(2)形态特征 小地老虎成虫体长 16～23 mm,翅展 42～54 mm。触角雌蛾丝状,双栉齿状,栉齿仅达触角之半,端半部则为丝状。前翅黑褐色,亚基线、内横线、外横线及亚缘线均为双条曲线;在肾形斑外侧有一个明显的尖端向外的楔形黑斑,在亚缘线上有 2 个尖端向内的黑褐色楔形斑,3 斑尖端相对,是其最显著的特征。后翅淡灰白色,外援及翅脉黑色。卵馒头形,直径 0.61 mm,高 0.5 mm 左右,表面有纵横相交的隆线,初生时乳白色,后渐变为黄色,孵化前顶部呈现黑点。老熟幼虫体长 37～47 mm,头宽 3.0～3.5 mm。黄褐色至黑褐色,体表粗糙,密布大小颗粒。头部后唇基等边三角形,颅中沟很短,额区直达颅顶,顶呈单峰。腹部 1～8 节,背面各有 4 个毛片,后 2 个比前 2 个大一倍以上。腹末臀板黄褐色,有两条深褐色纵纹。蛹体长 18～24 mm,红褐色或暗红褐色。腹部第 4～7 节基部有 2 刻点,背面的大而色深,腹末具臀棘 1 对。

(3)生活习性 小地老虎是多食性害虫,能危害百余种植物,是对农、林木幼苗危害很大的地下害虫。主要对绿地植物的幼苗、嫩茎或农作物幼苗进行危害。低龄幼虫时,昼夜危害,群集于幼苗顶心嫩叶处取食危害;3 龄后分散,幼虫行动敏捷、有假死习性、对光线极为敏感、受到惊扰即卷缩成团,昼伏夜出,从地面咬断幼苗植株或咬食未出土的种子,幼苗主茎硬化后改食嫩叶及生长点,食物不足或寻找越冬场所时,有迁移现象。

小地老虎喜欢温暖潮湿的环境条件。沿河、沿湖、水库边、灌溉地、地势低洼地及地下水位高、耕作粗放、杂草丛生的田块虫口密度大。土质疏松、团粒结构好、保水性强的壤土、黏壤土、沙壤土更适宜于发生,尤其是上年被水淹过的地方发生量大,危害更严重。但降水过多,湿度过大,不利于幼虫发育,初龄幼虫淹水后很易死亡。

成虫是一种远距离迁飞性害虫,迁飞能力强,一次迁飞距离可达1000 km以上;昼伏夜出,白天潜伏于土缝中、杂草从中、屋檐下或者其他隐蔽处,夜间出来活动,进行取食、交尾和产卵,以晚间19—22时活动最盛;具有趋光性和趋化性。幼虫多数为6龄,少数为7～8龄;有假死性,受精后缩成环形。1～2龄幼虫对光不敏感,昼夜活动取食;4～6龄表现出明显的负趋光性,晚上出来活动取食。

小地老虎的活动情况与温度关系密切,在适宜温度内,气温越高,活动越频繁。最适宜的气温为14～26 ℃,相对湿度为80%～90%,土壤含水量为15%～20%。高温不利于其发育与繁殖,当气温在27 ℃以上时发生量即开始下降,在30 ℃且湿度为100%时,1～3龄幼虫常大批死亡,所以夏季发生数量较少;冬季由于温度较低,小地老虎幼虫的死亡率增大。卵、幼虫、蛹的发育起点温度分别为7.89 ℃、10.98 ℃和11.2 ℃。在24 ℃条件下,卵4.25 d,幼虫21.1 d,蛹14.43 d,产卵前期3.9 d。完成一代需要13.68 d。成虫羽化大多在15:00—22:00,白天在阴暗处栖息,19:00—22:00较活跃。

(4)生活史　小地老虎一生经历卵、幼虫、蛹和成虫(蛾子)4个阶段。全国各地发生世代因地区、气候各异,发生代数由北向南一年发生1～7代,逐渐增加,辽河流域每年发生2～3代、黄河流域每年发生3～4代、长江流域每年发生4～5代、华南西南地区每年发生6～7代。在中国南岭以南,1月份平均气温高于8 ℃地区,如广东、广西、云南全年繁殖危害,无越冬现象;在长江流域以老熟幼虫和蛹在土壤中越冬,成虫在杂草丛、草堆、石块下等场所越冬;在中国北纬33°以北,1月份平均气温0 ℃以下地区不能越冬。小地老虎各虫态均无滞育现象,是南北往返的迁飞性害虫。在辽宁,越冬代成虫4月中下旬开始迁入,第1代发蛾期是6月中下旬,第2代发蛾期为8月上中旬,第3代(即南迁代)发蛾期为9月下旬至10月上旬。

(5)危害途径　幼虫食性较杂,主要对各类作物的幼苗期进行危害。取食幼苗时,先是就在齐土面部位咬断幼苗的基部,再把切断的幼苗连茎带叶拖入穴中进行取食;取食叶片时,大多会在植物的叶心与叶背活动取食。

(6)危害症状　小地老虎是多食性害虫,寄主多,分布广,主要在各类农作物,如豆科、十字花科、茄科、百合科、葫芦科等106种作物的苗期危害,同时也是果园、花卉苗圃以及草坪的重要害虫之一。全年中主要以春、秋两季发生较严重。幼虫6龄不同阶段危害表现为:1～2龄幼虫昼夜均可群集于幼苗顶心嫩叶处,昼夜取食子叶、嫩叶,造成孔洞或缺刻;3龄后分散,幼虫昼伏夜出,从地面将幼苗植株咬断拖入土穴、或咬食未出土的种子,幼苗主茎硬化后改食嫩叶和叶片及生长点,造成缺苗断垄,甚至毁苗重播,食物不足或寻找越冬场所时,有迁移现象;5龄、6龄幼虫食量大增,每条幼虫一夜能咬断菜苗4～5株,多的达10株以上。

二、防治措施

(一)农艺综合防治

1. 清洁农田　铲除田边地头的杂草,集中处理;平整土地,深翻改土,消灭沟坎荒坡,植树种草,以消灭地下害虫滋生地,创造不利地下害虫发生的环境条件。同时注意清理秸秆残茬。

2. 合理轮作倒茬　合理轮作,与非豆科作物进行2～3年轮作或间作套种,尤其是水旱轮作,可以明显地减轻地下害虫为害。

3. 深耕翻犁 耕翻土壤、拾虫杀死、冻垡晒垡等技术措施应结合使用。同时,结合秋播深翻,还可破坏害虫下潜的虫道,使其不能安全越冬,减少来年的虫口基数。

4. 合理施肥 一定要施用腐熟的猪粪厩肥等有机农家肥料,否则易招引金龟子、蝼蛄等产卵。

5. 合理、适时灌水 春季和夏季作物生长期间适时灌溉,迫使生活在土表的害虫下潜或死亡,可以减轻为害。

6. 选用抗病品种 培育壮苗,增强作物抗性。

(二) 物理防治

1. 黏虫防治 黏虫可采用糖醋液诱杀,糖醋液配比按糖、醋、酒、水为3∶6∶1∶10的比例配制。

2. 安装频波杀虫灯或黑光灯 田间成虫盛发期,悬挂频波杀虫灯或黑光灯诱杀害虫。

3. 驱避蚜虫 垄面覆盖银灰色地膜驱避蚜虫。

4. 人工捕杀 可在傍晚时利用成虫的假死性,进行人工捕杀,将成虫消灭在产卵前,以压低虫口数量。也可利用成虫嗜食杨、柳、榆等树木叶片的特性,在田间设置树枝把,诱集成虫后集中杀死。

(三) 化学防治

1. 种子处理 药剂种子处理方法简便,是保护种子和幼苗免遭地下害虫为害的有效方法,这种方法用药量最低,因而对环境的影响也最小。目前中国主要推选液剂拌种(湿拌),提倡微胶囊悬浮剂拌种。微胶囊悬浮剂拌种省时,省工,非常符合当今农村劳动力缺乏的现状,加之其残效期较长,可以持续到作物生长的大部分时间,因此可以较好地控制地下害虫的危害。目前效果较好的微囊种衣剂有辛硫磷、毒死蜱、氟虫腈·毒死蜱、阿维菌素等。拌种前应作发芽试验,确定适当的用药量。例如,将种子与18%辛硫磷微胶囊悬浮剂2000倍液按1∶10拌种,也可在播种前将辛硫磷药剂均匀喷撒到地面,然后翻耕或用将药剂与土壤混匀;或播种时将药剂与种子混播。20%毒死蜱微囊种衣剂田间推荐剂量为1500~2100 mL/hm²,拌毒土撒施,防效可达90%以上。

2. 土壤处理 一般土壤处理方法有多种:第一,将药剂均匀撒施于土面(实际是地表处理),然后犁入土中,也可以成带状施下,然后将种子沿药带播下,即所谓条施;第二,施用颗粒剂;第三,将药剂与肥料混合施下,即肥料农药复合剂;第四,沟施或穴施等。为减少污染和天敌的杀伤,可局部施药,特别是施用颗粒剂,作为选择性土壤处理更有其优点。施用颗粒剂虽比普通种子处理花费大,但持效期长,除在播种期外,生长期亦可以使用;同时还可以减少药剂对种子的伤害(药害)。如果使用颗粒撒播机施用,还可以省时省力,节约劳动力。

3. 蚜虫防治 利用蚜虫趋黄性特点,在田间设置黄板,涂抹机油或其他黏性剂诱杀蚜虫。发生初期用4.5%高效氯氰菊酯乳油2500~3000倍液,或3%啶虫脒乳油2000~2500倍液喷雾防治,两种药剂交替使用;于开花前用40%氧化乐果750 mL/hm²兑水1200 kg/hm²喷雾防治蚜虫;用10%蚜虱净可湿性粉剂2500倍液或1.8%阿维菌素800倍液喷雾防治。或者选用10%吡虫啉可湿粉1000~2000倍液,或20%好年冬乳油1000~1500倍液,10%高效灭百可乳油6000倍液,或5%快杀敌乳油3000倍液,也可用21%灭杀毙乳油1000~2000倍液,或3%莫比朗乳油1500～2000倍液等，注意交替或混合施用。

4. 豆象鼻虫防治 在小扁豆始花期、结荚期用4.5%高效氯氰菊酯乳油1000～1500倍液喷雾防治产卵的成虫和初孵幼虫。

5. 潜叶蝇、豆象防治 初发期用2.5%溴氰菊酯乳油2000倍液喷雾防治，每隔15 d喷1次，连喷1～2次。

6. 食心虫防治 用20%速灭杀丁乳油300 mL/hm² 喷雾防治，每隔20 d喷1次。

7. 豆荚斑螟防治 常择成虫盛发期和幼虫孵化盛期前喷药。一般应从现蕾开始，每隔7～10 d喷蕾花1次，连喷2～3次可控制危害。幼虫卷叶前用5%抑太保乳油1500倍液喷雾防治，每隔15 d喷1次，连喷1～2次。或者选90%敌百虫可溶性粉1000倍液，50%杀螟硫磷乳油1000倍液，10%氯氰菊酯乳油1000倍液，10%吡虫啉可湿粉1000～1500倍液。

8. 黑绒金龟甲防治 在出苗后用对硫磷乳油50～100 g与麦麸混匀撒施1.5 kg/hm² 防治。

（四）生物防治

1. 利用天敌 例如利用七星瓢虫、食蚜蝇等捕食性天敌防治蚜虫。

2. 生物药剂 利用Bt（苏云金杆菌）500倍液等病原性天敌防治豆荚斑螟。用白僵菌粉剂（40亿芽孢/g）、绿僵菌粉剂（20亿芽孢/g）拌种，按药种比1∶10的比例拌种对苗期危害的蛴螬有较好的防治效果。

第三节 杂草及其防除

一、杂草的生物学特性

郭水良等（1998）介绍了中国主要杂草区系概况。杂草区系分为寒温带主要杂草区系；温带主要杂草区系；温带草原主要杂草区系；暖温带主要杂草区系；亚热带杂草区系；热带杂草区系；温带荒漠杂草区系；青藏高原高寒带主要杂草区系。中国北方小扁豆产区杂草应该分布在温带主要杂草区系、温带草原主要杂草区系中。

杂草是影响农作物产量能否增加的主要因素之一，农作物田间杂草能否得到有效控制及农业生产是否能够达到高产、稳产、优质、高效，与杂草的生物学特性相关。掌握杂草的生物学特性，有利于今后在农业生产中采取科学合理的方法进行田间杂草防除，具有非常重要的意义。

（一）杂草种子的长寿性和顽强性

杂草种子寿命一般都很长。相关资料记载，许多杂草种子在土壤或水中能保持发芽能力数年之久，有的甚至保持数百年数千年之久，如野燕麦种子在土壤中可存活3年以上，稗草和狗尾草种子可以在土壤中保持发芽能力10～15年，龙葵种子20年，藜的种子可在土壤中存活1700年以上。还有不少杂草种子能够抵抗动物消化液的侵蚀，如有的杂草种子通过家畜、家禽消化道后仍有部分种子发芽，有的杂草种子在厩肥中仍能保持生活力达1个月之久。

(二)杂草繁殖能力强,繁殖方式多样

杂草与农作物单一授粉方式不同,多具有远缘杂草亲和性和自交亲和性,一般既能异花授粉又能自花授粉。异花授粉有利于为杂草种群创造新的变异和生命力更强的变种,自花授粉则可保证杂草单株生存的特殊环境下仍可正常结实,以保证基因的延续。杂草的这一特性为防除杂草增加了难度。同时杂草对传粉媒介要求不严格,杂草花粉一般可通过风、水、昆虫等动物或人类活动从一株传到另一株上。

在长期的选择进化下,绝大多数杂草结实都比农作物多而且连续。杂草的种子一般都较小且繁殖数量大,一株杂草的种子结实量少则数百粒,多则数万粒。如荠菜单株结实量3500~4000粒,黄凤单株结籽量达13.5万粒,藜单株结籽量可高达20万粒,野苋菜可产56万粒种子。一年生杂草的营养生长与生殖生长一般同时进行,其结实可从其伴生植物生育中期开始一直持续到生长季节末期,这些杂草种子成熟后从母体脱落下来,进入土壤,或随风、水传播到其他地块,农作物田间杂草不会因为作物收获时而被清除到田外。

杂草不仅依靠种子繁殖,还可以通过营养器官繁殖成为新的植株。多年生杂草的根、茎,如苣买菜、刺儿菜的根受机械损伤断裂,3~4 d后,在断裂的部分又长出新的植株;稗草拔起后,只要与潮湿土壤接触,可继续生长;鸭跖草阳光暴晒后,只要茎节没有死亡,就能在茎节上长出不定根,形成新的植株;一株三棱草可长出许多横走根茎,一年可繁殖3000多株。

(三)杂草种子传播方式多种化

杂草的传播途径多种多样,其中人为活动起到了主要作用。在农业生产中,从引种、播种、灌水、施肥、耕作运输等农业活动都可以直接或间接地将杂草传播到其他地方。此外,杂草还可通过风、水、鸟类、牲畜等传播。许多杂草还具有适于传播的植物学性状,一般杂草种子细小且重量轻,有些还有特殊的结构和附属物,易于传播,如菊科杂草种子上有冠毛状似降落伞,极易被风吹至数百米、千米外;马唐和苔属杂草种子长有浮毛,易随水传播;还有的草籽种皮具有蜡质,易悬于水中或浮于水面传播;苍耳、鬼针草果实具有倒钩,可附着在动物皮毛或人的衣服上传播;荠菜、车前、早熟禾、藜、薄荷、香薷等杂草种子经过动物的消化后仍具有很强的发芽能力,可通过鸟类、动物及其粪便传播蔓延。

(四)杂草一般具有C_4光合途径,能迅速生长发育

从光合途径分,植物可以被分为C_3植物和C_4植物,很多杂草都具有C_4光合途径,在18种世界恶性杂草中,有14种是C_4植物,比植物界中的C_4植物比例高17倍,远比主要农作物中C_4植物比例高(世界16种主要农作物中只有玉米、谷子和高粱是C_4植物)。C_4植物比C_3植物在光合作用上具有净光合效率高、对CO_2的光合补偿点低,饱和点高、蒸腾系数低等特点,具有C_4光和途径的植物CO_2被固定后形成四碳化合物——草酰乙酸,具有C_3光和途径的植物CO_2被固定后则形成磷酸甘油酸。由于很多恶性杂草具有C_4植物的这些特点,一些恶性杂草刚出苗时,其植株一般比农作物低或接近,生长一段时间后,其植株显著高于作物,使其在光竞争上处于优势。

(五)杂草有极强的抗逆性和适应性

杂草具有极强的抗逆性和生态适应性,表现为对盐碱、旱涝、热害、冷害、贫瘠及人工干扰

等比作物更强的忍耐能力。

从进化的角度看,杂草多数具有 r-选择性,又具有 k-选择性,它们往往是 r、k 选择的中间型。r-选择型是在变化多端的环境条件下选择下来的植物类型,这类杂草抗逆性强、个体小、生长快,生命周期短,群体不饱和,一年一更新,繁殖快、生产力高,如香薷、薄荷、藜、繁缕、反枝苋等一年生杂草。k-选择型杂草是在比较稳定的环境条件下选择下来的植物类型,其个体生长能力强、群体竞争力强、生命周期长,在一个生命期内可多次重复生殖,群体饱和稳定,如田旋花、芦苇的多年生杂草。

可塑性是指植物在不同生态环境条件下,对其个体大小、生长量和种群大小的自我调节能力。一般杂草都具有不同程度的可塑性。可塑性使得杂草能在多变的农田生态条件下,自我调节种群结构,尤其是在其密度较低的情况下能够通过提高个体的结实量生产出大量的种子,为其下代大量生育打下基础,或者在极端不利的条件下,缩减个体并减少物质消耗,保证种子的形成,延续其后代。如藜的株高最低可到 1 cm,最高可达 300 cm,结实少达 5 粒,多达 100 万粒以上。此外,杂草发芽率也有很大的可塑性,当土壤中草籽密度很大时,草籽的发芽率会相应下降,从而防止其群体过大而引起其个体死亡率的升高。

一般杂草基因型都具有杂合性。由于杂草群落的混杂性、种内异花授粉、基因突变、基因重组和染色体数目的变异性的缘故,决定了杂草个体的基因型很少是纯合的,这是杂草具有较强适应性的重要因素,也大大增强了杂草的抗逆性,导致杂草在遭遇恶劣环境条件如低温、干旱、水涝及使用除草剂后有些能生存,避免整个种群覆灭。

在长期人类活动的干扰下,为了能够使基因延续,很多杂草在植物形态、生长发育规律上以及对环境条件的要求上,与伴生作物都有很多相似之处,比如稗草与水稻、狗尾草与谷子、亚麻与亚麻荠、野燕麦和微孔草等。杂草对作物的这种拟态性,使其在农田中鱼目混珠,给除草特别是人工除草带来了极大的困难。

(六)杂草种子萌发和成熟时期参差不齐,具早熟性和易脱落性

农作物的种子出苗和成熟时间一般整齐一致,这是长期的农业活动选择的结果,而杂草的出苗期和成熟却参差不齐,这同样是长期自然选择和人类农业活动共同影响的结果。同一种杂草,有的植株已开花结实,而另一些植株则刚刚出苗;有的杂草在同一植株上,一面开花,一面继续生长,种子成熟期延绵数月之久。杂草种子陆续成熟,分期分批散落在田间,由于成熟期不一致,第二年种子萌发时间就会不整齐。如荠菜、藜、打碗花等,即使种子没有成熟,亦可萌发长成幼苗,甚至很多杂草从土壤拔出后,其植株上的种子仍能继续成熟。而且,许多杂草种子较作物成熟早,易脱落。稗草种子成熟较水稻早 10～20 d,播娘蒿在小麦孕穗时就开始开花结实。

二、小扁豆田常见杂草种类

高克昌等(2007)通过田间调查发现,小扁豆田主要杂草包括禾本科的稗草、无芒稗、马唐、牛筋草、狗尾草、虎尾草、棒头草、千金子、画眉草、狗牙根;阔叶杂草有蓼科的萹蓄、酸模叶蓼、齿果酸模、红蓼、水蓼;藜科的藜、小藜、灰绿藜、杖藜、猪毛菜;菊科的刺儿菜、大刺儿菜、苍耳、小飞蓬、苣荬菜、飞廉、女菀、蒲公英、魁蓟、猪毛蒿;苋科的反枝苋、刺苋;马齿苋科的马齿苋;茄科的龙葵、曼陀罗、小酸浆;锦葵科的苘麻、野西瓜苗;大戟科的铁苋菜、地锦;蒺藜科的蒺藜;旋花科的田旋花、圆叶牵牛;十字花科的小花糖芥;唇形科的夏至草;车前科的车前;茜草科

的茜草；桑科的草以及荷草科的香附子。共计 17 个科 48 个种。禾本科杂草种类少但数量多，占杂草总数量的 60%。其中尤以稗草最多。阔叶杂草种类多但数量少，占杂草总数的 40%。其中以藜、反枝苋、马齿苋、龙葵最旺。小扁豆由于生育期短（90 d 左右），前期主要是禾本科杂草为害（主要杂草是稗草），后期（收获期）主要是阔叶杂草为害。

根据《中国植物志》和《中国杂草志》列举 20 种扁豆田间常见杂草如下：

（一）单子叶植物纲杂草

禾本科

（1）马唐（*Digitaria sanguinalis*（Linn.）Scop.）

①分类地位　单子叶植物纲（Monocotyledoneae）禾本目（Graminales）禾本科（Gramineae）马唐属（*Digitaria* Hall.）。

②形态特征　成株高 10~80 cm，茎秆丛生，基部展开或倾斜，着地后易生根，光滑无毛。叶鞘大都短于节间，无毛或散生疣基柔毛；叶舌膜质，长 1~3 mm，黄棕色，先端钝圆；叶片线状披针形，长 5~15 cm，宽 4~12 mm，基部圆形，边缘较厚，微粗糙，两面疏生软毛或无毛。总状花序 3~10 枚，长 5~18 cm，上部者互生或呈指状排列于茎顶，下部者近于轮生；穗轴直伸或开展，两侧具宽翼，边缘粗糙；小穗椭圆状披针形，长 3~3.5 mm，通常孪生，一具长柄，一具极短的柄或几无柄；第一颖小，短三角形，无脉；第二颖具不明显 3 脉，披针形，长为小穗的 1/2 左右，脉间及边缘大多具柔毛；第一外稃等长于小穗，具明显 5~7 脉，中脉平滑，两侧的脉间距离较宽，无毛，边脉上具小刺状粗糙，脉间及边缘生柔毛；第二外稃近革质，灰绿色，顶端渐尖，等长于第一外稃；花药长约 1 mm。带稃颖果，椭圆形，长约 3 mm，淡黄色或灰白色，脐圆形，胚卵形。

③生长习性　一年生草本，种子繁殖。种子发芽的适宜温度为 25~35 ℃，多在初夏发生，适宜的土层深度为 0.5~4.0 cm，以 1~3 cm 发芽率最高。种子边成熟边脱落，繁殖力甚强，可借风力、流水和动物活动传播扩散。成熟的马唐种子具有 3 个月的休眠期，在休眠期内其出苗率低于 10%，随着时间的推移，发芽率逐渐提高。4—6 月份苗期，花果期 6—9 月份。

④分布及危害　马唐是秋熟旱作作物地常见的恶性杂草，发生数量、分布范围在旱地杂草中均居首位，以作物生长的前中期危害为主；分布全国各地，以秦岭、淮河一线以北地区发生面积最大，长江流域和西南、华南也有大量发生；生长于路旁、田野，是一种优良牧草，又是危害农田、果园的杂草，常与毛马唐混生危害；主要危害玉米、豆类、棉花、花生、瓜类、薯类、谷子、糜子、高粱、蔬菜和果树等作物，是棉实夜蛾和稻飞虱的寄主，并能感染粟瘟病、麦雪腐病和菌核病等，其繁殖能力强，生长速度快，给农业生产带来了严重危害。

（2）牛筋草（*Eleusine indica*（L.）Gaertn.）

①分类地位　别称：蟋蟀草、老驴拽、千千踏、忝仔草、粟仔越、野鸡爪、粟牛茄草。单子叶植物纲（Monocotyledoneae）禾本目（Graminales）禾本科（Gramineae）穇属（*Eleusine* Gaertn.）。

②形态特征　根系极发达。成株须根较细而稠密，为深根性，不易整株拔起。秆丛生，基部倾斜向四周开展，高 15~90 cm。叶鞘压扁，有脊，无毛或生疣毛，鞘口常有柔毛；叶舌长约 1 mm，叶片扁平或卷折，线性，长 10~15 cm，宽 3~5 mm，无毛或表面常被疣基柔毛。穗状花序 2~7 个指状簇生于秆顶，很少单生，长 3~10 cm，宽 3~5 mm；小穗长 4~7 mm，宽 2~3 mm，含 3~6 小花；颖披针形，具脊，脊粗糙；第一颖长 1.5~2 mm；第二颖长 2~3 mm；第一

外稃长 3~4 mm，卵形，膜质，具脊，脊上有狭翼，内稃短于外稃，具 2 脊，脊上具狭翼；鳞被 2 折叠，具 5 脉。囊果卵形，基部下凹，具明显的波状皱纹，果皮薄膜质，白色，长约 1.5 mm，内包种子 1 粒。

③生活习性　一年生草本。苗期 4—5 月，花果期 6—10 月。以种子繁殖。

④分布及危害　广泛分布于中国南北各地。生于村边、旷野、田边、路边。杂草根系发达，吸收土壤水分和养分的能力很强，而且生长优势强，耗水、耗肥常超过作物生长的消耗，严重与农作物争夺水分、养分和光能，对棉花、豆类、薯类、蔬菜、果树等作物危害较重，为近年来较难防除的恶性杂草之一。

(3) 狗牙根(*Cynodon dactylon* (L.) Pers.)

①分类地位　别名：绊根草、爬根草（江苏铜山）、感沙草（海南）、铁线草（云南）。单子叶植物纲(Monocotyledoneae)禾本目(Graminales)禾本科(Gramineae)狗牙根属(*Cynodon* Rich.)。

②形态特征　成株有地下根茎，高 10~30 cm。茎匍匐地面，上部及着花枝斜向上，花轴直立。叶片线形，互生，下部因节间缩短似对生；叶鞘有脊，鞘口常有柔毛；叶舌短，有纤毛。穗状花序，3~6 枚呈指状簇生于秆顶；小穗复瓦状成两行排列于穗轴一侧，灰绿色或带紫色，长 2~2.5 cm，通常有 1 小花。颖果矩圆形，长约 1 mm，淡棕色或褐色，无毛茸；脐圆形，紫黑色。

③生长习性　多年生草本植物。喜潮湿，耐干旱和盐碱。最适生长温度为 20~32 ℃，在 6~9 ℃时几乎停止生长。一般 3—5 月为萌发出苗期，花果期 6—10 月，霜冻后地上部死亡。地下茎分布在 15~20 cm 土层中生长良好。狗牙根为深根杂草，种子不易采收，多采用根茎或匍匐茎繁殖，种子亦可繁殖。

④分布及危害　广泛分布于华北、西北、西南及长江中下游等地。竞争能力强，一般性杂草很难侵入其内。其发生期长，生命力强，繁殖快，夏、秋季蔓延迅速；成片生长，节间着地均可生根，不怕践踏，危害较重；侵占力较强，在肥沃的土壤条件下，容易侵入其他草种中蔓延扩大；抗逆性较强，在微量的盐碱地上，亦能生。防除应坚持"除早、除小、除了"的原则，在狗牙根成坪前，应及时进行人工拔除，或喷施选择性除草剂进行防除。

(4) 稗(*Echinochloa crusgalli* (L.) Beauv.)

①分类地位　亦称稗子、稗草、扁扁草、旱稗。单子叶植物纲(Monocotyledoneae)禾本目(Graminales)禾本科(Gramineae)稗属(*Echinochloa* Beauv.)。

②形态特征　成株茎秆光滑无毛，基部倾斜或膝曲，高 40~120 cm。叶鞘疏松裹秆，平滑无毛，下部长于而上部短于节间；叶舌缺；叶片扁平，线形，长 10~40 cm，宽 5~20 mm，无毛，边缘粗糙。圆锥花序尖塔形，较平展，直立粗壮，长 14~18 cm；主轴具棱，粗糙或具疣基长刺毛，有 10~20 个分枝，长 3~6 cm；分枝为穗形总状花序并生或对生于主轴，并生或对生于主轴，斜上举或贴向主轴，有时再分小枝；分枝穗轴粗糙或生疣基长刺毛；小穗卵形，长 3~4 mm，脉上密被疣基刺毛，具短柄或近无柄，密集在穗轴的一侧；第一颖三角形，长为小穗的 1/3~1/2，具 3~5 脉，脉上具疣基毛，基部包卷小穗，先端尖；第二颖与小穗等长，先端渐尖或具小尖头，具 5 脉，脉上具疣基毛；第一小花通常中性，其外稃草质，上部具 7 脉，脉上具疣基刺毛，顶端延伸成一粗壮的芒，芒长 0.5~1.5(—3) cm，内稃薄膜质，狭窄，具 2 脊；第二外稃椭圆形，平滑，光亮，成熟后变硬，顶端具小尖头，尖头上有一圈细毛，边缘内卷，包着同质的内稃，但内稃顶端露出。颖果椭圆形、骨质、有光泽，长 2.5~3.5 mm，凸面有纵脊，黄褐色。

③生活习性　一年生草本植物。适应性很强，喜水湿、耐干旱、耐盐碱、喜温暖，却又能抗

寒。繁殖力很强,每株稗草可分蘖10多枝到100多枝,每个穗通常可结600～1000粒种子。发芽温度在10～35 ℃间,以20～30 ℃为最适宜。发芽的土层深度在1～5 cm,以1～2 cm出芽率最高,深层未发芽的种子可存活10年以上。春季气温10～11 ℃以上开始出苗,6月中旬抽穗开花,6月下旬开始成熟。

④分布及危害　全国均有分布。可生长在海拔5～3000 m。多生于沼泽地、沟边及水稻田中。潮湿环境发生较重,是水稻田危害最严重的恶性杂草,与水稻伴生性强,危害多种秋熟旱地作物。

(5)画眉草(*Eragrostis pilosa* (L.) Beauv.)

①分类地位　别称星星草、蚊子草。单子叶植物纲(Monocotyledoneae)禾本目(Graminales)禾本科(Gramineae)画眉草属(*Eragrostis* Wolf)。画眉草属约300种,中国约有38种2变种。

②形态特征　成株植物体不具腺体,无鱼腥味。秆丛生,直立或基部膝曲上升,高15～60 cm,径1.5～2.5 mm,4节。叶鞘疏松裹茎,长于或短于节间,扁压,鞘缘近膜质,鞘口有长柔毛;叶舌为一圈纤毛,长约0.5 mm;叶片线形扁平或内卷,长6～20 cm,宽2～3 mm,无毛。圆锥花序开展或紧,长10～25 cm,宽2～10 cm;分枝单生、簇生或轮生,上举,腋间有长柔毛;小穗长3～10 mm,宽1～1.5 mm,有4～14小花,成熟后暗绿色或带紫色,颖膜质,披针形,第一颖长约1 mm,无脉,第二颖长约1.5 mm,1脉;外稃宽卵形,先端尖,第一外稃长约1.8 mm;内稃迟落或宿存,长约1.5 mm,稍弓形弯曲,脊有纤毛;雄蕊3,花药长约0.3 mm。颖果长圆形,长约0.8 mm。

③生活习性　一年生草本。以种子繁殖,种子具有较强的内在休眠,种子萌发的适宜温度为28 ℃,变温条件下(16～28 ℃)种子萌发率高于恒温28 ℃条件。花果期8—11月。

④分布及危害　喜生于湿润而肥沃土壤,常生于耕地、田边、路旁和荒芜田野草地上,为秋熟作物常见杂草,发生量较小,危害轻。分布于全国各地和全世界温暖地区。

(6)虎尾草(*Chloris virgate* Swartz)

①分类地位　别名:棒槌草、刷子头、盘草,单子叶植物纲(Monocotyledoneae)禾本目(Graminales)禾本科(Gramineae)虎尾草属(*Chloris* Swartz)。

②形态特征　成株丛生,秆高20～60 cm,直立或基部膝曲,无毛,淡紫红色。叶片条状披针形,长5～25 cm,宽3～6 mm;叶鞘无毛,背具脊;叶舌具微纤毛,长约1mm。穗状花序簇生茎顶,4～10余枚,呈指状排列;小穗排列于穗轴一侧长3～4 mm,含2小花,第二小花不孕并较小;颖膜质,具1脉,第二颖有短芒,第一外稃具3脉,二边脉上密生长柔毛,生于上部的毛约与外稃等长。芒自顶端的下部伸出,芒长4～8 mm。颖果狭椭圆形或纺锤形,长约2 mm,具光泽,透明,淡棕色。

③生长习性　一年生草本。种子繁殖;借风力或黏附动物体传播。华北地区4—5月出苗,花期6—7月,果期7—9月。

④分布及危害　适生于向阳地,沙质地更多见;常见于农田、荒地、路旁、墙头、屋顶等,多群生;主要危害旱作物,如棉花、玉米、谷子、花生、高粱、豆类等,是高粱蚜虫的寄主。

(7)狗尾草(*Setaria viridis* (L.) Beauv.)

①分类地位　别名:莠、谷莠子、毛毛狗。单子叶植物纲(Monocotyledoneae)禾本目(Graminales)禾本科(Gramineae)狗尾草属(*Setaria* Beauv.)。

②形态特征　根为须状,高大植株具支持根。秆丛生,直立或基部膝曲,高20～60 cm,基

部径 3～7 mm,偶有分枝。叶鞘松弛,无毛或疏具柔毛或疣毛,边缘具较长的密绵毛状纤毛;叶舌极短,缘有长 1～2 mm 的纤毛;叶片扁平,长三角状狭披针形或线状披针形,先端长渐尖或渐尖,基部钝圆形,几呈截状或渐窄,长 6～20 cm,宽 2～18 mm,通常无毛或疏被疣毛,边缘粗糙。圆锥花序紧密,呈圆柱状或基部稍疏离,直立或稍弯垂,主轴被较长柔毛,长 2～10 cm,宽 4～13 mm(除刚毛外),刚毛长 4～12 mm,粗糙或微粗糙,直或稍扭曲,通常绿色或褐黄到紫红或紫色;小穗 2～5 个簇生于主轴上或更多的小穗着生在短小枝上,椭圆形,先端钝,长 2～2.5 mm,铅绿色;第一颖卵形、宽卵形,长约为小穗的 1/3,先端钝或稍尖,具 3 脉;第二颖几与小穗等长,椭圆形,具 5～6 脉;第一外稃与小穗第长,具 5 脉,先端钝,其内稃短小狭窄;第二外稃椭圆形,顶端钝,具细点状皱纹,边缘内卷,狭窄,鳞被楔形,顶端微凹;花柱基分离。颖果近卵形,腹部扁平,脐圆形,乳白色带灰色,长 1.2～1.3 mm,宽 0.8～0.9 mm。

③生活习性 一年生晚春性杂草。喜长于温暖湿润气候区,以疏松肥沃、富含腐殖质的沙质壤土及黏壤土为宜。以种子繁殖,种子可借风、流水与粪肥传播,经越冬休眠后萌发。一般 4 月中旬至 5 月份种子发芽出苗,发芽适温为 15～30 ℃,5 月上、中旬大发生高峰期,8—10 月份为结实期。

④分布及危害 生于海拔 4000 m 以下的荒野、道旁。原产欧亚大陆的温带和暖温带地区,现广布于全世界的温带和亚热带地区。为秋熟旱地作物常见的一种杂草,也是果园杂草的优势种之一,繁殖力强,危害严重。

(8)千金子(*Leptochloa chinensis* (L.) Nees)

①分类地位 单子叶植物纲(Monocotyledoneae)禾本目(Graminales)禾本科(Gramineae)千金子属(*Leptochloa* Beauv.)

②形态特征 根须状。秆丛生,直立,基部膝曲或倾斜,高 30～90 cm,平滑无毛。叶鞘无毛,大多短于节间;叶舌膜质,长 1～2 mm,常撕裂具小纤毛;叶片扁平或多少卷折,先端渐尖,两面微粗糙或下面平滑,长 5～25 cm,宽 2～6 mm。圆锥花序长 10～30 cm,分枝及主轴均微粗糙;小穗多带紫色,长 2～4 mm,含 3～7 小花;颖不等长,具 1 脉,脊上粗糙,第一颖较短而狭窄,长 1～1.5 mm,第二颖长 1.2～1.8 mm;外稃顶端钝,无毛或下部被微毛,第一外稃长约 1.5 mm;花药长约 0.5 mm。颖果长圆球形,长约 1 mm。

③生活习性 一年生草本。苗期 5～6 月,花果期 8—11 月。籽实随熟落入土壤。

④分布及危害 生于海拔 200～1020 m 潮湿之地。分布于中国陕西、山东、江苏、安徽、浙江、台湾、福建、江西、湖北、湖南、四川、云南、广西、广东等省(区);亚洲东南部也有分布。是湿润秋熟旱作物和水稻田恶性杂草,水改旱时发生尤为严重。

(二)双子叶植物纲杂草

1. 蓼科

(1)酸模叶蓼(*Polygonum lapathifolium* L.)

①科属地位 别名柳叶蓼、绵毛酸模叶蓼、旱苗蓼、大马蓼、斑蓼。双子叶植物纲(Magnoliopsida)蓼目(Polygonales)蓼科(Polygonaceae)蓼属(*Polygonum* L.)

②形态特征 茎直立,具分枝,无毛,节部膨大,高 30～120 cm。叶互生,具柄,柄上有短刺毛;叶片披针形或宽披针形,长 5～12 cm,宽 1.5～3 cm,顶端渐尖或急尖,基部楔形,叶面绿色,叶上常有一个大的黑褐色新月形斑点,全缘,叶缘及主脉覆粗硬毛;托叶鞘筒状,膜质,淡褐色,无毛,具多数脉,顶端截形,无缘毛。花序通常由数个花穗组成圆锥状花序,顶生或腋生,近

直立,花紧密;苞片膜质,漏斗状,边缘具稀疏短睫毛;花被 4 深裂,裂片椭圆形,淡绿色或粉红色;雄蕊通常 6,花柱 2,向外弯曲。瘦果圆卵形,扁平,两面微凹,长 2~3 mm,宽 1.4 mm,红褐色至黑褐色,有光泽,包于宿存花被内。

③生长习性　一年生草本。多次开花结实,发芽适温 15~20 ℃,出苗深度 5 cm。东北及黄河流域 4—5 月出苗,花果期 7—9 月;长江流域及以南地区 9 月份至第 2 年春出苗,4—5 月花果期,先于作物果实成熟。种子繁殖。

④分布及危害　生长在路旁湿地、沟渠水边及稻田、豆类、麦田、油菜田等,是一种适应性较强的农田及非农田杂草,广布于中国南北各省区,朝鲜、日本、蒙古、菲律宾、印度、巴基斯坦及欧洲也有分布,海拔 30~3900 m。其危害各地均有发生,南方发生较重,主要危害玉米、水稻、麦类、豆类、薯类、大葱、油菜、芝麻、棉花等农作物,其对芝麻危害较重,一般造成芝麻减产 10%~25%。

(2)萹蓄(*Polygonum aviculare* L.)

①科属地位　别(俗)名:多茎萹蓄、扁竹、萹蓄、竹叶草、大蚂蚁草、鸟蓼、地蓼、猪牙菜。双子叶植物纲(Magnoliopsida)蓼目(Polygonales)蓼科(Polygonaceae)蓼属(*Polygonum* L.)植物。

②形态特征　茎平卧、上升或直立,高 10~40 cm,自基部多分枝,具纵棱。叶互生,椭圆形,狭椭圆形或披针形,长 1~3 cm,宽 5~10 mm,顶端钝圆或急尖,基部楔形,边缘全缘,两面无毛,侧脉明显;叶柄短或近无柄,基部具关节,托叶鞘膜质,下部褐色,上部白色,撕裂脉明显。花单生或数朵簇生于叶腋,遍布于植株;苞片薄膜质;花梗细,顶部具关节;花被 5 深裂,花被片椭圆形,长 2~2.5 mm,绿色,边缘白色或淡红色;雄蕊 8,花丝基部扩展,花柱 3,柱头头状。瘦果卵状三棱形,具 3 棱,长 2~3 mm,黑褐色,密被由小点组成的细条纹,无光泽,与宿存花被近等长或稍超过。

③生长习性　一年生草本。种子在 10 ℃ 以上萌发,15~27 ℃ 植株生长良好。其瘦果抗寒性极强,在 -40 ℃ 低温下能正常越冬。2—4 月出苗,花果期 5—9 月。

④分布及危害　喜冷凉、湿润的气候条件,抗热、耐旱,对土壤适应性强,一般土壤均能生长良好,即使在盐碱沙荒地上都能生长,尤在富含有机质、肥沃的沙壤土或壤土上生长旺盛。生长于海拔 10~4200 m 的田边路、沟边湿地。广泛分布于北温带,在中国各地都有分布。主要危害麦类、蔬菜、果树等,豆类田有生长危害。

2. 蒺藜科

蒺藜(*Tribulus terrestris* L.)

①科属地位　又名白蒺藜、屈人、蒺藜狗等。双子叶植物纲(Magnoliopsida)蒺藜目(Zygophyllales)蒺藜科(Zygophyllaceae)蒺藜属(*Tribulus* L.)。

②形态特征　植株平卧。茎由基部分枝,长达 1 m 左右,淡褐色。全株被绢丝状长柔毛。双数羽状复叶互生,长 1.5~6 cm;小叶对生,3~8 对,长圆形,长 6~17 mm,宽 2~5 mm,先端锐尖或钝,基部稍偏斜,近圆形,全缘;上面叶脉上有细毛,下面密生白色伏毛;托叶小,披针形,边缘半透明状膜质;有叶柄和小叶柄。花小,单生于叶腋,黄色;花梗短于叶;萼片 5,宿存;花瓣 5;雄蕊 10,生于花盘基部,基部有鳞片状腺体;子房 5 棱,柱头 5 裂,每室 3~4 胚珠。蒴果分果瓣 5,硬,扁球形,直径约 1 cm,每个果瓣具长短棘刺各一对,背面有短硬毛及瘤状突起;有种子 2~3 粒,种子间有隔膜。

③生长习性　一年生草本。华北地区花期 5—8 月,果期 6—9 月。

④分布及危害　喜钙质、砾质、沙质土,耐旱、耐瘠薄,生命力强。生长于沙地、荒地、山坡、居民点、路旁及河边草丛附近。全球温带都有,中国各地均产,主产河南、河北、山东、安徽、江苏、四川、山西、陕西。果刺易黏附家畜毛间,有损皮毛质量,为田间有害杂草。

3. 苋科

以反枝苋(*Amaranthus retroflexus* L.)为例。

(1)科属地位　别(俗)名:西风谷、野苋菜、人苋菜。双子叶植物纲(Magnoliopsida)中央种子目(Centrospermae)苋科(Amaranthaceae)苋属(*Amaranthus* L.)。

(2)形态特征　株高20～80 cm,高达1 m;茎直立,粗壮,单一或分枝,绿色,有时具带红色条纹,稍具钝棱,密生短柔毛。叶片菱状卵形或椭圆状卵形,长4～12 cm,宽2～5 cm,顶端锐尖或微凹,有小芒尖,基部楔形,全缘或波状缘,两面及边缘有柔毛,下面毛较密;叶柄长1.5～5.5 cm,被柔毛。圆锥花序较粗壮,顶生及腋生,直径2～4 cm,由多数穗状花序形成,顶生花穗较侧生者长;苞片干膜质,透明,钻形,长4～6 mm,白色,背面有1淡绿色龙骨状突起,伸出顶端成白色尖芒;花被片5,长圆形或长圆状倒卵形,长2～2.5 mm,薄膜质,白色,有1淡绿色细中脉,顶端急尖或尖凹,具凸尖;雄蕊5,柱头3,长刺锥状。胞果扁卵形,长约1.5 mm,环状横裂,包裹在宿存花被片内;种子卵圆形,略扁,直径1 mm,棕黑色或黑色,有光泽,边缘钝。

(3)生长习性　一年生草本。反枝苋适宜的萌发温度为5 ℃以上,35～40 ℃时发芽率最高,适合生长的pH为4.2～9.1的湿润土壤中。华北地区早春萌发,4月中至5月上旬为出苗高峰期,花期7—8月,果期8—9月;以种子进行繁殖,可随有机肥、种子、水流、风力,甚至鸟类等进行传播。

(4)分布及危害　反枝苋是伴人植物,只要有人的地方就有它。喜湿润环境,适应性极强,耐旱不耐荫,在密植田或高秆作物中生长发育不好。多生在田园内、农地旁、人家附近的草地上,有时生在瓦房上。

主要危害棉花、豆类、花生、瓜类、薯类、蔬菜等多种旱作物;混生在大豆、小麦、玉米、甜菜、果园和菜园中,可严密遮光和阻碍通风,消耗大量地力,抑制作物生长;还常常污染作物种子,如果不加以有效的防除,玉米、大豆、春小麦、油菜和蔬菜等产量将明显受损;反枝苋也是许多昆虫、线虫、病毒、细菌和真菌的寄主,影响栽培作物的生长。苋属植物在不同的生长时期和环境条件下,都具有积累硝酸盐的能力,随着反枝苋的生长,硝酸盐的吸收率不断增加,在开花前达到最大值,叶片中硝酸盐含量可达30%,其茎和枝也可贮藏大量的硝酸盐。因此,若家畜过量食用会引起中毒,应在结果前拔除。

4. 藜科

(1)藜(*Chenopodium album* L.)

①科属地位　又名灰藜、灰蓼头草、灰藋、灰菜、灰条等。双子叶植物纲(Magnoliopsida)中央种子目(Centrospermae)藜科(Chenopodiaceae)藜属(*Chenopodium* L.)。

②形态特征　株高60～120 cm。茎直立,粗壮,多分枝,具条棱及色条。叶互生,具长柄;叶菱状卵形或宽披针形,长3～6 cm,宽2.5～5 cm,先端尖或微钝,基部楔形或宽楔形,叶缘具不整齐锯齿;叶背生有粉粒。花两性,由多数花簇聚合而成圆锥状花序,顶生或腋生;花被黄绿色,被片5枚,宽卵形或椭圆形,背面具纵脊,先端钝或微凹,边缘膜质;雄蕊5,柱头2。胞果完全包于花被内或顶部稍外露,果皮薄,与种子紧贴;种子横生,双凸镜形,径1.2～1.5 mm,周边钝,黑色,有光泽,具浅沟状纹饰。

③生活习性　一年生草本。种子发芽的最低温度为10 ℃,最适宜温度为20～30 ℃,适宜

土层深度 4 cm 以内。3—4 月出苗,5—10 月开花结果。种子繁殖,种子落地或借外力传播。

④分布及危害　分布于全球温带及热带以及中国各地。生于农田、菜园、路旁、荒地、村舍附近或有轻度盐碱的土地上。主要危害小麦、棉花、豆类、薯类、蔬菜、玉米等旱作物及果树,常形成单一群落,也是地老虎、棉铃虫、棉蚜的寄主。

(2)猪毛菜(*Salsola collina* Pall.)

①科属地位　别(俗)名:扎蓬棵、刺蓬、沙蓬、三叉明棵、猪毛缨、叉明棵、猴子毛、蓬子菜、乍蓬棵子。双子叶植物纲(Magnoliopsida)中央种子目(Centrospermae)藜科(Chenopodiaceae)猪毛菜属(*Salsola* L.)。

②形态特征　株高 20～100 cm;茎自基部分枝,枝伸展,茎、枝淡绿色,具条纹,生短硬毛或近于无毛。叶片丝状圆柱形,肉质,深绿色,伸展或微弯曲,长 2～5 cm,宽 0.5～1.5 mm,生短硬毛,顶端有刺状尖,基部边缘膜质,稍扩展而下延。花序穗状,细长,生枝条上部;苞片卵形,紧贴穗轴,顶部延伸,有刺状尖,边缘膜质,背部有白色隆脊;小苞片 2,狭披针形,顶端有刺状尖;花被片 5,卵状披针形,膜质,顶端尖,果期变硬,自背面中上部生鸡冠状突起,花被片附属物以上部分近革质,内折,先端膜质;雄蕊 5,花柱 2,柱头丝状,花药长 1～1.5 mm,长为花柱的 1.5～2 倍。包果倒卵形,果皮膜质,深灰褐色,具疏松皱褶;种子倒卵形,直径 1.5 mm,横生或斜生。

③生活习性　一年生草本。花期 6—9 月,果期 8—10 月。种子繁殖,通常种子成熟后,整个植株于根茎处断裂,植株被风吹动于地面滚动,散布种子。

④分布及危害　分布于中国东北、华北、西北、西南及西藏、河南、山东、江苏等省(区),朝鲜、蒙古、俄罗斯、巴基斯坦也有。常见于村庄附近、路旁、荒地,喜直射较强光照。猪毛菜较耐寒、耐旱、耐盐碱,在碱性沙质土壤上生长最好。在夏、秋作物田较常见,危害较重,为田园常见杂草。

5. 马齿苋科

以马齿苋(*Portulaca oleracea* L.)为例。

(1)科属地位　别(俗)名:马齿苋(蜀本草),马苋(名医别录),五行草(图经本草、救荒本草),长命菜、五方草(本草纲目),瓜子菜(岭南采药录),麻绳菜(北京),马齿草、马苋菜(内蒙古),胖娃娃菜、蚂蚱菜、马齿菜、瓜米菜(陕西),马蛇子菜、蚂蚁菜(东北),猪母菜、瓠子菜、狮岳菜、酸菜、五行菜(福建),猪肥菜(海南)等。双子叶植物纲(Magnoliopsida)石竹目(Caryophyllales)马齿苋科(Portulacaceae)马齿苋属(*Portulaca* L.)。

(2)形态特征　全株光滑无毛。茎平卧或斜倚,伏地铺散,多分枝,圆柱形,长 10～15 cm,淡绿色或带暗红色。叶互生或近对生,叶片扁平,肥厚,倒卵形,似马齿状,长 1～2.5 cm,宽 0.5～1.5 cm,顶端圆钝或平截,有时微凹,基部楔形,全缘,上面暗绿色,下面淡绿色或带暗红色,中脉微隆起;叶柄粗短,有时具膜质托叶。花无梗,小,直径 3～5 mm,花 3～5 朵,簇生枝顶,午时盛开;苞片 4～5 枚,叶状,膜质,近轮生;萼片 2 枚,对生,绿色,盔形,左右压扁,长约 4 mm,顶端急尖,背部具龙骨状凸起,基部合生;花瓣黄色,4～5 枚,倒卵形,长 3～5 mm,顶端微凹,基部合生;雄蕊通常 8,或更多,长约 12 mm,花药黄色;子房无毛,花柱比雄蕊稍长,柱头 4～6 裂,线形。蒴果卵球形至长圆形,盖裂;种子细小,多数,肾状卵形,压扁,黑褐色,有光泽,直径不及 1 mm,具小疣状凸起,排练成近同心圆状,种脐大而显。

(3)生活习性　一年生肉质草本,以种子繁殖。春、夏都有幼苗发生,盛夏开花,夏末秋初果熟;果实边成熟边开裂,种子散落土壤中;每株可产种子 14400 粒以上。花期 5—8 月,果期 6—9 月。

(4)分布及危害　马齿苋适应性极强,耐热、耐旱,对光照的要求不严格,在温暖、湿润、肥沃的壤土或沙壤土上生长良好,耐旱又耐涝。常生于菜园、农田、路旁,也为田间常见杂草。分布全国各地,华北地区危害程度高,世界性杂草。主要危害蔬菜、豆类、棉花、薯类、花生等作物,为秋熟旱作物的主要恶性杂草。

6. 旋花科

以田旋花(*Convolvulus arvensis* L.)为例。

(1)科属地位　别(俗)称:中国旋花、箭叶旋花(中国高等植物图鉴),扶田秧、扶秧苗(江苏),白花藤、面根藤(四川),三齿草藤(甘肃),小旋花(四川、甘肃),燕子草(山东),田福花(新疆)。双子叶植物纲(Magnoliopsida)茄目(Solanales)旋花科(Convolvulaceae)旋花属(*Convolvulus* L.)。

(2)形态特征　茎蔓状,缠绕或匍匐生长,有条纹及棱角,上部有疏柔毛,有棱。叶互生,叶片形状多变,但基部为戟形或箭形,长2.5~5 cm,宽1~3.5 cm,全缘或3裂,先端近圆或微尖,有小突尖头;中裂片大,卵状长圆形至披针状长圆形;侧裂片开展,呈耳形或戟形,微尖,叶柄较叶片短,长1~2 cm;叶脉羽状,基部掌状。花1~3朵,腋生,花梗细长3~8 cm;苞片2枚,线性,狭小,远离花萼;萼片5枚,卵圆形,无毛或被疏毛,边缘膜质;花冠粉红色、白色,长约2 cm,漏斗状,外面有柔毛,顶端有不明显的5浅裂。雄蕊5,花丝基部有小鳞毛;子房2室,有毛,柱头2,线形。蒴果卵状球形或圆锥形,无毛。种子4,卵圆形,无毛,黑褐色。

(3)生活习性　多年生缠绕草本,有横生的地下根状茎,深达30~50(100)cm,以根芽和种子繁殖,种子多混杂于收获作物中传播。中国中北部地区,根芽3—4月出苗,种子4—5月出苗,5—8月陆续现蕾开花,6月以后果实渐次成熟,9—10月地上茎叶枯死。

(4)分布及危害　生于耕地及荒坡草地、村边路旁。为旱地作物田常见杂草,主要危害小麦、棉花、豆类、玉米、蔬菜及果树等。

7. 菊科

(1)刺儿菜(*Cephalanoplos segetum* (Bunge) Kitam.)

①科属地位　别(俗)称:大刺儿菜、野红花、大小蓟、小蓟、大蓟、小刺盖、蓟蓟芽、刺刺菜。双子叶植物纲(Magnoliopsida)桔梗目(Campanulales)菊科(Compositae)刺儿菜属(*Cephalanoplos* Necker)。

②形态特征　多年生草本,具匍匐根茎。茎直立,有棱,高30~50 cm,幼茎被白色蛛丝状毛。单叶互生,缘具刺状齿,基生叶早落,下部和中部叶椭圆状披针形,长7~10 cm,宽1.5~2.5 cm,两面被白色蛛丝状毛,幼叶尤为明显,中、上部叶有羽状浅裂。雌雄异株,雄株头状花序较小,雌株花序较大。头花序单生茎端,或植株含少数或多数头状花序在茎枝顶端排成伞房花序;总苞卵形、长卵形或卵圆形,直径1.5~2 cm;总苞片约6层,覆瓦状排列,向内层渐长,外层甚短,中层以内先渐尖,具刺;花冠紫红色或白色,雌花花冠长25 mm,裂片长5 mm,细管部细丝状,雄花花冠长15~20 mm,裂片长10 mm,细管部细丝状;花药紫红色;雌花退化雄蕊存在,长约2 mm。瘦果淡黄色至褐色,椭圆形或长卵形,略扁,长3 mm,宽1.5 mm,有波状横皱纹,每面具1条明显的纵脊,顶端斜截形;冠毛白色,多层,脱落性,羽毛状。

③生长习性　多年生草本。苗期3—4月,花果期5—6月,以晚秋、早春为发芽出苗高峰期。根芽和种子繁殖,在水平生长根上产生不定芽,形成新株;地下根茎被切断后,每段可长出新植株。种子有冠毛,通过风传播,也可种子、根茎混入收获物、农家肥、基质等途径传播。

④分布及危害　刺儿菜为中生植物,适应性很强,任何气候条件下均能生长,普遍群生于撂荒地、耕地、路边、村庄附近,为常见的杂草。为麦、棉、豆、薯田主要危害性杂草;也是果、桑园的主要杂草;又是棉蚜、向日葵菌核病的寄主,间接危害作物。除西藏、云南、广东、广西外,几遍全国各地;分布平原、丘陵和山地;欧洲东部、中部、俄罗斯东、西西伯利亚及远东、蒙古、朝鲜、日本广有分布。

(2)苣荬菜(Sonchus brachyotus DC.)

①科属地位　别称:荬菜、野苦菜、野苦荬、苦葛麻、苦荬菜、苣菜、曲荬菜。双子叶植物纲(Magnoliopsida)桔梗目(Campanulales)菊科(Compositae)苦苣菜属(Sonchus L.)。

②形态特征　全体含乳汁。茎直立,株高30~100 cm,上部分枝或不分枝,绿色或带紫红色,有条棱。基生叶簇生,有柄,茎生叶互生,无柄,基部抱茎,叶片长圆状披针形或宽披针形,长6~20 cm,宽1~3 cm,边缘有稀疏缺刻或羽状浅裂,缺刻或裂片上有尖齿,两面无毛,绿色或蓝绿色,幼时常带紫红色,中脉白色,宽而明显。头状花序顶生,直径2~4 cm;花序梗与总苞均被白色绵毛;总苞钟形,苞片3~4层,外层短于内层;花鲜黄色,全为舌状。瘦果长椭圆形,长2~3 mm,宽0.7~1.3 mm,淡褐色至黄褐色,无光泽,有纵棱,两端均为截形,先端具多层白色冠毛,冠毛细软易脱落。

③生活习性　多年生草本,以根茎和种子繁殖。根茎多分布在5~20 cm土层,质脆易断,每个断体都能长成新的植株,耕作或除草更能促进其萌芽。北方农田4—5月出苗,终年不断,花果期6—10月,种子于7月渐次成熟分散,秋季或次年春季萌发,第2~3年抽茎开花。

④分布及危害　为区域性的恶性杂草,危害棉花、甜菜、油菜、豆类、玉米、谷子、糜子、蔬菜等作物。在北方有些地区发生量大、危害重,也是蚜虫的越冬寄主。主要分布于西北、华北、东北、华东、华中及西南地区,生于海拔200~2300 m的盐碱土地、山坡草地、林间草地、潮湿地或近水旁、村边或河边砾石滩等地。

(3)苍耳(*Xanthium sibiricum* Patrin)

①科属地位　别名:菜耳(本草经),粘头婆、虱马头(广州),苍耳子(四川、云南、河南、山东、山西、东北)、老苍子(辽宁、江西、河北)、野茄子、敞子(东北)、道人头、刺八裸(河南)、苍浪子、绵苍浪子、羌子裸子、青棘子(江苏),抢子(安徽),痴头婆、胡苍子(湖南)、野茄(河北),猪耳、菜耳(甘肃)等。双子叶植物纲(Magnoliopsida)桔梗目(Campanulales)菊科(Compositae)苍耳属(*Xanthium* L.)。

②形态特征　茎直立,高30~150 cm,粗壮,多分枝。叶互生,具长柄,有钝棱及长条斑点;叶片三角卵形或心形,长4~10 cm,宽5~12 cm,先端锐尖或稍钝,基部近心形或截形,叶缘有缺刻及不规则的粗锯齿,两边均贴生粗糙状毛,基3出脉,叶柄长3~11 cm。头状花序腋生或顶生,花单性,雌雄同株;雄性的头状花序球形,集生于花轴顶端,黄绿色,直径4~6 mm,近无花序梗,总苞片长圆状披针形,长1~1.5 mm,被短柔毛,花托柱状,托片倒披针形,长约2 mm,顶端尖,有微毛,有多数的雄花,花冠钟形,管部上端有5宽裂片;花药长圆状线形;雌性的头状花序椭圆形,生于叶腋,外层总苞片小,披针形,长约3 mm,被短柔毛,内层总苞片结合成囊状外生钩状刺,先端具二喙,内含2花,无花瓣,花柱分枝丝状。聚花果宽卵形或椭圆形,长12~15 mm,宽4~7 mm,外具长1~1.5 mm钩状的刺,淡黄色或浅褐色,坚硬,顶端具2喙;瘦果2,倒卵形,长1 cm,灰黑色。

③生活习性　一年生草本,种子繁殖,以钩刺附着于其他物体传播。4—5月萌发,7—8月开花,8—9月结果。

④分布及危害　苍耳喜生长在土质松软深厚、水源充足及肥沃的地块上，pH 值 5 左右。自然生长在平原、丘陵、低山、荒野、路边、沟旁、田边、草地、村旁等处。分布于中国东北、华北、华东、华南、西北及西南各省(区、市)，俄罗斯、伊朗、印度、朝鲜和日本也有分布。主要危害果树、棉花、玉米、豆类、薯类、谷子等作物，局部地区危害严重，是棉蚜、棉金刚钻、棉铃虫、向日葵菌核病等的寄主。

(4) 猪毛蒿 (*Artemisia scoparia* Waldst. et Kit.)

①科属地位　别(俗)称：猪毛蒿(中国高等植物图鉴)，石茵陈、山茵陈、西茵陈、北茵陈(本草纲目)，野同蒿、白蒿(救荒本草、植物名实图考)，扫帚艾(广州植物志)，土茵陈(南方省区俗称)、东北茵陈蒿(东北、华北省区俗称)，滨蒿(西北省区俗称)，白头蒿(河北)，香蒿(河北陕西)，臭蒿(河北、内蒙古)，米蒿(内蒙古)，棉蒿、沙蒿(山西)，白毛蒿、灰毛蒿、毛滨蒿(吉林)，黄蒿(内蒙古、黑龙江、吉林)，小白蒿(陕西)，迎春蒿、黄毛蒿(甘肃)，白茵陈、白青蒿、毛毛蒿(四川)，绒蒿(广西)，"阿各弄""伊麻干一沙里尔日""雅曼一沙里尔日"(蒙语名)，"亚布泉"(维吾尔语名)，"阿仲"(四川西部藏语名)，"察尔旺"(青海藏语名)。双子叶植物纲(Magnoliopsida)桔梗目(Campanulales)菊科(Compositae)蒿属(*Artemisia* L.)。

②形态特征　茎直立，高 30～120 cm，暗紫色，有条棱，被微柔毛或近无毛，分枝细而密，直立或稍斜生。基生叶与营养枝叶两面被灰白色绢质柔毛；基生叶 2～3 回羽状分裂，有长柄，裂片线状披针形，灰绿色，密生灰白色长柔毛；中部茎生叶无柄，1～2 回羽状分裂，裂片毛发状，先端尖，幼时有毛，后渐脱落。头状花序极多数，有梗或无梗，有线性苞叶，在茎及侧枝上排列成圆锥状；总苞近卵形，直径 1～1.2 mm，总苞片绿色，边缘膜质，近无毛，中、内层总苞片 长卵形或椭圆形，半膜质；花黄绿色，先端紫褐色，外层 5～7 朵，雌性，能育，内层约 4 朵，不育。瘦果长椭圆状倒卵形至长圆形，长 0.6～0.8 mm，宽、厚 0.2～0.3 mm，深红褐色，有纵沟，无毛。

③生活习性　一年生或多年生杂草，以种子繁殖，以幼苗或种子越冬。春秋出苗，花期 8—10 月，种子于 9 月即渐次成熟，落入土中或随风传播。

④分布及危害　生长在低山区和平原的农田、山坡、旷野、地埂、路旁等，耐干旱瘠薄，各种土壤上均能生长。为欧、亚大陆温带与亚热带地区广布种，朝鲜、日本、伊朗、土耳其、阿富汗、巴基斯坦、印度、俄罗斯及欧洲东部和中部各国都有，遍及中国各省(区、市)。主要危害谷子、玉米、豆类、马铃薯、小麦、棉花等作物，常见杂草。

三、防除措施

农田杂草综合治理就是人类必须造就一个有利于作物生长发育，有利于保护自然资源和其他良好环境因素的生态环境。由于作物田中杂草种类和生物学特性的多样性，农田杂草的防除应采取综合措施，以生态防治为基础，因地制宜地采用化学、机械、生物措施。各种措施相互配合，达到经济、安全、有效地控制杂草危害的目的。

(一) 物理防除

物理除草包括火力除草、电力除草、薄膜覆盖抑草等。薄膜覆盖作为物理抑制杂草生长的方式应用比较广泛。根据小扁豆种植的特点和方式，机械除草适用于垄作和宽行距的栽培模式，一般采用垂直双圆盘除草部件，具有较好的除草效果，既经济又适用。

(二)农业防除

1. 耕作　耕作方式影响杂草种子在土壤中的垂直分布,耕作深度及其导致的杂草种子深度影响杂草种子库的大小和构成。在不耕的农田,草籽通过土壤裂缝、土壤动物、土壤冻结作用缓慢渗入土壤。耕作对于多年生杂草的发生影响较大,对土壤扰动强度大的耕作类型,影响越严重。传统耕作方式杂草密度最低,免耕方式下杂草密度最高。对于越年生杂草来讲,沟播处理杂草发生量为最高,免耕次之;浅旋沟播和传统耕作发生量基本接近,为最少。深耕对多年生杂草有显著的防除效果。小扁豆农田中,常采用播前整地、播后耙地、苗期中耕达到有效控制前期杂草的目的。秋深耕可以把地表的大部分杂草翻到 15 cm 以下土层中,深翻可以使土壤中蓄存的芽根翻于深层,抑制其发芽;耙地可促进表层根芽的萌发,便于一举消灭。以深-浅耕-浅耕或深耕-浅耕相结合的耕作法,可以使耕层土壤中的杂草种子 60%～80%分布 0～10 cm 的浅层,便于集中防除。一般播后 30 d 和 60 d 各进行 1 次人工中耕除草。

2. 合理轮作倒茬　小扁豆抗寒、抗旱,耐瘠薄,对前茬要求不严,连作将对生长发育产生不良影响,应避免重茬和迎茬。合理轮作倒茬是小扁豆获得高产优质的重要条件,应实行 3 年以上的长周期轮作,最好选择前茬是玉米、小麦、马铃薯、油菜、糜子、胡麻等作物轮作,适宜在中性或弱碱性土壤上种植。轮作可减少杂草发生密度,而且对杂草种类变化的影响大于耕作系统的影响。合理的作物轮作能有效减少土壤中的杂草种子数量,降低次年杂草危害。

3. 覆盖　覆膜抑制杂草已经广泛用于各种粮食作物的种植中。农田中大量使用的无色透明的薄膜主要起到保温、保湿的作用,也能部分抑制某些种类杂草的生长。随着地膜的推广,新研究出来了一些含有除草剂如乙草胺、甲草胺等药效的药膜或双降解药膜。这些地膜在农业中得到了广泛的推广及应用,地膜在农作物的早生快发方面以及对杂草的有效防控方面起到了越来越大的作用。秸秆覆盖对杂草有一定的控制作用,一定程度上降低杂草危害,尤其可有效抑制田间早期杂草的滋生,其原因是秸秆覆盖的遮阴作用制约了某些喜光杂草的生长。

4. 间、套作　依据不同植物或作物间生长发育特性的差异,合理进行不同作物间作或套作,有效占据土壤空间,形成作物群体优势抑草,或是利用作物间的互补优势,提高对杂草的竞争力或利用植物间他感作用,抑制杂草的生长发育,达到除草治草的目的。小扁豆既可以与地膜玉米套种,也可以与桑树、枸杞、苹果等低龄果树套种,又可以与小麦或大麦混种。如陕北地区,小扁豆主要同谷子等间作或混种,云南小扁豆与油菜混种,甘肃中部、渭北高原、河南、山西等地,多与小麦混种,期待能达到很好的控草效果。

5. 合理密植　增加作物的种植密度,减少杂草对光、温和水方面的优势,通过作物群体和杂草之间的竞争关系,达到合理控制杂草的目的。目前,小扁豆播种量根据籽粒大小一般亩播量 2～3 kg,单作每亩留苗 4 万～6 万为宜,间套混种以 1 万～1.33 万株为宜,此外还要根据品种、土壤和气候条件确定播种量和留苗密度,并在此基础上可以适当地增加种植密度来达到控制杂草的目的。

(三)生物防除

从杂草病株中筛选出来的一些植物病原菌,表现出了潜在的除草活性,有可能成为新型生物除草剂(微生物除草剂)。微生物除草剂是指将本地流行的能快速繁殖的杂草病原菌活体或其具杀草(抑草)毒性的代谢产物,制成一定的剂型,在杂草易感病期间施用杂草生防制剂。目前,该领域的研究主要集中在活体微生物除草剂和农用抗生素除草剂两个方面。未来,杂草生防制剂可能成为小扁豆田间除草剂的新类型。

(四)化学防除

用化学除草替代人工除草,不仅可以提高工作效率,同时可以避免人工除草造成的田间水分散失和操作过程中可能导致的病害传播。因此,在小扁豆播种时和生育期利用除草剂除草,能够提高小扁豆的生产水平和种植效益。

高克昌等(2007)选用不同类型除草剂、不同施药方式进行除草剂除草试验,结果表明:播前土壤处理,48%氟乐灵乳油除草效果达95.3%;播后苗前施药,48%拉索乳油对禾本科杂草防除效果较好,除草效果达88.7%;45%豆草畏乳油对阔叶杂草防除效果较好,除草效果达86.9%;苗后施药,10%利收乳油对阔叶杂草防除效果较好,除草效果达79.6%,所以小扁豆田使用化学除草剂除草,以播前土壤处理或播后苗前施药为主,苗后施药为辅。

温日宇等(2013)研究指出:小扁豆除草以土壤处理为主,后期人工除草为辅相结合。播前结合深松土壤处理可用48%氟乐灵乳油1.5 L/hm² 兑水750 kg进行地表均匀喷雾,对禾本科和阔叶杂草均有较好的防效。旱沙田以阔叶杂草为主,播种当日可选用45%豆草畏乳油1.2 L/hm² 兑适量水(按使用说明兑水)喷雾、播种同步进行,也可于播种次日进行人工喷雾防治。播种后出苗前施药可针对禾本科杂草或阔叶杂草为害程度选用除草剂类型,当禾本科杂草危害严重时,可选用48%拉索乳油3.0 L/hm² 兑适量水喷雾防除;当阔叶杂草为害严重时,可选用45%豆草畏乳油1.2 L/hm² 兑适量水喷雾防除。

除草剂的安全使用涉及作物的敏感性、施用地区的气候条件和土壤有机质含量等因素,因此除草剂应用不能简单照搬其他地区的试验结果,必须根据当地的作物生长环境,进行除草剂的筛选试验,为不同地区小扁豆化学除草提供参考。

参考文献

安欢乐,燕翀,徐娜,等,2016.3种镰刀菌对小扁豆生长的影响[J].草业科学,33(1):67-74.
陈喜明,高克昌,韩云丽,等,2011.小扁豆特征特性及高产栽培技术[J].中国农业信息(4):31,33.
高克昌,韩云丽,赵随堂,等,2007.小扁豆田除草剂除草试验[J].山西农业科学,35(1):61-63.
Grew JS,乔春贵,1989.豆类作物病害概述[J].吉林农业大学译丛(3):31-36,57.
郭水良,李扬汉,1998.农田杂草生态位研究的意义及方法探讨[J].生态学报(5):3-5.
李金堂,默书霞,傅海滨,等,2009.菜豆炭疽病的识别及防治[J].长江蔬菜(23):29.
王润初,陈俊炜,易国强,1994.豆科蔬菜锈病的发生和防治措施[J].植保技术与推广(6):30+20.
温日宇,陈喜明,刘建霞,等,2015.小扁豆新品种晋扁豆2号的选育及栽培技术[J].安徽农业科学,43(02):41,44.
燕翀,2013.小扁豆根腐病菌的分离与鉴定及对紫花苜蓿、红豆草和沙打旺的致病性研究[D].兰州:兰州大学.
于舒怡,臧超群,谢瑾卉,等,2019.花生褐斑病表观侵染速率、空中分生孢子密度与气象因素的相关性分析[J].中国油料作物学报,41(6):938-946.
张丽娟,王昶,闵庚梅,等,2019.豌豆根腐病研究进展[J].植物保护,45(4):82-90.

张彦梅,李敏权,2007.甘肃定西小扁豆镰刀菌根腐病病原鉴定及致病性测定[J].杂粮作物(3):235-237.
张艳霞,孙艳芳,王睿,等,2017.黑绒金龟甲的发生规律研究[J].草原与草坪,37(2):89-93.
郑艳梅,2017.大豆根腐病综合防治措施[J].农民致富之友(23):150.
Cook R,Papendick R,1972. Influence of water potential of soils and plants on root disease[J]. Annual Review of Phytopathology,10(1):349-374.

第五章 小扁豆的利用

第一节 小扁豆主要成分

一、营养成分较齐全

小扁豆籽粒约含碳水化合物 60%,蛋白质约含 25%,脂肪约含 0.7%。还有多种维生素和矿物质、可溶性纤维、维生素 B、叶酸、色素、Fe(含铁量约为其他豆类的两倍)等。还含有酚类、凝集素、花青素、γ-氨基丁酸等。

在日常食用和营养保健等方面,小扁豆是一种不可忽视的作物。

二、小扁豆淀粉理化性质

Apolonio 等(2004)认为淀粉不仅是许多植物的重要储藏物质,也是人类膳食提取的主要碳水化合物。豆类淀粉是淀粉四大来源之一,赵凯等(2007)的研究结果表明,近年来绿豆淀粉、鹰嘴豆淀粉和蚕豆淀粉等豆类淀粉在工业上得到了广泛应用。然而在 Hoover 等(1995)对有关的研究内容进行研究后发现,有关豇豆、小黑芸豆和小扁豆淀粉的研究报道还较少。杜双奎等(2007)在对扁豆淀粉的理化特性进行分析得到,淀粉理化特性影响食品的品质,如硬度、黏稠度和咀嚼度等,加工过程中原料的输送、搅拌、混合、能量的损耗等均与淀粉糊的流变特性密切相关。本研究通过分析小扁豆淀粉的颗粒特性、糊化特性等指标,旨在为小扁豆资源及其淀粉的开发利用提供参考。

杨红丹等(2010)曾以豇豆(*Vigna unguiculata*(L.)Walp.)、小黑芸豆(*Phaseolus vulgaris* L.)和小扁豆(*Lens culinaris* M.)为材料,采用湿磨法提取淀粉,以马铃薯淀粉和玉米淀粉作对照,对淀粉理化性质进行比较研究。结果表明,豇豆、小黑芸豆和小扁豆淀粉颗粒多为肾形,少数圆形,且偏光十字明显,表观直链淀粉含量分别为 34.98%、45.35% 和 37.24%。3 种淀粉的膨胀度和溶解度均随温度升高而增加,起糊温度在 72.9~77.0 ℃之间,小黑芸豆淀粉起糊温度最高,峰值黏度、破损值、最终黏度和回生值最低。豇豆淀粉糊化特性与小黑芸豆淀粉相反,起糊温度较低,峰值黏度、破损值、最终黏度和回生值最高。3 种豆类淀粉 T_O、T_P 和 T_C 具有显著性差异,但焓值差异不显著,焓值大小顺序为小扁豆淀粉>豇豆淀粉>小黑芸豆淀粉。

(一)淀粉形貌

小扁豆经过不同加工后抗性淀粉形貌的变化,不同加工和体外消化处理完全破坏了小扁豆原有的"肾状"结构,说明不同加工和体外消化过程中,淀粉结构被完全破坏并重排成新的淀粉颗粒。所有抗性淀粉颗粒的大小不均一,形状不规则且表面致密。Zhang 等(2010)发现,酶解提取过程会破坏莲子淀粉的原有结构,提纯后的抗性淀粉表面会变得致密。如图 5-1 所示。

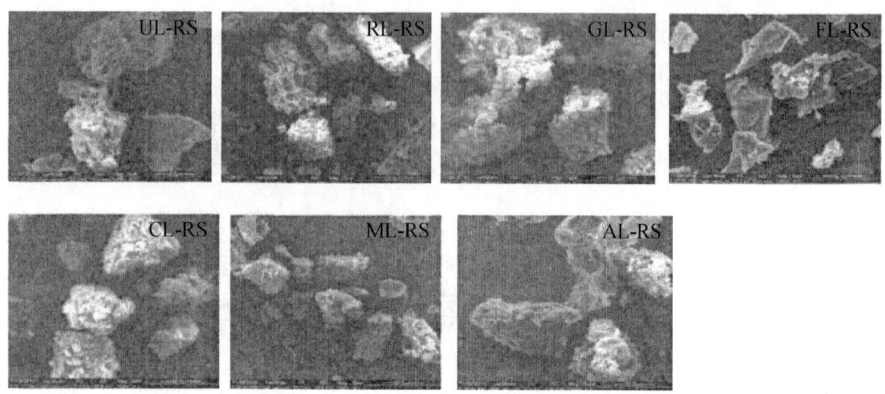

图 5-1　小扁豆经不同加工和未处理抗性淀粉的扫描电镜图片（殷秀秀，2019）

不同来源淀粉的颗粒形貌、轮纹结构有所不同，图 5-2（A～E）所示。3 种豆类淀粉颗粒多为肾形，少数为圆形，轮纹明显。玉米淀粉颗粒多为多角形，轮纹不明显。5 种淀粉粒心都比较明显，除马铃薯淀粉粒心偏向一端外，其余淀粉粒心基本居于正中。

不同品种淀粉颗粒的偏光十字的位置和形状以及明显程度有差别，见图 5-2（a～e）。豇豆淀粉偏光十字比较粗，为"X"形，有盲区；小黑芸豆和玉米偏光十字多为斜"十"形，十字交叉点位于颗粒中央；小扁豆偏光十字形状不规则，有"X"形和斜"十"形两种，十字交叉点都位于颗粒中央；马铃薯淀粉偏光十字最明显，十字交叉点位于颗粒的一端。

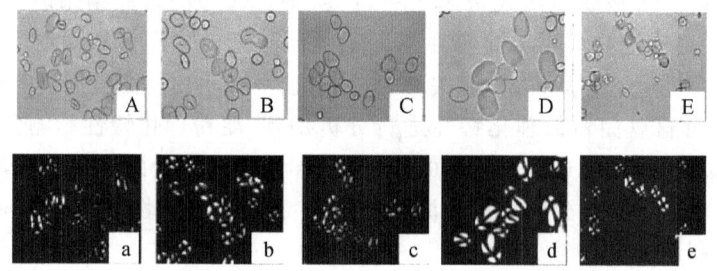

图 5-2　淀粉颗粒形貌（A～E）和偏光十字照片（a～e）（×400）（杨红丹，2010）
a、A. 豇豆淀粉；b、B. 小黑芸豆淀粉；c、C. 小扁豆淀粉；d、D. 马铃薯淀粉；e、E. 玉米淀粉。下同。

豇豆淀粉、小黑芸豆淀粉、小扁豆淀粉、马铃薯淀粉和玉米淀粉颗粒大小呈正态分布，见图 5-3。

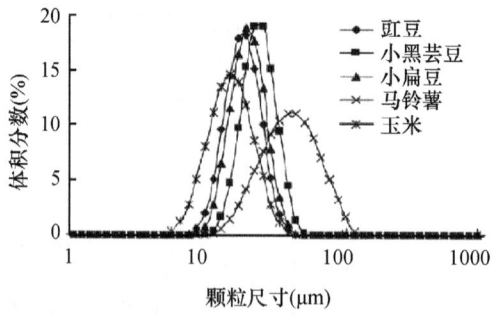

图 5-3　淀粉颗粒粒度分布（$n=2$）（杨红丹，2010）

不同来源淀粉的粒径范围和平均粒径有差异(表5-1)。豆类淀粉粒径范围为6.61～60.25 μm,略大于玉米淀粉粒径范围,而小于马铃薯淀粉粒径范围。豆类淀粉的平均粒径居于玉米淀粉和马铃薯淀粉之间。3种豆类淀粉颗粒大部分都在中等粒径范围内。豆类淀粉的平均粒径居于玉米淀粉和马铃薯淀粉之间。3种豆类淀粉颗粒大部分都在中等粒径范围内,所占淀粉总体积比例均高于69%。豇豆淀粉和小扁豆淀粉有很少一部分小颗粒淀粉,小黑芸豆淀粉的大颗粒淀粉所占比例明显高于前两种豆类淀粉,高达30.50%,说明小黑芸豆淀粉具有比豇豆淀粉和小扁豆淀粉大的颗粒结构。

表5-1 不同来源淀粉颗粒的粒度分布特征量($x\pm s, n=2$)(杨红丹,2010)

淀粉	粒径范围(μm)	平均粒径(μm)	体积分数(%)		
			小颗粒(<10 μm)	中等颗粒(10～30 μm)	大颗粒(>30 μm)
豇豆淀粉	6.65～45.71	20.02±0.03d	0.70±0.18b	91.47±0.78a	7.83±0.60d
小黑芸豆淀粉	10.00～60.25	26.20±0.01b	0.00±0.00c	69.49±0.05d	30.50±0.05b
小扁豆淀粉	7.58～52.48	21.78±0.03c	0.12±0.00c	87.63±0.09b	12.25±0.09c
马铃薯淀粉	11.48～120.23	44.00±0.15a	0.00±0.00c	22.53±0.27e	77.46±0.27a
玉米淀粉	5.01～39.81	16.42±0.09e	9.19±0.20a	86.58±0.03c	4.23±0.23e

注:同一列数字肩标不同字母表示差异显著,下同。数据$x\pm s$表示算术平均值±标准差。

由图5-4可以看出,3种豆类淀粉和其他豆类淀粉形貌类似,与马铃薯淀粉、玉米淀粉有所不同,大多数淀粉颗粒表面光滑,部分淀粉中间有裂纹,这可能是由于提取过程中受机械作用损伤所致,大淀粉颗粒多呈卵形、不规则形、小颗粒多呈圆形。利用电镜标尺测量淀粉颗粒的粒径可知,豇豆淀粉、小黑芸豆淀粉、小扁豆淀粉、马铃薯淀粉和玉米淀粉颗粒粒径范围分别为6～45 μm、10～47 μm、5～40 μm、4～100 μm和3～25 μm,长轴平均粒径分别为17.15 μm、18.08 μm、14.07 μm、22.06 μm和11.43 μm。3种豆类淀粉粒径比紫花豌豆淀粉大,与立马豆淀粉和麻芸豆淀粉相近。

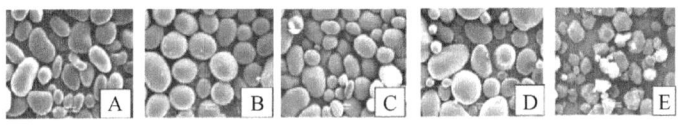

A.豇豆淀粉;B.小黑芸豆淀粉;C.小扁豆淀粉;D.马铃薯淀粉;E.玉米淀粉

图5-4 淀粉颗粒扫描电子显微镜照片(×1200)(杨红丹,2010)

(二)淀粉直/支链淀粉比例对理化性状的影响

Jane等(1999)和Vandeputte等(2003)认为,淀粉颗粒由直链淀粉和支链淀粉通过分子间作用力排列而成,直/支链淀粉比率、淀粉分子量分布和支链淀粉侧链的分子量分布均会影响淀粉颗粒的精细结构和结晶结构,进而直接影响淀粉的理化性质。体积排阻色谱和凝胶渗透色谱可以测量淀粉的分子量分布,观察淀粉在不同加工和淀粉酶消化过程中分子链长分布的变化。Park等(2007)研究发现,支链淀粉的侧链分布与淀粉颗粒稳定性有关,淀粉侧链越少(DP6-12),长侧链越多,淀粉的稳定性越高。这是因为支链淀粉短侧链破坏晶体层状结构的稳定性,而长支链可以形成较长的双螺旋,需要较高的温度才能被完全破坏。淀粉的溶胀指数主要与支链淀粉相关,直链淀粉起抑制作用。Chung等(2011)发现蜡制大米淀粉溶胀指数明显大于非蜡制大米淀粉,直链淀粉含量较高的长粒大米淀粉溶胀性较低。Witt 等(2010)的研究结果表明,淀粉在消化过程中,淀粉酶会水解淀粉,降低淀粉的分子量,影响支链淀粉侧链的分布。

张宏等(2008)对影响淀粉类制品加工特性因素进行分析,表明影响淀粉类制品淀粉糊化的因素包括直/支链淀粉比例、支链淀粉的分支和链长分配、蛋白质与淀粉的相互作用、蛋白质种类和组成以及淀粉-脂质复合物的形成等。目前,国内外对一些常见豆类品种的选育和营养成分研究较多,但对花芸豆、小利马豆、小扁豆和豇豆等杂豆研究较少,缺乏在统一条件下多种杂豆的系统比较信息。对 10 种杂豆的理化性质和功能特性进行分析,以明确杂豆全粉理化性质和功能特性,认识杂豆粉功能特性与理化组分之间的关系,以期为杂豆资源的开发利用及深加工提供基础数据和理论指导。

(三)淀粉糊化特性

如表 5-2 所示,豆类淀粉起糊温度在 72.9~77.0 ℃,显著高于马铃薯淀粉,而低于玉米淀粉。豆类淀粉中,小黑芸豆淀粉起糊温度最高,峰值黏度、破损值、最终黏度和回生值最低,表明小黑芸豆不易糊化,成胶能力强,热稳定性好,具有良好的抗剪切能力。于天峰等(2005)在对马铃薯的淀粉特性进行研究,认为这一现象可能与其直链淀粉含量较高有关。豇豆淀粉糊化特性与小黑芸豆淀粉相反,起糊温度较低,峰值黏度、破损值、最终黏度和回生值最高。豆类淀粉的峰值黏度和破损值明显低于马铃薯淀粉,与玉米淀粉相近;其回生值明显大于马铃薯和玉米淀粉,说明豆类淀粉糊具有较高的回生趋势。

表 5-2 不同淀粉的糊化特性(杨红丹,2010)

淀粉	起糊温度 (℃)	峰值黏度 (Pa·s)	谷底黏度 (Pa·s)	破损值 (Pa·s)	最终黏度 (Pa·s)	回生值 (Pa·s)
豌豆淀粉	75.6±0.0c	3.151±0.010b	2.146±0.014a	1.007±0.023b	3.925±0.041a	1.781±0.054a
小黑芸豆淀粉	77.0±0.3b	1.786±0.053d	1.452±0.059c	0.332±0.006e	2.702±0.107c	1.250±0.048b
小扁豆淀粉	72.9±0.8d	1.888±0.044c	1.468±0.022c	0.420±0.023d	3.190±0.082b	1.722±0.060a
马铃薯淀粉	62.1±0.2e	7.010±0.060a	1.757±0.103b	5.254±0.094a	2.462±0.048d	0.706±0.064c
玉米淀粉	81.2±0.8a	1.753±0.043d	1.109±0.043d	0.646±0.034c	1.880±0.038e	0.772±0.030c

杂豆粉的糊化黏度参数和 RVA 曲线,见表 5-3 和图 5-5。由表 5-3 可知,杂豆粉起糊温度(P_t)为 73.2~83.0 ℃,其中绿豆最低,小利马豆最高。P_t 越小,说明淀粉越易吸水和膨胀,越易糊化,小利马豆 P_t 值最高,说明其所含的淀粉对膨胀和破裂的抵抗性高,不易糊化。Liu 等(2006)报道,小米、大米、马铃薯块茎、燕麦、小麦、荞麦和玉米的 P_t 分别为 73.2 ℃、75.5 ℃、72.6~79.1 ℃、55.4 ℃、61.8 ℃、65.4 ℃、85.0 ℃,杂豆粉的 P_t 明显高于燕麦、小麦和荞麦,显著低于玉米。

表 5-3 杂豆粉糊化黏度参数(杨红丹,2010)

样品	起糊温度 P_t (℃)	峰值黏度 PV (RVU)	低谷黏度 TV (RVU)	崩解值 Bv (RVU)	最终黏度 FV (RVU)	回生值 Sv (RVU)
花芸豆	77.8±0.9b	156.7±1.5cd	140.6±6.7a	16.0±5.1d	243.8±2.0a	103.2±4.7a
豇豆	78.3±0.0b	216.8±1.3a	137.8±5.7ab	79.0±4.4a	239.3±1.5ab	101.5±4.2a

续表

样品	起糊温度 P_t (℃)	峰值黏度 PV (RVU)	低谷黏度 TV (RVU)	崩解值 Bv (RVU)	最终黏度 FV (RVU)	回生值 Sv (RVU)
小利马豆	83.0±0.2a	160.6±2.9c	129.9±1.2b	30.7±1.7c	215.5±4.1d	85.6±2.9c
小扁豆	75.0±0.3c	136.4±2.3e	130.0±6.7b	6.3±4.4ef	228.4±5.1c	98.4±1.6ab
鹰嘴豆	73.6±0.7c	96.2±1.8h	90.1±2.2d	6.0±0.4ef	118.5±2.1h	28.3±0.1g
小红芸豆	77.9±1.7b	155.5±0.7d	140.6±1.8a	14.9±2.5d	233.8±0.4bc	93.2±2.1b
红芸豆	78.3±0.0b	103.3±2.7g	103.3±2.1c	0.2±0.6f	181.5±3.1e	78.4±1.0d
小黑芸豆	79.5±0.0b	109.8±0.6f	108.2±0.6c	1.6±0.1f	166.8±0.4g	58.6±1.0f
小白芸豆	78.3±1.1b	113.8±2.1f	104.4±0.4c	9.5±1.7de	173.8±2.1f	69.5±1.7e
绿豆	73.2±1.1c	177.3±5.2b	105.4±0.9c	71.9±4.3b	180.1±2.6e	74.7±1.7de

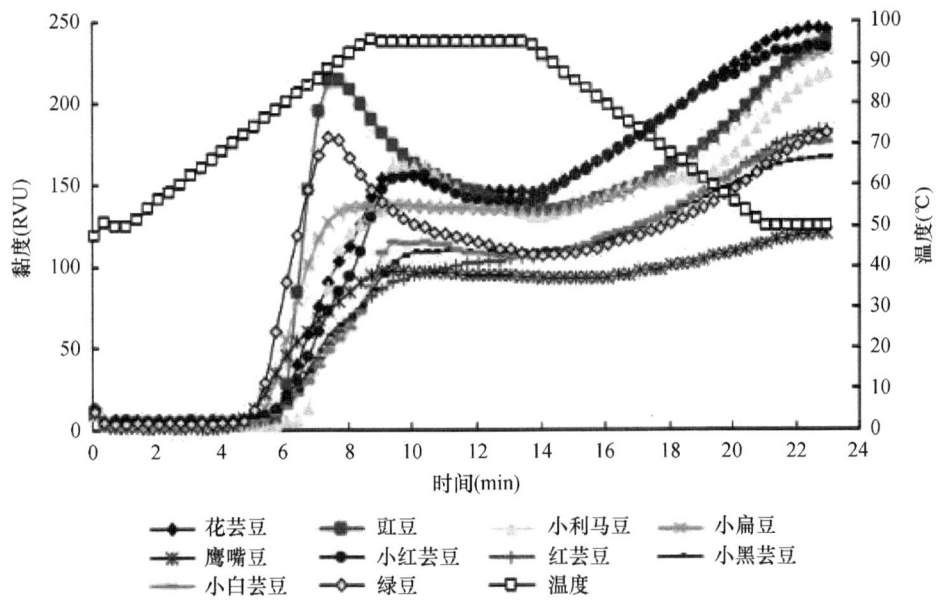

图 5-5 不同杂豆粉的 RVA 曲线(杨红丹,2011)

杂豆粉峰值黏度(PV)范围为 96.2～216.8 RVU,鹰嘴豆最低,豇豆最高。最终黏度(FV)、回生值(Sv)和崩解值(Bv)分别为 118.5～243.8 RVU、28.3～103.2 RVU 和 0.2～79.0 RVU。FV 与淀粉回生密切相关。Sandhu 等(2008)研究表明,升温阶段的黏度变化反映了淀粉吸水和膨胀能力的大小。由图 5-5 可以看出,所有杂豆粉的黏度随着温度的上升而上升,其原因可能是淀粉颗粒不断吸水和膨胀的结果。绿豆和豇豆的淀粉含量较多,吸水快,膨胀力较大,导致黏度上升速度较快。魏益民等(2009)研究结果表明:Bv 与膨胀后淀粉粒的强性有关,反映淀粉糊的稳定性。红芸豆的 Bv 最低,表明红芸豆粉糊具有好的热稳定性,抗剪切能力强。Sv 反映淀粉的成胶能力和回生程度。鹰嘴豆的 Sv 最小,说明其成胶能力强,回生趋势小。Adebowale 等(2003a)认为较小的回生趋势对于汤类和调味汁类食品有好处,因为这些食品会因为回生作用而析出、沉淀。Jane(2004)在著作中提到纯马铃薯淀粉由于颗粒尺寸较大,磷含量(磷酸单脂形式)较高,PV 远高于谷物淀粉,说明 PV 受淀粉结构的影响。但是 Liu 等(2006)对谷物、马铃薯等块茎以及绿豆、蚕豆的对比研究发现,豆类具有相对低的 PV

和 FV，玉米与之接近，马铃薯等块茎居中，其他谷物 PV 和 FV 较高，认为 PV 和 FV 较低与淀粉含量较少有关。本研究中，豇豆和绿豆的 PV 较高，这与它们较高的淀粉含量有关。张宏等 (2008) 分析了影响淀粉类制品中淀粉糊化黏性的因素，这些因素包括直/支链淀粉比例、支链淀粉的分支和链长分配、蛋白质种类和组成、蛋白质-淀粉以及淀粉-脂质的相互作用。糊化峰值黏度一般随直链淀粉含量的增加而降低，随支链淀粉含量的增加而增大。蔡一霞等（2006）研究发现，支链淀粉的短链比例高，有利于淀粉糊化，易形成较高的黏度和 Bv。这可能就是豇豆的 PV 和 Sv 较高的主要原因。陈学玲（2005）认为，蛋白质-淀粉相互作用的大小与蛋白质和淀粉的种类和含量有关。也有学者的研究结果表明，蛋白质含量越高，蛋白质和淀粉间的相互作用及蛋白质分子内的二硫键作用越强，对淀粉的膨胀和糊化阻碍作用越强，淀粉吸水性、膨胀度和黏度越小。由于所研究杂豆粉的蛋白含量远远小于淀粉含量，蛋白质的阻碍作用在研究中体现不明显。缪铭等（2007）和魏益民等（2009）对淀粉和脂质的研究发现：淀粉-脂质复合物的形成会限制淀粉的吸水膨胀，阻碍淀粉与淀粉、淀粉与搅拌叶之间的相互作用，从而使其黏性和膨胀力下降；同时，高脂肪含量会阻遏分散的淀粉分子链间的定性排列，表现出难于回生。此外，Raphaelides 等（2006）的研究结果表明，脂肪链的长短对食品的糊化速率及黏性均有影响。鹰嘴豆脂肪含量明显高于其他豆类，受淀粉-脂质复合物影响最大，所以其 PV、TV、FV、Sv 最小。

（四）杂豆粉凝胶质构特性

杂豆粉凝胶的质构特性采用 TA/XT_2 结构仪来评估，见表 5-4。小扁豆凝胶的硬度、弹力、胶着性和咀嚼性明显高于其他几种豆类形成的凝胶，表现出好的凝胶质构特性，凝胶有弹性，咀嚼性较好，凝胶内部黏合力较小。小黑芸豆粉凝胶质构特性与小扁豆相反，除念聚性外，质构特征参数值均偏低。花芸豆粉凝胶和红芸豆粉凝胶黏聚性最高，而豇豆粉凝胶和鹰嘴豆粉凝胶黏聚性最低，绿豆粉凝胶弹力较高。10 种杂豆粉凝胶的硬度、黏着性和咀嚼性具有显著差异，弹力和黏聚性差异较小。杂豆粉凝胶的形成与糊化淀粉的回生和蛋白质的变形有关，凝胶的质构特性受蛋白质和淀粉胶凝作用的影响，蛋白质凝胶是变性蛋白质分子间排斥和吸引相互作用力相平衡的结果。胡坤等（2006）在对蛋白质的凝胶机理的研究中认为，疏水相互作用、氢键、静电相互作用等物理作用力是形成和维持蛋白质凝胶的主要作用力，但含有巯基的蛋白质分子间 SH-SS 交换反应也可能对蛋白质的凝胶作用有贡献。Biliaderis（1998）认为，淀粉凝胶的构质特性受直链淀粉基体的流变学特性，体积分数，凝胶化淀粉颗粒的刚度，凝胶分散相和连续相之间的相互作用等多种因素的影响，Yamin 等（1999）又认为，这些因素与直链淀粉含量和支链淀粉结构相关。10 种杂豆粉的淀粉含量（42.86%～54.58%）均明显高于蛋白质含量（22.37%～28.05%），由此推断在凝胶质构的形成中起主导作用的是淀粉，但其规律与淀粉含量大小不一致，可能受其他因素的影响较大。

表 5-4 杂豆粉凝胶质构特性（杨红丹，2010）

样品	硬度(g)	弹力	粘聚性	胶着性(g)	咀嚼性(g)
花芸豆	22.78±2.97fg	0.93±0..01c	0.48±0.04a	11.01±1.49e	10.29±1.40e
豇豆	49.83±1.77c	0.97±0.01ab	0.36±0.02d	17.95±0.50c	17.40±0.75c
小利马豆	49.29±3.16c	0.97±0.01ab	0.39±0.01cd	19.45±2.04c	18.91±2.21c
小扁豆	73.10±0.78a	0.98±0.01ab	0.41±0.00c	29.84±0.73a	29.12±0.36a

续表

样品	硬度(g)	弹力	粘聚性	胶着性(g)	咀嚼性(g)
鹰嘴豆	28.68±0.07e	0.97±0.03ab	0.36±0.00d	10.45±0.09ef	10.14±0.21e
小红芸豆	34.69±3.25d	0.95±0.00bc	0.42±0.02bc	14.49±0.51d	13.79±0.48d
红芸豆	28.48±0.01e	0.97±0.00ab	0.48±0.00a	13.65±0.02d	13.27±0.01d
小黑芸豆	20.09±0.82g	0.91±0.01d	0.45±0.00ab	9.05±0.25f	8.23±0.21f
小白芸豆	23.96±0.27f	0.93±0.01cd	0.42±0.01bc	10.04±0.04ef	9.36±0.11ef
绿豆	54.29±0.52b	0.98±0.00a	0.41±0.00c	22.25±0.77b	21.78±0.83b

(五)表观直链淀粉含量

由图 5-6 可以看出,小黑芸豆淀粉的表观直链淀粉含量明显高于其他 4 种淀粉,豇豆淀粉表观直链淀粉含量与玉米淀粉表观直链淀粉含量没有显著差异,略低于小扁豆淀粉表观直链淀粉含量。3 种豆类淀粉表观直链淀粉含量高于 Hoover 等(1995)所报道的黑芸豆淀粉、鹰嘴豆淀粉、小扁豆淀粉和白芸豆淀粉表观直链淀粉含量,低于绿豆淀粉表观直链淀粉含量。马铃薯淀粉表观直链淀粉含量最低。余飞等(2007)在对直链淀粉含量的影响因素的研究中发现,不同来源的淀粉,其直链淀粉含量主要由遗传因素控制,一些外部因素,如机械活化、光照、温度等也会影响直链淀粉的百分含量。

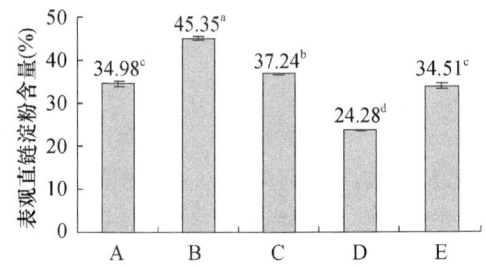

图 5-6 表观直链淀粉含量(杨红丹,2010)

A. 豇豆淀粉;B. 小黑芸豆淀粉;C. 小扁豆淀粉;D. 马铃薯淀粉;
E. 玉米淀粉。不同小写字母表示差异显著,$P<0.05$.

(六)膨胀力(SP)与溶解度(SA)

由图 5-7 可以看出,除豇豆淀粉和马铃薯淀粉外,其余淀粉 SP 随温度增大而增大。马铃薯淀粉和豇豆淀粉 SP 分别在 70 ℃和 80 ℃前随温度增大而增大,之后迅速降低,这是由于低质量浓度的马铃薯淀粉乳和豇豆淀粉乳在一定温度下加热后,形成了稳定的低黏度胶体溶液,胶体溶液被视为溶出物一并倒出,离心管壁残留胶体(视为沉淀)很少,所得到的 SP 值较低。Li 等(2001)的研究发现:木薯淀粉和蜡质玉米淀粉在一定温度下加热后也有类似现象。由图 5-7b 可以看出,5 种淀粉 SA 随温度升高而增大。淀粉在过量水中受热糊化,水分进入淀粉颗粒,使淀粉颗粒吸水膨胀,同时造成未结晶部分直链淀粉受热作用而逐渐溶于水中,因而 SA 随温度上升而增加。60 ℃前淀粉颗粒吸水膨胀不明显,SA 变化不大;60 ℃后小扁豆淀粉和马铃薯淀粉吸水膨胀较快,其他 3 种淀粉在 70 ℃后膨胀较快,均存在一个初始膨胀阶段和迅速膨胀阶段,为典型的二段膨胀过程,属限制型膨胀淀粉。荣建华等(2006)在对小麦淀粉润胀过程中颗粒性质的研究发现:淀粉的溶解和膨胀与淀粉的大小、形态、组成,直链和支链淀粉的比例以及支链淀粉中长链短链所占的比例有关。

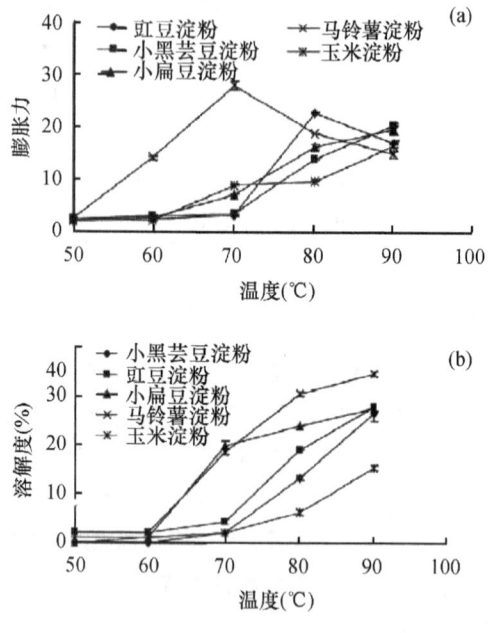

图 5-7 淀粉的膨胀力(a)和溶解度(b)

(七)淀粉热学特性

由表 5-5 可以看出,3 种豆类淀粉的起始温度(T_O)、峰值温度(T_P)、终止温度(T_C)与马铃薯淀粉具有显著性差异。玉米淀粉与小扁豆淀粉差异不显著,与其他淀粉也具有显著性差异。T_O 和 T_C 以豇豆淀粉最大,说明其相变起始温度较高,刘廷国等(2006)的研究结果认为,可能存在较多弱的结晶区(可能主要以支链结晶为主)。马铃薯淀粉 T_O、T_P、T_C 均低于豆类淀粉,结合图 5-6 可知,马铃薯淀粉直链淀粉含量明显低于其他几种淀粉,由此可以推断:直链淀粉含量对淀粉的糊化起始、峰值和终点温度会产生一定影响。但糊化起始、峰值和终点温度与直链淀粉含量并不形成严格的线性关系,说明淀粉颗粒内部结构和淀粉分子结构也同样影响淀粉的糊化起始、峰值和终点温度,与余世锋等(2009)直链淀粉、蛋白质及脂类对大米粉热特性影响的观点一致。3 种豆类淀粉焓值没有显著差别,说明淀粉分子结晶度相近,糊化难易程度比较接近。马铃薯淀粉焓值最大,可能与其较高的结晶度有关。周红英等(2010)对半夏的淀粉理化特性进行分析得到,糊化焓越高,淀粉颗粒的精细结构越复杂,糊化时需要更多的热能。

表 5-5 不同淀粉热学特性(杨红丹,2010)

淀粉	起始温度 T_O(℃)	峰值温度 T_P(℃)	终止温度 T_C(℃)	焓值 ΔH[(J/g)]
豇豆淀粉	67.9±0.6a	73.7±0.6a	80.8±0.9a	14.0±0.9bc
小扁豆淀粉	65.8±0.0b	70.4±0.0c	75.3±0.0c	14.3±0.1b
小黑芸豆淀粉	64.4±0.4c	72.0±0.8b	79.0±0.7b	13.1±1.0bc
马铃薯淀粉	59.0±0.6d	63.6±0.6d	69.5±0.6d	16.1±1.0a
玉米淀粉	66.1±0.2b	71.0±0.3c	75.8±0.6c	12.8±0.3c

3种豆类淀粉颗粒多为卵形,少数呈圆形,大多数淀粉颗粒表面光滑,部分淀粉中间有裂纹,轮纹明显,粒心基本居于正中。偏光十字较明显,豇豆淀粉比较粗,为"×"形,有盲区;小黑芸豆淀粉多为斜"十"形,十字交叉点位于颗粒中央;小扁豆淀粉有"×"形和斜"十"形两种,十字交叉点都位于颗粒中央。豇豆淀粉、小黑芸豆淀粉和小扁豆淀粉颗粒大小分布均呈正态分布,颗粒都较大,分布在 6.61~60.25 μm 范围内,平均粒径分别为 20.02 μm、26.20 μm、21.78 μm,表观直链淀粉含量分别为 34.98%、45.35%、37.24%。直链淀粉含量对淀粉溶解度、糊化特性和热特性影响较明显。淀粉膨胀力随温度升高而增大,有典型的二段膨胀过程,属限制型膨胀淀粉。

3种豆类淀粉起糊温度在 72.9~77.0 ℃,高于马铃薯淀粉,低于玉米淀粉。小黑芸豆淀粉起糊温度最高,峰值黏度、破损值、最终黏度和回生值最低,表明不易糊化,成胶能力强,热稳定性好,抗剪切能力强。豇豆淀粉起糊温度较低,峰值黏度、破损值、最终黏度和回生值最高。相比马铃薯淀粉和玉米淀粉豆类淀粉回生趋势较大。3种豆类淀粉和马铃薯淀粉 T_O、T_P 和 T_C 具有显著性差异,但焓值差异不显著,豇豆淀粉和小黑芸豆淀粉焓值与玉米淀粉焓值差异不显著。焓值大小顺序为小扁豆淀粉＞豇豆淀粉＞小黑芸豆淀粉,高于玉米淀粉,明显低于马铃薯淀粉。

三、小扁豆蛋白质

聂刚等(2013)以花芸豆、小红芸豆、红芸豆、黑芸豆、白芸豆、小利马豆、豇豆、绿豆、小扁豆、鹰嘴豆10种杂豆为试验材料,对其蛋白质含量、氨基酸组成以及矿质元素含量进行分析评价。结果表明,不同杂豆种类间的蛋白质含量、矿质元素含量存在显著性差异;杂豆蛋白质含量为 223.7~280.5 g/kg。杂豆富含赖氨酸和精氨酸(平均含量分别为 76.3 g/kg 和 55.1 g/kg),第一限制氨基酸为蛋氨酸和胱氨酸;杂豆中含有丰富的钾、镁、钙、铁矿质元素,平均含量分别为 14080.85 mg/kg、1385.34 mg/kg、844.82 mg/kg、65.60 mg/kg。杂豆蛋白质氨基酸组成平衡、合理,矿质元素丰富。

不同杂豆的蛋白质含量存在显著性差异(表 5-6)。10 种杂豆蛋白质含量为 223.7~280.5 g/kg,平均为 251.4 g/kg,小扁豆蛋白质含量最高(280.05 g/kg),绿豆次之,鹰嘴豆蛋白质含量最低(223.7 g/kg),同一菜豆属的小红芸豆、红芸豆、黑芸豆和白芸豆蛋白质含量没有显著差异。朱志华等(2005)对蚕豆、豌豆、绿豆、小豆、豇豆、菜豆、饭豆、木豆、鹰嘴豆等9种食用豆类共计1696份种质资源的粗蛋白进行分析,杂豆籽粒的粗蛋白含量平均为 259 g/kg,杂豆粗蛋白含量平均水平低于大豆,但明显高于小麦、玉米、高粱、大麦和谷子。Patwardhan(1962)报道,杂豆蛋白质含量为 210~240 g/kg。Viano 等(1995)报道,10种野生食用豆类的蛋白质含量 112~117 g/kg。本试验结果与之基本一致。Kaur 等(2005)推测杂豆的蛋白质含量差异可能与品种、遗传性、品种生育特性以及生长环境等有关。

表 5-6　杂豆蛋白质含量($x\pm s$)(聂刚等,2013)

样品	水分(g/kg)	蛋白质(g/kg)
芸豆	99.8	228.1±1.3a
小红芸豆	98.0	257.2±2.2d
红芸豆	92.4	256.3±2.1d

续表

样品	水分(g/kg)	蛋白质(g/kg)
黑芸豆	94.0	254.4±4.2d
白芸豆	97.3	257.2±5.3d
小利马豆	101.8	239.4±4.0b
豇豆	97.3	246.1±1.2c
绿豆	95.4	271.2±2.3e
小扁豆	98.5	280.5±1.3f
鹰嘴豆	112.2	223.7±5.2a

注：蛋白质含量为总氮含量×6.25。

四、小扁豆多酚

李文婷等（2020）介绍，黑色小扁豆因含有丰富的营养素、微量营养素和植物化学物成分而受到研究者的关注。为深入了解小扁豆的营养价值，对小扁豆中不同结合形态的酚类化合物含量及其抗氧化活性（亚铁离子还原能力、DPPH 自由基清除能力、ABTS 自由基清除能力）进行测定。结果表明，黑色小扁豆中不同存在形式的酚类提取物含量差异显著。酯键合态酚类提取物中含有较高的酚酸含量（1.61 mg/g），碱水解结合态酚类提取物具有较高的黄酮含量（1.07 mg/g）及抗氧化活性[亚铁离子还原能力（43.80 mmol/g）、DPPH 自由基清除能力（2.13 mg/g）、ABTS 清除能力（3.92 mg/g）]。对黑色小扁豆中存在的花青素进行提取和分析鉴定，其含有的花青素主要为飞燕草-3-O-(2-O-β-D-吡喃葡萄糖基-α-L-吡喃阿拉伯糖苷)和矢车菊素衍生物。

（一）烹煮前后小扁豆可溶性和不溶性酚类提取物中的 TPC、TFC 和 CTC

可溶性酚类化合物指的是能够用水或有机试剂直接从样品中提取出来的酚类物质，也称为可提取的酚类化合物（extractable phenolics），而不溶性酚类化合物（bound phenolics）是指通过酚类化合物分子上的羧基或羟基与植物细胞壁多糖（纤维素）、蛋白和多肽等大分子物质酯化形成稳定的酯键或醚键，不易降解和转移，需要在强酸或强碱条件下水解后才能被有机试剂提取出来的酚类化合物，也是最容易被研究者忽视的植物中的酚类组分。

本实验测定的未经加工和煮熟后小扁豆中不溶性酚类化合物含量明显低于可溶性酚类化合物含量。如表 5-7 所示，未经加工的小扁豆不溶性酚类提取物总酚含量（TPC-B）、总黄酮含量（TFC-B）和缩合单宁含量（CTC-B）仅占可溶性酚类化合物含量的 5% 左右，分别为 0.18～0.29 mg GAE/g Dw、0.03～0.22 mg CE/g DW 和 0.02～0.10 mg CE/g DW。品种 1 和品种 2 小扁豆中不溶性酚类化合物含量，尤其是 TFC-B 和 CTC-B 显著高于绿色小扁豆品种 3 和品种 4 中的含量。与可溶性酚类化合物类似，烹煮后小扁豆不溶性酚类提取物 TPC-B、TFC-B 和 CTC-B 显著降低（$P<0.05$）至 0.11～0.17 mg GAE/g DW、0.02～0.10 mg CE/g DW 和 0～0.03 mg CE/gDw。

表 5-7 家庭烹煮过程对小扁豆可溶性(extractable)和不溶性(bound)酚类提取物中
TPC、TFC 和 CTC 的影响[A](张兵,2014)

品种	处理	总酚含量(TPC-B)		总黄酮含量(TFC-B)		总缩合单宁含量(CTC-B)	
		可溶性(TPC-E)	不溶性(TPC-B)	可溶性(TPC-E)	不溶性(TPC-B)	可溶性(TPC-E)	不溶性(TPC-B)
Blaze	Raw	4.26±0.18bc	0.29±0.01f	0.76±0.04ab	0.22±0.01e	2.76±0.16c	0.10±0.00e
	Cooked	3.78±0.12a	0.16±0.00c	0.68±0.06a	0.05±0.00b	1.62±0.12a	0.01±0.00a
Maxim	Raw	6.69±0.36e	0.27±0.02f	1.24±0.08c	0.18±0.01 d	5.82±0.48e	0.08±0.01 d
	Cooked	5.58±0.18 d	0.17±0.01cd	1.16±0.04c	0.10±0.01c	3.42±0.28 d	0.03±0.00c
Greenland	Raw	7.80±0.42f	0.18±0.00 d	1.72±0.08 d	0.03±0.01a	6.24±0.42f	0.02±0.00b
	Cooked	7.02±0.30e	0.11±0.00a	1.72±0.12 d	0.02±0.00a	5.52±0.16e	ND
Sovereign	Raw	4.56±0.30c	0.20±0.01e	0.80±0.04b	0.06±0.01b	2.52±0.24c	0.03±0.00c
	Cooked	4.04±0.12ab	0.14±0.01b	0.84±0.04b	0.05±0.00b	1.86±0.08b	ND

注:4 个品种是在 20 种加拿大产小扁豆中进行综合选择所得,结果表示为平均值±标准差,$n=3$,同排结果后面不同字母表示有显著性差异($P<0.05$);ND,低于检测限;TPC,总酚含量,结果表示为 mg GAE/g DW;TFC,总黄酮含量,结果表示为 mg CAE/g DW;CTC,缩合单宁含量,结果表示为 mg CAE/g DW。

(二)烹煮过程对可溶性酚类植物化学物组成的影响

植物化学物包括可溶性酚类化合物(extractable phenolics)和不溶性酚类化合物(bound phenolics)。比色法测定的可溶性酚类提取物中总黄酮含量(TFC-E)在烹煮前后没有明显变化,而总酚(TPC-E)和缩合单宁(CTC-E)含量明显减少,表明烹煮过程主要引起小扁豆可溶性酚类提取物中的缩合单宁含量减少。缩合单宁含量的降低可能是由于加热过程中单宁分子与小扁豆中的淀粉分子之间的相互反应引起的。Barrose 等(2012)最近的研究表明缩合单宁在烹煮条件下能够与淀粉尤其是直链淀粉反应形成不溶的复合物,导致可溶性酚类化合物含量的显著降低。另一方面,缩合单宁与淀粉分子之间的反应能够增加抗性淀粉的含量、降低淀粉的消化性而有益于人体健康。

根据前文的结果可知,未经加工的小扁豆可溶性酚类提取物中主要含有黄酮糖苷类化合物。与前文的结果一致,高效液相色谱(HPLC)测定的总酚指数(TPI-E)明显小于对应的总酚含量(TPC-E)。以下原因都可能导致低估 HPLC 测定的酚类含量或高估比色法测定的总酚含量:(1) HPLC 检测到的无法定量的微小色谱峰造成定量不完全;(2) Zhang 等(2015)认为,一些酚类化合物与可溶性的小分子肽或寡糖等结合能够被提取但不能被 HPLC 分离和检测;(3) Peter 等(2014)研究结果表明:一些非酚类化合物如维生素 C 和蛋白质,以及美拉德反应(非酶褐变)和焦糖化反应产物都可以引起 Folin-Ciocalteu 试验的阳性反应。烹煮过程会显著增加小扁豆可溶性酚类提取物中黄酮醇类化合物(山柰酚和槲皮素糖苷)含量,而显著降低黄烷醇类化合物(儿茶素/表儿茶素糖苷以及原花青素)的含量。烹煮前后 TPI-E 没有显著性的差异可能是由于可溶性酚类提取物中增加和减少的酚类化合物含量相互抵消。迄今为止,烹煮过程会导致具体何种酚类化合物含量增减的准确原因还不清楚。尽管 Randhir 等(2008)的研究表明,热加工过程会崩解食物的细胞壁和组织有利于释放出更多的生物活性物质,但 Barros 等(2012)的研究结果认为是热加工过程也会导致氧化降解或者与其他分子反应从而降低生物活性物质的含量。

杂豆中淀粉含量和蛋白质含量高,必需氨基酸含量丰富,氨基酸组成符合人体需要,蛋白质营养价值高。杂豆粉理化性质和功能特性差异显著。吸水性指数随温度升高而升高,水溶性指数随温度升高而降低;吸水能力、吸油能力、乳化性和乳化稳定性以花芸豆等六种菜豆属豆类较高;起泡能力随浓度的增大呈现先增大后降低再增大的趋势。杂豆粉中淀粉、蛋白质、脂肪和灰分含量对其理化性质和功能特性有影响。杂豆粉品质特性上的聚类与植物学意义上的分类一致,品质特性与植物来源有很大关系。

杂豆粉蒸煮前后的慢速消化淀粉和抗性淀粉含量较高,体外酶解消化呈两阶段水解模式,蒸煮熟化对水解速率和程度有很大影响。

杂豆粉总酚含量在 9.49~47.60 mg/g 之间,具有抗氧化能力,对 DPPH·和·OH 有一定清除能力。小扁豆总酚含量、总抗氧化能力、DPPH·清除能力和总还原力最高。总酚含量与色值显著相关,总抗氧化能力、DPPH·清除率和总还原力与总酚含量呈极显著正相关。

杂豆淀粉颗粒多为肾形,粒度大小多集中在 10~30 μm。不同杂豆淀粉分子结构特性、消化性和淀粉糊特性有差异,大多数杂豆淀粉与马铃薯淀粉和玉米淀粉差异显著。杂豆淀粉由支链淀粉、中间级粉和直链淀粉组成,直链淀粉含量在 32.00~45.35% 之间;支链淀粉重均分子量、回转半径和分支链长分布差异明显,红芸豆和黑芸豆淀粉的分支链长明显大于其他淀粉;受水分含量、生长环境及其他条件影响,杂豆淀粉呈现 A 型结晶形式,结晶度为 19.73~29.00%;溶解度和膨胀力随温度升高而增大。杂豆淀粉酸水解符合两阶段模型,其水解速度明显低于马铃薯淀粉和玉米淀粉,淀粉水解率随水解时间的延长而增大。杂豆淀粉经蒸煮后水解速率较蒸煮前明显加快,其抗消化能力不及杂豆粉。杂豆淀粉糊的透明度明显小于马铃薯淀粉,冻融稳定性差,凝沉作用强;淀粉糊热稳定性好,回生程度较大。杂豆淀粉颗粒结构、分子结构、淀粉消化性、淀粉糊特性之间具有一定相关性。

(三)杂豆的总抗氧化能力

由表 5-8 可以看出,杂豆提取物均具有较高的抗氧化能力,不同品种之间差异显著,杂豆提取物的总抗氧化能力 T-AOC 在 115.73~720.68 uig,由大到小依次为小扁豆>鹰嘴豆>小红芸豆>小黑芸豆>花芸豆>红芸豆>绿豆>豇豆>小白芸豆>小利马豆。杂豆粉成分比较复杂,其活性多糖、蛋白质、氨基酸、维生素及 Cu、Zn、Mn、Se 等微量元素的存在都可能对杂豆抗氧化能力产生影响。

表 5-8 杂豆提取物中的多酚含量和总抗氧化能力(杜双奎等,2012)

	总酚(mg/g)	总抗氧化能力(U/g)
花芸豆	33.44±2.97b	567.44±93.17bc
豇豆	15.18±0.70d	222.41±26.45d
小利马豆	9.49±1.04d	115.73±2.91e
小扁豆	47.60±5.30a	720.68±51.45a
鹰嘴豆	21.97±2.80c	647.81±18.46ab
小红芸豆	45.70±1.77a	622.01±32.56ab
红芸豆	27.05±2.99c	516.25±61.19c
小黑芸豆	32.88±0.02b	647.81±18.46bc
小白芸豆	11.63±0.05d	214.50±27.76d
绿豆	26.69±1.40c	304.22±22.67d

注:表中数值为:平均数±标准差($n=2$),同一列中不同字母表示有显著性差异($P \leq 0.05$),下同。

五、其他成分

李文婷等（2020）的研究结果认为，黑色小扁豆因含有丰富的营养素、微量营养素和植物化学物成分而受到研究者的关注。为深入了解小扁豆的营养价值，对小扁豆中不同结合形态的酚类化合物含量及其抗氧化活性（亚铁离子还原能力、DPPH 自由基清除能力、ABTS 自由基清除能力）进行测定。结果表明，黑色小扁豆中不同存在形式的酚类提取物含量差异显著。酯键合态酚类提取物中含有较高的酚酸含量（1.61 mg/g），碱水解结合态酚类提取物具有较高的黄酮含量（1.07 mg/g）及抗氧化活性［亚铁离子还原能力（43.80 mmol/g）、DPPH 自由基清除能力（2.13 mg/g）．ABTS 清除能力（3.92 mg/g）］。对黑色小扁豆中存在的花青素进行提取和分析鉴定，其含有的花青素主要为飞燕草-3-O-(2-O-B-D-吡喃葡萄糖基-α-L-吡喃阿拉伯糖苷)和矢车菊素衍生物。

聂芊等（2007）对四种粮豆作物的花色苷抗氧化性能比较后发现，豆类植物具有较高的抗氧化性与其含量丰富的多酚、黄酮及花色苷等物质密切相关。张兵（2014）和 Boudjou 等（2013）的研究结果认为，存在于植物中的天然抗氧化剂如多酚、生育酚、类胡萝卜素等植物化学物，可以起到保持人体健康，预防慢性疾病的作用。王毕妮（2011）在对红枣多酚的种类及抗氧化活性研究中发现，植物体中的天然多酚类物质主要包括酚酸、黄酮和单宁类物质。韩海华等（2011）认为花青素是一种水溶性色素，属类黄酮化合物，广泛存在于有色植物果实、花朵及子叶中，具有很强的抗氧化能力，Murador 等（2018）认为，花青素还可以预防心血管疾病，预防DNA 损伤，抗炎作用，抑制脂质过氧化反应。

存在于植物中的酚类物质主要包括两部分：有机溶剂可提取的可溶性酚类和有机溶剂不可提取的结合态酚类。Robbins（2003）认为，可溶性酚类物质除以游离形态存在外，还可通过酯键、醚键、糖苷键的形式与其他物质结合。通过碱水解处理可破坏酯键和醚键，酸水解处理破坏糖苷键。将有机溶剂提取后的上清液用碱、酸水解处理并萃取，可从有机溶剂提取液中分别提取出游离态酚类、酯键合态酚类、糖苷键合态酚类；Yeo 等（2017）认为，对于残渣中存在的有机溶剂不可提取的结合态酚类物质主要以酯键、醚键、糖苷键与细胞壁中的纤维素、半纤维素、蛋白质、果胶等物质结合，Ross 等（2009）、Baskaran 等（2016）的研究结果表明，可通过酸水解、碱水解或酶水解破坏物质间的化学键，以提取酚类物质。Wang 等（2011）研究了红枣中酚类物质，分别提取出游离态、酯键合态、糖苷键合态和碱解结合态酚类。Peng 等（2017）对黑豆经甲醇溶液提取处理，上清液为可溶性酚类，残渣进行酸水解、碱水解处理，可得到甲醇不可提取的结合态酚类。目前，对小扁豆中花青素成分的研究文献较少。Takeoka 等（2005）利用HPLC 和 NMR 鉴定出黑色小扁豆中的花青素成分为飞燕草-3-o-(2-o-B-D-吡喃葡萄糖基-α-L-吡喃阿拉伯糖苷)。

第二节　小扁豆用途

一、食用

既可粮用，也可菜用。

(一)粮用

小扁豆可以提供蛋白质和能够降低胆固醇的可溶性纤维,它的含铁量是其他豆类的两倍;小扁豆中维生素B和叶酸的含量也较高,叶酸对女性非常重要,可以降低胎儿畸形率;深色扁豆里的色素有抗氧化剂的作用,可以预防心脏病和癌症,抗衰老。既可作为粮食食用,也可制作糕点。

1. 小扁豆全粉营养蛋糕 李素芬等(2015)介绍,由于小扁豆富含优质植物蛋白质、膳食纤维、多酚等营养物质,以挤压物理改性小扁豆全粉代替部分小麦粉为原料开发营养蛋糕。采用正交试验研究了改性小扁豆粉、泡打粉、白砂糖和鸡蛋添加量对蛋糕焙烤品质的影响。通过感官评定和质构分析,确定了改性小扁豆全粉营养蛋糕制作的最佳配方。

(1)配方 粉料100%(挤压小扁豆粉40%、低筋粉60%)、鸡蛋200%、糖60%、牛奶25%、黄油15%、泡打粉3.5%、盐1.5%。

(2)工艺流程 鸡蛋、白糖、黄油、牛奶→混合打蛋→调制面糊(加入扁豆粉、面粉、泡打粉、食盐)→注模→烘烤→冷却→成品。

2. 小扁豆饭 以小扁豆为主的粗粮饭,如新疆的豆豆面。可在水里或肉汤里慢慢煮,特别易熟。

(1)食材:大米350 g,小扁豆150 g。

(2)方法/步骤:

①清洗 把大米和小扁豆用凉水冲洗一下即可。

②浸泡 用凉水泡30 min,这样煮饭更香浓。

③煮饭 把泡好的大米,小扁豆都倒入臻米脱糖电饭煲中,再加入清水,水面没过米表面不超过1 cm就可以了。因为是做的脱糖饭,需要米汤分离,蒸出低糖饭,所以这里用的水要比平时用普通电饭煲焖煮米饭时水量稍微多一些。

3. 凉粉 李海流(2012)介绍,制作凉粉需要取上好的扁豆,择饱满、无霉者用温热水浸泡,待其松软后,再加凉水没顶浸泡,据说讲究的人家要泡七、八个小时,然后寻村中的小石磨碾磨成浆,放在用土烧制的泥盆里沉淀,舀去水分后再放入盆中加水充分搅拌,待其沉淀好后舀去浮水,如此三、四次,倒进吊起的粉箩里,掺水过滤,挤压残渣,此时要不断地掺水冲滤,再沉降一会儿,农家一般将残渣用来喂猪,将湿淀粉取出待用。淀粉既成,凉粉的主料也就有了。制作凉粉时,用凉水将准备好的扁豆淀粉搅拌均匀,成黏糊状,再取大锅烧水,水沸时沿锅边慢慢倒入,大力搅拌,等粉糊熟透了,开到小火处,再用勺子贴底搅一阵子,然后就可以关火出锅了,出锅冷却后凉粉就成了。

4. 扁豆糕 扁豆糕是亳州地方特色小吃。其入口清香松软微甜,为居家调剂生活之上品。扁豆糕具体做法如下:

(1)材料 扁豆600 g,红豆沙400 g,白砂糖200 g,食用色素3 g,碱2 g。

(2)步骤

扁豆洗净,开水泡10 min,待皮浮动,即可将皮剥去。

将豆放在大碗里,加满清水,滴上几滴碱水,上笼蒸至酥烂取下。

冷却后带水用网筛擦成泥,包进白布压干水分,扁豆即成粉泥,放进冰箱约30 min。

取一半白糖,用食用色素染红成玫瑰色糖。

扁豆泥两面用布夹住,擀成长33 cm,宽20 cm的薄片,平放于案板上,去布,用刀将扁豆泥对切成两块,一块铺上豆沙,要铺得均匀;再将另一块扁豆泥盖在豆沙上,然后在上面铺上玫瑰色糖,最后铺上白糖,擀平后即开成五层,吃时切成梭子块。

5. 小扁豆卷

(1)材料　小扁豆适量,冰冻玉米豌豆(可不加),卷皮适量。

(2)步骤

如果是干的扁豆,先在水里浸一夜。如果用的是罐头扁豆,直接拿出来滤干冲干净。

小锅放少量水(水多了煮不成泥)少量盐。水煮开后加入小扁豆。同时可以另起一锅烫熟喜欢的蔬菜。

生扁豆需要煮些时间。罐头扁豆略煮就会成泥,换成小火,边煮边压碎成泥。

在卷皮(春卷皮,米皮)上涂上喜欢的酱料(比如辣酱),铺开豆泥,均匀加上蔬菜即可。

6. 扁豆莜面鱼

(1)材料　羊肉(肥瘦相间的比较好)40 g,土豆80 g,西红柿(选择熟透的)1个,小扁100 g,莜面400 g,胡椒粉3 g,花椒粉3 g,食盐6 g,醋适量,葱5 g,色拉油适量。

(2)做法

将温度在85~95 ℃的开水倒进莜面里,边倒边用筷子搅拌。

稍凉后和至不软不硬的面团,羊肉洗净切成丁,土豆去皮也切成小块。

西红柿用料理机打成酱,也可以用刀剁,若想快捷省事就用料理机转一下,很容易就成酱了。

小扁豆泡好,将烫好的莜面搓成条状,揪两个纽扣大小的面团放在手心,用两只手掌相对搓出两头稍尖的莜面鱼鱼,将莜面都搓成鱼鱼备用。锅内放油烧热。

放入羊肉炒至变色,加葱花、花椒面炒匀,放入土豆丁翻炒。

放酱油,加适量盐炒至将熟,放入泡好的小扁豆,加醋和胡椒粉。

倒入西红柿酱炒匀,加入适量清水大火烧开后转小火熬制5~10 min。

加入搓好的莜面鱼鱼,鱼鱼煮熟后倒入砂锅即可。

7. 菠菜扁豆粥

(1)材料　小扁豆60 g,姜5 g,大蒜一小瓣,云南小米椒1~2粒,菠菜125 g,橄榄油3勺,柠檬汁适量,盐适量,胡椒适量。

(2)做法:

一般的锅,保持水沸腾,煮10 min小扁豆绵软即可。

将煮好的小扁豆去掉多余的水。

姜、蒜切细末,小米椒切细圈。

菠菜洗净,在烧开的水里过一下,滴干,切成碎。

菠菜与小扁豆一起煮3 min,加盐和胡椒调味。如果太干,可以加适量的水,然后装盘,淋些柠檬汁。

油在锅里烧热,加入姜、蒜和小米椒,小火炒3 min。浇在菠菜扁豆粥上,吃的时候拌开即可。

8. 小扁豆汤　小扁豆汤是一种微辣的素汤,是辛辣荤菜的很好配菜。

(1)材料　酥油1汤匙,大洋葱1个(切碎),大蒜2个(辗碎),鲜青椒1根(切碎),姜黄半茶匙,红色小扁豆75 g,水250 ml,盐、柠檬汁、鲜芫荽少许,西红柿400 g(切碎),糖半茶匙,米饭200 g,或煮熟的土豆2个。

(2)步骤

平底锅置火上,加酥油烧热,下大葱蒜、青椒和姜黄煎至洋葱半透明,倒入小扁豆,水煮沸,转小火,盖上锅盖,煮到所有的水被吸收,再用木制调羹背捣烂扁豆,使之成糊状。

在锅中加入剩下的原料并重新加热汤,再加入煮好的米饭或切成丁状的土豆,出锅、盛入盘中,用芫荽点缀即成。

9. 番茄小扁豆西葫芦面　小扁豆100 g只有485 kJ热量,只是其他豆类的1/3,所以番茄小扁豆西葫芦面的热量非常低,非常适合减肥的人们食用。

(1)材料准备　小扁豆120 g,番茄1个,洋葱(中)1/4个,胡萝卜1/2根,白蘑菇4朵,香菇2朵,西葫芦1个,橄榄油1汤匙,大蒜1～2瓣,浓缩番茄酱1/2汤匙,盐适量,黑胡椒适量。

(2)步骤:

小扁豆提前一夜泡开,沥干备用。

番茄、洋葱、胡萝卜切丁,大蒜切碎,蘑菇香菇切片。

热锅放橄榄油,放入洋葱炒1～2 min,至半透明。

放入大蒜炒香,放入胡萝卜丁,蘑菇片,翻炒均匀。

放入番茄丁,翻炒,略微出汁,放入小扁豆翻炒均匀。

加入番茄酱、盐、黑胡椒,加入375 mL水,大火煮开,转至中小火,盖上锅盖焖煮。

水煮的稍干,再加入200 mL水,大火烧开,中火煮至收汁,以豆豆熟透为准。

切丝器将西葫芦切丝,沸水烫熟,注意这里不要煮太久,烫熟就可以。

装盘,西葫芦垫底,舀入番茄小扁豆就可以了。

10. 小扁豆茄酱意粉　小扁豆不仅有丰富的蛋白质(每100 g就有20～25 g的蛋白质)和纤维素,还充满着钙、铁、镁、钾等多种矿物质。不同颜色小扁豆烹煮时间不同:红色和黄色烹煮时间最短(15～20 min),煮熟后容易散开变泥状,适合用于浓汤和炖菜;深绿色和棕色的小扁豆则需要更长的烹煮(45～55 min),煮熟后,能保持原有的形状,适合单独做一道菜,或放在沙拉里。

(1)材料　棕色小扁豆150 g,胡萝卜75 g,洋葱75 g,西芹35 g,橄榄油适量,蒜2瓣,干辣椒2根,番茄膏4汤匙,蔬菜高汤500 g,盐适量,胡椒粉适量,荷兰芹(可选)适量,意大利面适量。

(2)步骤

①浸泡　棕色小扁豆放碗里,倒进没过豆子的水,浸泡过夜(或至少8个小时)。

②水煮　倒去泡豆的水,扁豆用水清洗几遍后,放进锅里,加冷水,将水烧开后用中大火煮5分钟。

③切蔬菜　红萝卜,洋葱,芹菜和蒜瓣切粒备用。

④炒蔬菜　在炒锅里放入橄榄油,用中小火翻炒红萝卜,洋葱,芹菜,直至蔬菜粒变软。

⑤煮酱　加进蒜粒,干辣椒(可选),小扁豆和番茄膏,炒匀后倒进高汤,大火将水烧开后,转中小火慢煮45～55 min。煮的过程中,如果水快烧干可以适量加点水(或高汤)。小扁豆煮40 min后可以试吃一下,看看是否符合自己喜欢的硬度,想吃更软的小扁豆的话,可以继续煮一下,直至煮至喜欢的硬度。

⑥调味　等小扁豆酱煮好后,加入盐,胡椒粉和切碎的荷兰芹,调至自己喜欢的口味,因为豆子没有咸味,所以需要加一定量的盐。另外觉得番茄味不够的话也可多加1～2汤匙番茄膏。

⑦煮意面　准备大锅水,倒进一点盐,等水完全烧开后放进意大利面,煮至自己喜欢的硬

度就好。

11. 蒜蓉香肠小扁豆汤　蒜蓉香肠小扁豆汤是冬天西班牙人脍炙人口一道汤,营养价值高,含丰富的铁质,烹调方便,几乎是冬天西班牙人每周必食的一道菜。

(1)材料　小扁豆200 g,蒜蓉香肠120 g,土豆1个,青椒1个,洋葱1个,西红柿1个,大蒜3瓣,桂花树叶3片,鸡精1勺,水1000 g,盐适量。

(2)步骤

先把西红柿底部切一个十字,放入开水中片刻,然后轻松地剥去皮。

把青椒,西红柿,洋葱切碎。

胡萝卜切成大小半厘米见方块,土豆切成1.5 cm见方的块,蒜蓉香肠切片备用。

把切好的蔬菜和西班牙小扁豆,香肠倒入压力锅中,加1 L水3片桂花树叶,一勺鸡精,适量的盐,如果有红椒粉放一勺更好。上火煮25 min。

12. 意大利茄汁罗勒小扁豆肉丸意面(烟斗面)　意大利茄汁罗勒小扁豆肉丸意面(烟斗面),热吃当主食,冷吃当沙拉,都是很好的选择。

(1)材料　烟斗面1份,小扁豆20 g,西红柿1个,番茄酱5勺,罗勒1把,洋葱1/4个,海盐少许,橄榄油1勺,黑胡椒粉少许,葱姜蒜粉少许,意面香草调料少许,鸡肉丸6个,小番茄3~4个。

(2)步骤

将小扁豆洗净煮熟(30 min),鸡胸肉剁成肉糜加入海盐、黑胡椒、葱姜蒜粉调味儿(后面鸡肉丸是用来煮的,所以这里调味要稍重一点)。

挤出肉丸,倒一锅清水煮沸,锅里撒一点盐加入食用油防粘。

水开后将烟斗面放入水中煮开,再放入鸡肉丸用中火煮7~8 min(烟斗面和鸡肉丸很容易熟)。

锅中倒橄榄油,待油烧开后放番茄丁炒到烂熟,放洋葱丁炒香后放番茄酱搅拌均匀。

放小扁豆、鸡肉丸、意面翻炒均匀,之后撒海盐、意面调料、黑胡椒、蒜粉调味儿,再加入2勺煮面的水,中火翻炒两分钟。

酱汁浓稠后,关火出锅,新鲜罗勒叶用筷子搅拌一下,放入小番茄和意面调料装饰即可。

13. 小扁豆蔬菜粥

(1)材料　小扁豆250 g,熏肉100 g,胡萝卜2根,芹菜2根,洋葱1个,番茄膏10 g,酱油膏10 g,盐及各种调味料适量。

(2)步骤

小扁豆用清水提前泡3 h,水倒掉备用,蔬菜熏肉切丁。

锅内放油,将熏肉煎到微焦。

放入切好的蔬菜丁,翻炒一会。

倒入泡好的小扁豆,翻炒均匀。

加入番茄膏和酱油膏。

锅内加水稍稍没过小扁豆,加入调料。

大火烧开后小火煮30~45 min即可。

14. 小扁豆沙拉

(1)材料　小扁豆大半碗约60 g,盐2 g,黑胡椒0.2勺,橄榄油1勺,小西红柿1个,沙拉汁2勺,意大利小香肠2个,生菜2片,柠檬碎适量,苹果醋适量。

(2)步骤　小扁豆泡 2 h;再煮 20 min 捞出;拌上其余原料即可。建议加欧芹,或者罗勒,用油浸的小西红柿拌均匀。

15. 白葡萄酒茄汁小扁豆杂蔬煎鱼排

(1)材料　鱼排 1 块,胡萝卜 1 根,番茄酱 6~7 勺,小扁豆 10 g,洋葱半个,白葡萄酒 200 mL,枫糖 1 勺,罗勒叶几片,海盐少许,黑胡椒少许,葱姜蒜粉少许,芝麻菜 2 把。

(2)步骤

锅里放少许橄榄油烧热后加入切丁胡萝卜、洋葱、小扁豆,翻炒出香味。

加入番茄酱翻炒均匀,再加入白葡萄酒翻炒均匀,转中小火盖盖焖煮 40 min(白葡萄酒选半甜雷司令,口感不会太酸酸)中间翻动一下,避免粘底(白葡萄酒的用量要盖过所有食材。如果杂蔬比较多,酒要适量多加一些)。

焖煮完成 5 min 前加入罗勒叶(可不加)、1 勺枫糖、手磨黑胡椒、蒜粉、莳萝碎、意面香草调料搅拌均匀,收汁关火备用。

鱼排洗净擦干以后,锅里放少许黄油,放入鱼排,表面撒一点点海盐和葱姜蒜粉、胡椒粉,直至煎出胶质为止。

中、大火正反面煎熟。

鱼排放中间,上面淋茄子杂蔬汁小扁豆,放芝麻菜装盘即可。

16. 无油蒜香小扁豆泥

小扁豆泥可以当成一个配菜直接吃,补充一下膳食纤维,也可以搭配吐司、面包当成抹酱。

(1)材料　小扁豆 100 g,蒜 2 瓣,大蒜粉适量,欧芹碎适量,黑胡椒适量,姜黄粉适量,辣椒粉适量。

(2)步骤

将 100 g 小扁豆倒入锅内,加入水煮 20~30 min,中间如果需要稍微加点水。

沥水后加入蒜、调味粉(调味粉可以根据个人口味添加),用料理棒打成泥,密封保存在冰箱里。差不多 100 g 小扁豆打成泥有 300 g。

17. 印度南瓜小扁豆咖喱

(1)材料　黄咖喱粉 3 勺,紫洋葱 100 g,胡桃南瓜 500 g,番茄罐头 1 罐,小扁豆罐头 1 罐,椰浆 2 盒,小菠菜 200 g,食用油少许。

(2)步骤

紫洋葱切丁。胡桃南瓜切皮切块,一口一块的大小。

将切好的南瓜放在可以在微波炉里转的盒子,加入小半碗水。盖子稍微盖一下,微波炉正常转 8 min。

锅加热倒入适量油,放入洋葱丁,煸炒至香味出来;加入三勺咖喱粉,搅拌均匀,倒入番茄罐头,搅匀,倒入 2 盒椰浆,搅匀,再倒入小扁豆罐头,搅匀;小火让酱汁慢慢变稠(8~10 min 左右)。

南瓜微波炉转好,把水倒掉,倒入锅中,轻轻搅拌。倒入洗好的菠菜(一点一点倒,不然不容易搅拌)。等菠菜都软掉了,就可以装盘了。

18. 豆腐小扁豆素肉饼

(1)材料　干百里香 1/2 茶匙,煮熟小扁豆 1/3 杯,北豆腐(切块,充分沥水) 1 杯,白蘑菇(切片) 6 个,青葱(切段) 2 根,大蒜(切末) 2 瓣,奇亚籽 2 汤匙,生抽 2 汤匙,花生酱或杏仁酱 1 汤匙,干辣椒粉/红椒粉 1 茶匙,干淀粉 1 汤匙,面包屑 1/2 杯,烹饪用油少许,盐少许,黑胡椒粉少许。

(2)步骤

无须用油,中火将蘑菇片炒至两面金黄,水分蒸发干净。

将炒好的蘑菇与 1 杯小扁豆、豆腐、青葱、蒜末、奇亚籽、干百里香、生抽、花生酱或杏仁酱、辣椒粉、干淀粉、面包屑加入食物料理机,充分打匀。可根据喜好加入盐和胡椒粉调味。

将打好的混合物静止 20 min(奇亚籽会吸收其中水分)。如果太稀,可少量多次加入面粉,直至理想稠度。

加入余下的 1/3 杯小扁豆,搅拌均匀。

把食物泥分成大小相近的 6 份,捏成肉饼的形状。

平底锅中放少许油,中火将肉饼煎至两面金黄(每面约 6~8 min)即可。

19. 西兰花小扁豆酸奶油通心粉意大利面

(1)材料 西兰花适量,肘状通心粉适量,自制酸奶油 2 大勺,无糖酸奶或牛奶适量,橄榄油适量,洋葱适量,大蒜末适量,喜马拉雅粉盐适量,研磨黑胡椒粉适量,枫糖适量,清黄油(酥油)适量。

(2)步骤

锅中水烧开,加点盐,加西兰花和小扁豆煮熟沥干水分,备用。

另起一炒锅,少量黄油煸香大蒜和洋葱末,盛出。自己酌情添加,这两种食材都有辛辣味。

洋葱大蒜末稍微放凉,拌入 2 勺自制酸奶油,放盐和枫糖调味,最后拌点橄榄油和黑胡椒。试一下味道,可以稍微咸一点,一会儿还要拌面。(酸奶油做法:250 mL 淡奶油 1 g 酸奶发酵菌粉,常温发酵 24 h 或酸奶机发酵 11 h 后,冷藏 8 h 后可以用)搅拌均匀后即可食用。

(二)菜用

扁豆有多用食用方法,可以像其他菜用豆类一样制成芽苗菜。

1. 芽苗菜 芦燕(2017)介绍,为了提高小扁豆芽菜的产量和品质,以小扁豆为材料研究在 2 h、4 h、6 h、8 h、10 h、12 h 的浸种时间下小扁豆芽菜的生长情况。结果表明:不同浸种时间下小扁豆生长情况具有明显差异,其中浸种 8 h 为最佳浸种时间,8 h 浸种后种子的吸胀率为 204.57%;第 4 天发芽率为 99.25%,采收时平均芽长为 1.98 cm,生物产率为 379.08%,蛋白质和维生素 C 含量最高分别为 53.02 mg/g、24.97 mg/100 g。

(1)材料 小扁豆 100 g,沥水篮 1 个,纯棉盖巾 2 片以上。

(2)做法

取小扁豆 100 g,洗去浮尘,室温水浸泡 24 h。期间可以换一两次水。

沥水篮里铺一层棉布(豆子较小,铺一层底布可以防止豆子掉落)泡好的豆子淘洗一遍,平铺在棉布上,顺便把残缺的豆子拣出来,上面再盖 1~2 层棉布,两个作用,一是帮豆芽遮光,二是冲水时冲在棉布上,不会被幼嫩的芽点造成伤害。

每天早晚冲水两次,水龙头直接对着棉布冲就可以,然后提起沥水篮,水漏到底盆里,倒掉就好。这是第一次冲水时的样子,距离泡豆过了 36 h,已经有芽点出现。

第四天,能看到粗壮的根部和嫩黄的小芽,等到 6 天左右的时候就可以吃了。

2. 番茄胡萝卜洋葱炖小扁豆

(1)材料 西红柿 2 个、胡萝卜 2 根、小扁豆 50 g、洋葱 1 个、姜几小片切碎、小辣椒(不喜辣可省略)1~2 个、蒜头 1~2 瓣、黄豆做的素肉粒(没有可以用豆腐干切小块代替)50 g、盐、黑胡椒粉。

(2)做法

热锅下油,下姜蒜洋葱。翻炒几下闻到香味后下番茄,胡萝卜丁和黄豆素肉粒(或者豆腐丁)。翻炒几下番茄出汁后,加水下小扁豆。

下适量盐和黑胡椒粉。盖上盖子焖煮15~20 min左右,如果中途水干了加点开水。等到小扁豆煮软,汁差不多干就煮好了。

3. 小扁豆炖番茄

(1)材料　干小扁豆200 g,橄榄油3汤匙,青椒1个,洋葱1个,番茄500 g,盐适量,新鲜黑胡椒粉适量。

(2)做法

将青椒、洋葱切碎,番茄去皮、去籽后切碎备用。

取一大锅,放入水,烧开。

搅拌入小扁豆,将火调小,煮到小扁豆变软,约20 min。将小扁豆捞出放篮子里,沥干。

置大煎锅于中火,放入橄榄油预热。

加青辣椒和洋葱一起炒,炒至青辣椒和洋葱变软,下番茄再炒匀。

加入小扁豆,加盐和黑胡椒粉调味,混匀。

将火调小,再煮25~30 min,直到小扁豆软烂即好。

4. 培根蔬菜小扁豆

(1)材料　小扁豆300 g,胡萝卜1个,洋葱1个,蒜3~4粒,丁香1粒,培根100 g,百里香适量,盐、胡椒粉、橄榄油适量。

(2)做法

胡萝卜和洋葱切小块。

小扁豆洗干净沥干水分。

锅里放入2勺橄榄油,中火,放入洋葱,蒜和胡萝卜开始翻炒;翻炒3 min以后加入培根,继续翻炒5 min左右;等培根熟了放入小扁豆,翻炒2 min左右;倒入水,直到食材顶部刚刚浸在水里,撒上适量盐和胡椒;再把丁香和小块洋葱放入锅里,再放入一些百里香。

盖上锅盖,煮20 min左右,直到小扁豆煮熟即可。

5. 小扁豆杂菜咖喱

(1)材料　牛绞肉100 g(也可以用猪或鸡绞肉或不用任何肉类,煮斋咖喱),小扁豆50~80 g,番茄、红萝卜、茄子、长豆、土豆适量,姜茸、蒜头茸各一汤匙,洋葱1颗,肉类咖喱粉30~50 g,八角1颗,丁香2朵,桂皮1小段,咖喱叶少许,芥末籽,孜然及小茴香各1茶,糖1茶匙,盐适量调味,食油3~5汤匙。

(2)做法

小扁豆预先浸泡2~3 h后滤干,洋葱1颗切碎,将番茄、红萝卜、茄子、长豆、土豆切丁角备用。

肉类咖喱粉加2汤匙水拌成咖喱膏状待用。

烧热食油,先爆香姜及蒜末,然后加入洋葱碎炒至金黄泛香。

加入绞肉,炒至肉末出油,色金黄,加入香料拌炒一分钟左右后加入咖喱膏转小火炒,避免炒焦了变苦。

咖喱膏拌炒均匀后,加入水,大火煮开。

下小扁豆及蔬菜,煮滚后转小火慢火炖煮1 h左右或至小扁豆软绵,咖喱浓稠即可,下糖及盐调味。

6. 剁椒小扁豆

(1)材料准备　小扁豆500 g,油适量、盐适量、剁辣椒适量、料酒适量、大蒜适量、生抽适量。

(2)做法

将小扁豆清洗后去掉头尾硬头,并掰成对半两片。

将蒜头清洗干净并切碎备用。

在锅中放油,并将油热好,放进切好的蒜头爆香。

接着放扁豆翻炒。

放半碗水、盐、剁椒、料酒、生抽;收汁即可。

7. 炒小扁豆丝

(1)材料　扁豆300 g,油15 g,盐5 g,花椒适量,生姜适量,红干椒15 g。

(2)做法

扁豆洗净,自一头掰开撕掉两边的丝;把扁豆摞放整齐,不宜太多,否则不好切丝;用右手按住扁豆,把扁豆切成细条。

红干椒洗净切条,生姜切条。

锅里倒入油,放入花椒粒爆香;放入生姜爆香;放入辣椒,小火炒至油亮。

倒入扁豆丝,大火翻炒,炒至干燥口感最香。

调入精盐,炒匀即可。

8. 香辣小扁豆

(1)材料　扁豆500 g、青辣椒200 g;油适量、盐适量、料酒适量、生抽适量、蒜头适量。

(2)做法　首先将原料和调味品准备好,辣椒切末,蒜头切碎备用;接着热锅放油爆香蒜头,放辣椒炒香,放入切好的扁豆翻炒,放盐、料酒、生抽调味炒熟即可。

9. 酱爆扁豆

(1)材料　扁豆适量,豆瓣酱少许,生抽适量,糖适量,盐适量,鸡粉适量。

(2)步骤

酱爆扁豆:扁豆处理干净,锅里放油烧热,放入郫县豆瓣酱煸炒出红油,加入扁豆继续煸炒,火不能大。

煸炒至扁豆变软,加老抽,生抽,翻炒均匀,盖上锅盖小火慢慢煨一会,这个时候锅里会有水蒸气出来,正好混合扁豆一起,所以不用加水,过一会开盖,加少许盐,糖,鸡粉继续翻炒入味。

出锅装盘即可。

10. 扁豆角炒肉

(1)材料　扁豆角适量,肉适量,干辣椒酌情,葱姜蒜酌情,酱油适量,淀粉适量。

(2)步骤

切菜,准备葱和干辣椒;肉用酱油腌制片刻,加入淀粉保证口感。

热锅冷油爆香。

先加肉,再加入豆角。

半熟后加入酱油适量,继续翻炒至熟。

加入少许盐即可出锅。

11. 扁豆烧芋头

(1)材料　扁豆150 g,芋头4个,生抽1大勺,老抽适量,盐适量,糖适量,葱适量,姜适量。

(2)步骤

芋头洗净刨皮(芋头的黏液沾到手上会痒,最好戴手套或者把芋头放开水里煮半分钟再刨皮),切滚刀块。扁豆洗净,撕去两边的硬筋。切两片姜,几根葱。

锅中倒点油,放入扁豆炒至半熟,捞出。

再倒点油,放入葱姜爆香,放入芋头,煎至表面略黄,加一大勺生抽一点点老抽,拌匀,再加一小碗水,大火煮开小火盖锅盖焖至八成熟。

放入扁豆,视情况再加点水,根据口味咸淡加糖和盐,继续把芋头和扁豆焖煮熟即可。

12. 培根扁豆

(1)材料　培根适量,扁豆角适量,精盐适量,鸡精适量。

(2)步骤

将扁豆角浸泡洗净,斜刀切成菱形,培根切成小片。

烧热锅,不放油,直接放培根进去煎,煎至金黄色,盛起待用。

煎培根的油不要倒掉,用来炒扁豆,如果不够可以加点色拉油。烧热油,放扁豆进去煸炒,然后放少许水煮两三分钟至扁豆熟透。

把煎好的培根放进去一起翻炒,加适量精盐,鸡精,炒匀出锅即可。

二、提取和制备

李定国等(1989)采用甘肃产小扁豆提取纯化出小扁豆凝集素。经鉴定达到了电泳纯度,其分子量为45,血凝滴度,紫外、红外光谱特性和氨基酸组成等均与标准品基本一致。

谢海玉等(2013)以小扁豆为原料,利用浸泡和萌芽富集γ-氨基丁酸。通过单因素和正交试验研究浸泡时间和温度、萌芽时间和温度对小扁豆中γ-氨基丁酸合成的影响,从而确定最佳工艺条件。结果表明:在浸泡时间2.5 h、浸泡温度36 ℃、萌芽时间5 h及萌芽温度24 ℃的条件下,小扁豆中γ-氨基丁酸含量为380.503 mg/100 g干基,是未处理小扁豆中γ-氨基丁酸含量的1.9倍。

刘翔宇等(2016)曾采用有机溶剂法提取小扁豆中多酚类物质,利用响应面试验(RSD)对提取工艺条件进行优化,并采用高效液相色谱(HPLC)对提取物进行分析和鉴定。结果表明,当料液比1∶190(m∶V),提取温度82.60 ℃,丙酮浓度12.96%时小扁豆多酚平均产率可达到26.94%(m/m)。分析结果显示:采用该方法提取的小扁豆多酚主要由没食子酸、香草醛、香豆酸、芦丁、槲皮素等物质组成。

李文婷等(2020)为深入了解小扁豆的营养价值,对小扁豆中不同结合形态的酚类化合物含量及其抗氧化活性(亚铁离子还原能力、DPPH自由基清除能力、ABTS自由基清除能力)进行测定。结果表明,黑色小扁豆中不同存在形式的酚类提取物含量差异显著。酯键合态酚类提取物中含有较高的酚酸含量(1.61 mg/g),碱水解结合态酚类提取物具有较高的黄酮含量(1.07 mgg)及抗氧化活性[亚铁离子还原能力(43.80 mmolg)、DPPH自由基清除能力(2.13 mg/g)、ABTS清除能力(3.92 mg/g)]。对黑色小扁豆中存在的花青素进行提取和分析鉴定,其含有的花青素主要为飞燕草-3-o-(2-o-β-D-吡喃葡萄糖基-α-L-吡喃阿拉伯糖苷)和矢车菊素衍生物。

李文婷等(2020)的研究指出,有关小扁豆不同存在形式的酚类物质(游离态、酯键合态、糖苷键合成、结合态）的含量及其抗氧化活性鲜见研究报道。基于前人对酚类物质及小扁豆植物化学物的相关研究，本研究目的是评价小扁豆中游离态、酯键合成、糖苷键合成和结合态酚类的含量，进行体外抗氧化活性研究，并鉴定其花青素成分。

黑色小扁豆的酚酸及黄酮含量，见表5-9。不同存在形式酚类提取物中酚酸、黄酮含量有显著性差异（$P<0.05$），其中酯键合成酚类物质酚酸含量最高，达1.61 mg/g，碱解结合态酚类物质黄酮含量最高，可达1.07 mg/g，而糖苷键合成酚类物质酚酸、黄酮含量最低，分别为0.16 mg/g和0.14 mg/g。对于残渣中黄酮含量的测定结果是：碱解处理明显高于酸解处理，可能是因为黑色小扁豆中黄酮主要以酯键、醚键与纤维素、半纤维素、淀粉、果胶等物质结合，经碱解处理破坏化学键，将黄酮释放出来。Fratianni等（2014）研究表明，小扁豆总酚含量为1.09～1.59 mg/g，低于本试验研究结果；而Zhang等（2015）对20种加拿大红色和绿色小扁豆的研究表明，总酚、总黄酮含量分别为4.56～8.34 mg/g和0.6～1.98 mg/g；Xu等（2007）用不同溶剂提取小扁豆中的酚类物质，其总酚、黄酮含量分别为1.02～7.53 mg/g和0.72～2.21 mg/g；Yeo等（2017）对4种脱脂后的小扁豆进行研究，其可溶性、碱解结合态提取物酚类含量分别为3.22～4.03 mg/g和3.00～3.64 mg/g，黄酮含量分别为2.30～3.11 mg/g和1.55～2.28 mg/g。在比较小扁豆中酚类含量时，本试验结果低于其他报道，这可能是由于所用原料区域、品种及总酚提取方法的差异所致。

表5-9 黑色小扁豆可溶性和结合态提取物酚类、黄酮含量（李文婷等，2020）

		酚酸含量（mgGAE·g^{-1}DW）	黄酮含量（mgGAE·g^{-1}DW）
甲醇提取液	游离态	0.53±0.01b	0.39±0.05b
	酯键合成	1.61±0.08	0.17±0.01
	糖苷键合成	0.16±0.04	0.14±0.01
结合态	碱解	0.37±0.03	1.07±0.06
	酸解	0.34±0.02	0.20±0.05

注：同一列中不同字母表示有显著性差异（$P<0.05$）。

殷秀秀（2019）分析了未处理（ULS、UL-RS）、焙烤（RLS、RL-RS）、发芽（GLS、GL-RS）、发酵（FLS、FL-RS）、蒸煮（CLS、CL-RS）、微波（MLS、ML-RS）和高压（ALS、AL-RS）加工对小扁豆淀粉和抗性淀粉多尺度结构的影响，从结构的角度出发，探究小扁豆中抗性淀粉经加工后仍然保持较高含量的原因。研究结果表明：①小扁豆经过焙烤、发芽、发酵、蒸煮、微波和高压加工后，淀粉分子发生不同程度的降解，尤其是湿热处理后。焙烤和发芽加工基本不改变淀粉的分子量分布、晶型、相对结晶度、双螺旋含量、半晶层结构和形貌。但发酵、蒸煮、微波和高压后淀粉的晶型变为B+V型，相对结晶度降低，半晶层厚度增加，淀粉发生不同程度的胀大并有直链淀粉溢出。但是淀粉的双螺旋含量和短链结构的有序度变化幅度不大，说明降解后的淀粉分子重排成新的双螺旋结构，形成有序性仍然较高的短链结构。②小扁豆经不同加工后的淀粉和原淀粉经过抗性淀粉提取后，样品的平均重均分子量降低了一个数量级，抗性淀粉的相对结晶度（基于X射线衍射和碳13固体核磁共振）、双螺旋结构含量均降低。且不同加工对抗性淀粉结构的影响不同。依据抗性淀粉样品分子量分布可将其分为A（UL-RS、RL-RS和GL-RS），B（CL-RS），C（FL-RS、ML-RS和AL-RS）三组。发现相对于A组样品，B组和C组样品的相对结晶度、双螺旋结构含量较低，说明小扁豆经过发酵、蒸煮、微波和高压后，淀粉更容易被淀粉酶水解。所有的抗性淀粉样品均拥有质量分形结构，且A组样品表现出较紧密的排列。所有抗性淀粉样品的有序度变化幅度不大,说明酶解后的短链线性分子重排成新的短链有序结构。

三、保健功能

洪永福(1991)介绍,小扁豆凝集素(LCA)是植物凝集素中的一员,在细胞生物学和免疫学研究中具有多种用途。以国产小扁豆为原料,研制生产 LCA,产品质量经多项指标测定证明与进口产品一致。有助于肝癌早期诊断,试剂一直提供临床应用,效果良好。

卓传尚等(2009)曾探讨小扁豆凝集素结合型甲胎蛋白异质体(AFP-L3)在良恶性肝病鉴别诊断的临床价值。应用装有耦联了小扁豆凝集素(LCA)的微量离心柱分离 185 例肝病患者的 AFP-L3,用时间分辨荧光免疫检测血清 AFP 和 AFP-L3 含量,计算 AFP-L3 的百分含量。结果肝细胞癌患者的 AFP-L3％明显高于其他肝病患者。研究结论是 AFP-L3 对肝细胞癌诊断准确度明显较高。

杨红丹(2010)对杂豆粉的理化性质和功能特性进行研究,其认为杂豆营养价值和保健价值受到国内外消费人群的普遍关注。淀粉是杂豆中的主要碳水化合物,其性质直接影响杂豆资源的开发与利用。为此,有必要对杂豆粉和杂豆淀粉的性质进行系统研究,以期为开发和利用杂豆资源提供理论依据和指导。

杂豆营养价值和保健价值受到国内外消费人群的普遍关注。淀粉是杂豆中的主要碳水化合物,其性质直接影响杂豆资源的开发与利用。为此,有必要对杂豆粉和杂豆淀粉的性质进行系统研究,以期为开发和利用杂豆资源提供理论依据和指导。本节以花芸豆、豇豆、小利马豆、小扁豆、鹰嘴豆、小红芸豆、红芸豆、小黑芸豆、小白芸豆和绿豆等十种杂豆为试验材料,系统研究杂豆粉的组成成分、理化性质、功能特性、消化性和抗氧化性,分析杂豆淀粉的颗粒特性、分子结构特性以及淀粉糊特性。主要结论如下:

杂豆中淀粉含量和蛋白质含量高,必需氨基酸含量丰富,氨基酸组成符合人体需要,蛋白质营养价值高。杂豆粉理化性质和功能特性差异显著。吸水性指数随温度升高而升高,水溶性指数随温度升高而降低;吸水能力、吸油能力、乳化性和乳化稳定性以花芸豆等六种菜豆属豆类较高;起泡能力随浓度的增大呈现先增大后降低再增大的趋势。杂豆粉中淀粉、蛋白质、脂肪和灰分含量对其理化性质和功能特性有影响。杂豆粉品质特性上的聚类与植物学意义上的分类一致,品质特性与植物来源有很大关系。

杂豆粉蒸煮前后的慢速消化淀粉和抗性淀粉含量较高,体外酶解消化呈两阶段水解模式,蒸煮熟化对水解速率和程度有很大影响。

(一)杂豆粉的抗氧化能力

杂豆粉的总酚含量在 9.49~47.60 mg/g 之间,小扁豆最高,小利马豆最低。总酚含量随 ΔE 值的增大而增大,而随亮度指数增加而减小,即豆粉亮度越暗,颜色越深,总酚含量越高。10 种杂豆粉对 DPPH·和·OH 均具有一定的清除能力,其加入量与清除作用之间具有剂量-效应关系。小扁豆的总抗氧化能力、DPPH·清除能力和总还原力最高,小红芸豆、小黑芸豆和花芸豆总抗氧化能力、DPPH·清除能力和总还原力较高,小利马豆和小白芸豆偏低。小黑芸豆和小利马豆·OH 清除能力较强。不同杂豆粉的总抗氧化能力、DPPH·清除率和总还原力与其总酚含量呈极显著正相关($P<0.01$,杂豆粉总酚含量越高,总抗氧化能力和总还原力越强,对 DPPH·清除率越高,但总酚含量与·OH 清除能力没有明显关系。与其他杂豆相

比,小扁豆、小红芸豆、小黑芸豆和花芸豆抗氧化能力强,可作为有开发前途的天然抗氧化材料。

(二)杂豆淀粉理化性质

杂豆淀粉颗粒多为肾形,少数为圆形,轮纹分布均匀,较明显。不同品种淀粉颗粒偏光十字的形状及明显程度有差别,多为较粗的暗"X"形或斜"十"形,较明显。杂豆淀粉颗粒粒径介于玉米淀粉和马铃薯淀粉之间,中等大小颗粒居多。

杂豆淀粉直链淀粉含量在32.00%~45.35%之间,显著高于马铃薯淀粉。除鹰嘴豆淀粉外,杂豆淀粉的分子量和回转半径分别为 $1.23 \times 10^8 \sim 8.31 \times 10^8 \text{g/mol}$ 和 $164.30 \sim 306.95 \text{nm}$。各种淀粉的分支链长分布及平均链长($\overline{CL}$)差异较明显,红芸豆和黑芸豆淀粉的分支链长明显大于其他淀粉。杂豆淀粉在15°,17°和23°处有强峰,显示出A型衍射形式,结晶度范围在19.73%~29.00%。

10种杂豆淀粉的溶解度随温度升高而增大,属限制型膨胀淀粉。除小利马豆淀粉外,杂豆淀粉的溶解度均低于马铃薯淀粉。杂豆淀粉的酸水解速度明显低于马铃薯淀粉和玉米淀粉。杂豆淀粉的透光度明显小于马铃薯淀粉,而高于玉米淀粉。杂豆淀粉冻融稳定性不及玉米淀粉和马铃薯淀粉,冻融循环5次后,不同淀粉析水率由大到小的顺序为:小红芸豆析水率最高,绿豆析水率最低。10种杂豆淀粉24h内凝沉作用均大于马铃薯淀粉,绿豆、小利马豆和豇豆淀粉凝沉作用小于玉米淀粉。杂豆淀粉糊的稳定性低于马铃薯淀粉,与玉米淀粉接近,回生趋势明显高于玉米淀粉和马铃薯淀粉。红芸豆淀粉糊具有好的热稳定性,抗剪切能力强,成胶能力强,回生趋势小。杂豆淀粉凝胶的起糊温度、峰值温度和结束温度差异显著,焓值有一定差异,杂豆淀粉凝胶热特性值明显高于马铃薯淀粉的,小扁豆淀粉的与玉米淀粉的凝胶热特性值接近。杂豆淀粉凝胶的硬度、弹性、黏聚性、胶着性和咀嚼性有一定差异,小红芸豆、小黑芸豆和绿豆淀粉凝胶特性较好。杂豆淀粉凝胶的硬度和咀嚼性优于玉米淀粉凝胶。豇豆、小扁豆淀粉凝胶与马铃薯淀粉凝胶特性接近,硬度、弹性和咀嚼较差。杂豆淀粉凝胶的硬度、弹性和咀嚼性与直链淀粉含量具有正相关关系。

杂豆淀粉的颗粒结构之间、颗粒结构与消化性和淀粉糊的特性之间、淀粉糊特性之间具有复杂的相关关系。

(三)展望

杂豆的淀粉含量高,具有一定的研究价值,蛋白含量高于谷物、肉类和禽类蛋白质,所含氨基酸符合人体摄入需求,是优良的蛋白质来源。Salgado等(2002)的研究结果认为豆类蛋白质是最具希望的肉类替代品,但郝涤非等(2003)学者通过调查发现目前对蛋白质的研究多集中在大豆上。中国杂豆资源丰富,从杂豆中提取蛋白质既具有重要的开发价值,又具有可观的经济价值,本文未提取杂豆蛋白质,仅对起泡性、乳化性等与蛋白质相关的特性进行了简单分析,有必要进一步研究杂豆蛋白质及其多肽的性质。

佘跃辉(2005)、Kaur等(2005)发现杂豆间的营养成分、色值和堆积密度差异较大,与其来源、遗传性和品种生育特性、生长环境如地理位置和生长季节等有关。本研究结果表明,杂豆粉功能特性与蛋白质、淀粉、脂肪和灰分等组成成分含量有一定关系,但很大程度上也会受其他因素影响。Singh(2001)和Paola等(2008)指出,杂豆粉吸水性指数(WAI)可能受加热导致的淀粉糊化和蛋白变性以及大分子复合物的形成影响,Kaur等(2005)的研究结果说明,水溶性指数与疏水蛋白质含量、颗粒结构和加热过程中产生的直链淀粉-脂肪复合体以及可能存在的蛋白-淀粉复合物有关。Okaka 等（1979）推测杂豆粉溶解度和乳化稳定性受蛋白-水的疏水作用影响，蛋白质-多糖复合物的形成会影响杂豆粉凝胶性。Adebowale 等（2003b）发现起泡能力受蛋白质浓度、蛋白质-蛋白质在空气-水界面的相互作用和蛋白质组成影响。杂豆粉功能特性除受组成成分含量的影响外，主要受淀粉和蛋白质在不同条件下的变化以及各成分间相互作用影响。针对不同材料的功能性受淀粉、蛋白质以及各种复合物如何影响还有待进一步研究。

杂豆粉高含量的慢速消化淀粉和抗性淀粉，具有体外抗酶解消化能力。Araya 等（2002）研究证实，可以用以酶法消化为基础的体外淀粉水解进程来大致预测淀粉类食品的体内血糖反应。但体内消化环境比体外消化环境更复杂，因此，有必要通过动物试验或人体直接摄入试验进一步确定其抗消化作用程度，为开发糖尿病人保健食品进行深入探索。Osorio-Diaza 等（2002）报道脂肪在蒸煮过程中与淀粉形成脂肪-淀粉复合物、直链淀粉分子之间强烈的相互作用和 B 型结晶的存在都可能降低聚合物对酶解的敏感性。Thompson 等（1984）和 Yoon 等（1983）报道豆类中较高的单宁和植酸含量可能影响其消化速度，这些影响因素以何种途径发挥抗消化作用是一个值得关注的问题。

目前，国内相关学者，李次力（2008）与李思获等（2010）已经对黑米、黑豆、红小豆等表皮颜色较深粮豆的抗氧化性研究，但对虹豆、小扁豆、鹰嘴豆、小白芸豆和绿豆等杂豆的抗氧化研究较少。本节所研究的杂豆粉特别是小扁豆粉多酚含量高，自由基清除率较高，抗氧化能力和总还原能力强，可作为生产抗氧化保健功能杂豆食品的优质原料。Kabagambe 等（2005）认为，豆类中存在的单宁、植酸、皂苷和其他多酚类抗营养因子可能防止一些慢性病的发生。周威等（2008）对小粒黑大豆和红小豆的单宁提取液羟自由基清除能力和还原能力测定结果表明：提取液中单宁的含量与其抗氧化性成正相关关系。Singh 等（2004）通过动物实验表明植酸可能是一种很有前途的预防癌症的药用成分。为了全面高效利用杂豆资源，开发高附加值产品，所以有必要对其单宁、植酸、皂苷和其他多酚类抗营养因子进行详细研究。

杂豆淀粉的颗粒特性、结构性质对其酸水解性、体外消化性和淀粉糊特性有影响。国外研究 Morrison 等（1993）等专家发现直链淀粉链复合的脂肪量、非结晶层的性质、淀粉链间相互作用程度和 B 型单位细胞的比例等因素会对酸水解产生影响；蛋白质-淀粉、脂-淀粉等复合物的形成可能是造成豆粉和豆类淀粉的快速消化淀粉、慢速消化淀粉和抗性淀粉组成有差异的原因；Hoover 等（1995）认为，结晶程度、直链淀粉-脂肪复合物、支链淀粉的分子结构、直链淀粉链长和 C 型淀粉里的 B 型结晶数是影响淀粉体外消化性的部分因素；Miles 等（1985）推测淀粉糊析水率可能与直链淀粉片段结晶作用和支链淀粉可逆的结晶作用有关；凝沉速度可能受支链淀粉结构和直-支链结合影响；周红英等（2010）认为，淀粉熔值与结晶度有关，Tester 等（1990）推测熔值反应支链淀粉总体结晶性（结晶质量和量），但 Cooke 等（1992）指出熔值主要由于双螺旋的分裂产生，另外，结晶区域的分子体系结构也可能影响 AH 值；Sasaki 等（2000）认为，淀粉的热特性跟淀粉中支链淀粉分子结构（单位链长、分支程度、分子质量、超分子与分子链的相互作用）、脂肪复合直链淀粉链、支链淀粉的链长分布及凝胶分离步骤有一定关系；Takeda 等（1983）又指出淀粉的回生可能受直链淀粉和支链淀粉分子结构的影响；Biliaderis（1998）认为淀粉凝胶特性与直链淀粉基的流变学特性、体积分数、凝胶化淀粉颗粒的刚度、凝胶分散相和连续相之间的相互作用有关。由于试验条件所限，目前尚不能完全明确这些因素与淀粉特性之间的关系，有待进一步研究。

参考文献

蔡一霞,王维,朱智伟,等,2006.不同类型水稻支链淀粉理化特性及其与米粉糊化特征的关系[J].中国农业科学(6):1122-1129.

陈学玲,2005.大豆11S、7S球蛋白的功能特性及其与淀粉相互作用研究[D].武汉:华中农业大学.

杜双奎,于修烛,杨雯雯,等,2007.扁豆淀粉理化特性分析[J].农业机械学报,38(9):82-86.

杜双奎,杨红丹,于修烛,等,2011.食用豆粉功能特性与糊化特性[J].中国食品学报,11(2):77-86.

杜双奎,于修烛,李志西,2012.食用杂豆乙醇提取物的体外抗氧化活性研究[J].中国食品学报,12(11):14-19.

韩海华,梁名志,王丽,等,2011.花青素的研究进展及其应用[J].茶叶,37(4):217-220.

郝涤非,郭永,张春红,2003.大豆蛋白改性的研究现状及发展趋势[J].粮油加工与食品机械(7):46-47.

洪亚平,2012.一种小扁豆内皮层及凯氏带的观察方法[J].中国农学通报,28(35):307-310.

洪永福,1991.国产小扁豆凝集素用于诊断早期肝癌[J].药学情报通讯,9(4):96.

胡坤,方少瑛,王秀霞,等,2006.蛋白质凝胶机理的研究进展[J].食品工业科技(06):202-205.

江娟,1992.小扁豆对人和狗固体食物胃排空的持久延缓作用[J].国外医学(消化系疾病分册)(4):787-792.

李次力,2008.黑芸豆中花色苷色素的微波提取及功能特性研究[J].食品科学,29(9):299-302.

李定国,闫兰,李春玲,1989.小扁豆凝集素的制备与质量鉴定[J].西北国防医学杂志(2):4-6.

李定国,闫兰,1989.小扁豆凝集素的制备与质量鉴定[J].甘肃医药(2):68-70.

李海流,2012.家乡的凉粉[J].农产品加工(7):24.

李思荻,赵永焕,2010.东北几种豆类提取物的体外抗氧化活性研究[J].粮食工程(4):54-57.

李素芬,刘建福,2015.挤压改性小扁豆全粉营养蛋糕的研制[J].食品工业,36(1):121-124.

李文婷,邹安迪,李红艳,等,2020.黑色小扁豆结合态酚类含量、花青素组分及其抗氧化活性研究[J].中国食品学报,20(2):299-306.

刘廷国,李斌,谢笔钧,2006.转AGPase基因马铃薯淀粉溶液行为及热特性比较研究[J].作物学报,32(2):310-312.

刘翔宇,赵培,阎亚丽,等,2016.小扁豆中多酚物质的提取与组分鉴定[J].食品与机械,32(03):154-159.

卢燕,2017.不同浸种时间对小扁豆芽菜生长的影响[J].山东农业大学学报(自然科学版),48(4):487-490.

芦燕,田杰,任晓斌,2017.不同播种密度对小扁豆芽菜生长的影响[J].现代园艺(12):24-25.

缪铭,江波,张涛,2007.淀粉-脂质复合物的研究进展[J].现代化工(S1):83-87.

聂刚,杜双奎,任美娟,等,2013.常见杂豆的蛋白质与矿物质评价[J].西北农业学报,22(12):31-35.

聂芊,廖顺雯,刘涛,2007.四种粮豆作物的花色苷抗氧化性能比较[J].食品科学,28(9):46-48.

荣建华,许东东,张正茂,等,2006.小麦淀粉润胀过程中颗粒性质的研究[J].食品科学,27(12):217-220.

佘跃辉,2005.小豆种质资源研究[D].雅安:四川农业大学.

王毕妮,2011.红枣多酚的种类及抗氧化活性研究[D].杨凌:西北农林科技大学.

魏益民,杜双奎,赵学伟,2009.食品挤压理论与技术(上卷)[M].北京:中国轻工业出版社.

谢海玉,庞中存,黄玉龙,2013.浸泡条件和萌芽条件对小扁豆中γ-氨基丁酸合成的影响[J].食品科学,34(2):105-109.

杨红丹,杜双奎,周丽卿,等,2010.3种杂豆淀粉理化特性的比较[J].食品科学,31(21):186-190.

杨红丹,2011.杂豆粉及其淀粉理化性质与功能特性研究[D].杨凌:西北农林科技大学.

殷秀秀,2019.不同加工方式对小扁豆淀粉及抗性淀粉多尺度结构的影响及机理研究[D].西安:陕西师范大学.

于天峰,夏平,2005.马铃薯淀粉特性及其利用研究[J].中国农学通报,21(1):55-58.

余飞,邓丹雯,董婧,等,2007.直链淀粉含量的影响因素及其应用研究进展[J].食品科学,28(10):604-608.
余世锋,杨秀春,Lucile M,等,2009.直链淀粉、蛋白质及脂类对大米粉热特性的影响[J].食品与发酵工业,35(4):38-42.
张宏,林向阳,朱榕璧,等,2008.淀粉类制品加工特性影响因素的研究[J].农产品加工,(11):16-19.
张兵,2014.小扁豆植物化学物组成及其抗氧化、抗炎活性研究[D].南昌:南昌大学.
赵凯,张守文,方桂珍,等,2007.不同热处理方式对绿豆淀粉颗粒特性影响研究[J].中国粮油学报,22(6):71-73;81.
周红英,王建华,隋鹏,等,2010.半夏淀粉的理化特性[J].应用化学,27(1):117-121.
周威,王璐,范志红,2008.小粒黑大豆和红小豆提取物的体外抗氧化活性研究[J].食品科技(9):145-148.
朱志华,李为喜,张晓芳,等,2005.食用豆类种质资源粗蛋白及粗淀粉含量的评价[J].植物遗传资源学报(4):427-430.
卓传尚,柳丽娟,吴秋芳,2009.小扁豆凝集素结合型甲胎异质体在肝癌诊断中的意义[J].中国实验诊断学,13(2):208-210.
Adebowale K O, Lawal O S, 2003a. Foaming, gelation and electrophoretic characteristics of mucuna bean (Mucuna pruriens) protein concentrates[J]. Food Chemistry, 83:237-246.
Adebowale K O, Lawal O S, 2003b. Microstructure, physicochemical properties and retrogradation behavior of Macuna bean (Macuna pruriens) starch on heat moisture treatments[J]. Food Hydrocolloid, 17:265-272.
Apolonio V T, Perla O D, Jose I H, et al, 2004. Starch digestibility of five cooked black bean (Phaseolus vulgaris L.) varieties[J]. Journal of Food Composition and Analysis, 17(5):605-612.
Araya H, Contreras P, Alvina M, et al, 2002. A comparison between an in vitro method to determine carbohydrate digestion rate and the glycemic response in young men[J]. European Journal of Clinical Nutrition, 56:735-739.
Barros F, Awika J M, Rooney L W, 2012. Interaction of tannins and other sorghum phenolic compounds with starch and effects on in vitro starch digestibility[J] Journal of Agricultural and Food Chemistry. 60:11609-11617.
Baskaran R, Pullencheri D, Somasundaram R, 2016. Characterization of free, esterified and bound phenolics in custard apple (Annona squamosa L) fruit pulp by UPLC -ESI -MS/MS[J]. Food Research International, 82:121-127.
Biliaderis C G, 1998. Structures and Phase Transitions of Starch Polymers[A]. In Walter R H, eds, Polysaccharide Association Structures in Food. New York: Marcel Dekker Inc, 57-168.
Boudjou S, Oomah B D, Zaidi F, et al, 2013. Phenolics content and antioxidant and anti-inflammatory activities of legume fractions[J]. Food Chemistry, 138(2):1543-1550.
Teo C H, Abd A. Karim, Cheah P B, et al, 2000. On the roles of protein and starch in the aging of non-waxy rice flour[J]. Food Chemistry, 69(3):229-236.
Chung H J, Liu Q, Lee L, et al, 2011. Relationship between the structure, physicochemical properties and in vitro digestibility of rice starches with different amylose contents[J]. Food Hydrocolloids, 25(5):968-975.
Cooke D, Gidley M J, 1992. Loss of crystalline and molecular order during starch gelatinization: Origin of the enthalpic transition[J]. Carbohydrate Research, 227:103-112.
Fratianni F, Cardinale F, Cozzolino A, et al, 2014. Polyphenol composition and antioxidant activity of different grass pea (Lathyrus sativus), lentils (Lens culinaris), and chickpea (Cicer arietinum) ecotypes of the Campania region (Southern Italy)[J]. Journal of Functional Foods, 7(2): 551-557.
Hoover R, Manuel H, 1995. A comparative study of the physicochemical properties of starches from two lentil cultivars[J]. Food Chemistry, 53:275-284.
Jane J L, Chen Y Y, Lee L F, et al, 1999. Effects of amylopectin branch chain length and amylose content on the

gelatinization and pasting properties of starch 1[J]. Cereal Chemistry, 76(5):629-637.

Jane J,2004. Starch:structure and properties. In P. Tomasik (Ed.),Chemical and functional properties of food saccharides[M]. Boca Raton:CRC Press.

Kabagambe E K,Baylin A,Ruiz-Narvarez E,et al. 2005. Decreased consumption of dried mature beans is positively associated with urbanization and non fatal acute myocardial infarction[J]. Journal of Nutrition, 135(7):1770-1775.

Kaur M, Singh N,2005. Studies on functional, thermal and pasting properties of flours from different chickpea (Cicer arietinum L.) cultivars[J]. Food Chemistry, 91(3):403-411.

Li J, Yeh A I,2001. Relationship between thermal, rheological characteristics and swelling power for various starches[J]. Journal of Food Engineering, 50(3):141-148.

Liu Q, Donner E, Yin Y, et al,2006. The physicochemical properties and in vitro digestibility of selected cereals, tubers and legumes grown in China[J]. Food Chemistry,99:470-477.

Miles M J,Morris V J,Orford P D,et al,1985. The roles of amylose and amylopectin in the gelation and retrogradation of starch[J]. Carbohydrate Research, 135:271-278.

Morrison W R,Tester R F,Gidley M J,et al,1993. Resistance to acid hydrolysis of lipid complexed and lipid-free amylose in lintnerised waxy and non-waxy barley starches[J]. Carbohydrate Research,245:289-302.

Murador D, Braqa A R, Da Cunha D, et al. 2018. Alterations in phenolic compound levels and antioxidant activity in response to cooking technique effects:A meta-analytic investigation[J]. Critical Reviews in Food Science and Nutrition, 58(2):169-177.

Okaka J C, Potter N N,1979. Physico-chemical and functional properties of cowpea powders processed to reduce beany flavor[J]. Journal of Food Science, 44:1235-1240.

Osorio-Díaz P, Bello-Pérez L A, Agama-Acevedo E,et al,2002. In vitro digestibility and resistant starch content of some industrialized commercial beans (Phaseolus vulgaris L.)[J]. Food Chemistry, 78:333-337.

Paola I A B,Nadia M V M,Edith O C R,et al,2008. Tempeh flour from chickpea(Cicer arietinum L.) nutritional and physicochemical properties[J]. Food Chemistry, 106:106-112.

Park I M, Ibáñez A M,Zhong F, et al,2007. Gelatinization and Pasting Properties of Waxy and Non-waxy Rice Starches[J]. Starch -Stärke,59(8):388-396.

Patwardhan V N. 1962. Pulses and beans in human nutrition[J]. American Journal of Clinical Nutrition,11:12-30.

Peng H, Li W, Li H, et al, 2017. Extractable and non-extractable bound phenolic compositions and their antioxidant properties in seed coat and cotyledon of black soybean (Glycinemax (L.) merr)[J]. Journal of Functional Foods, 32:296-312.

Peter X, Chen Y, Tang B, et al,2014. 5-hydroxymethyl-2-furfural and derivatives formed during acid hydrolysis of conjugated and bound phenolics in plant foods and the effects on phenolic content and antioxidant capacity[J]. Journal of agricultural and food chemistry,62(20):4754-61.

Randhir R, Kwon Y-I, Shetty K, 2008. Effect of thermal processing on phenolics,antioxidant activity and health-relevant functionality of select grain sprouts and seedlings [J]. Innovative. Food Science and Emerging Technologies,9(3):355-364.

Raphaelides S N,Georgiadis N,2006. Effect of fatty acids on the rheological behaviour of maize starch dispersions during heating[J]. Carbohydrate Polymers, 65(1):81-92.

Robbins R J, 2003. Phenolic acids in foods:an overview of analytical methodology [J]. Journal of Agricultural and Food Chemistry, 51(10):2866-2887.

Ross K A, Beta T, Arntfield S D,2009. A comparative study on the phenolic acids identified and quantified in dry beans using HPLC as affected by different extraction and hydrolysis methods[J]. Food Chemistry, 113

(1):336-344.

Salgado P,Freire J P B,Mourato M,et al,2002. Comparative effects of different legume protein sources in weaned piglets: nutrient digestibility, intestinal morphology and digestive enzymes[J]. Livestock Production Science, 74: 191-202.

Sandhu K S,Lim S T,2008. Digestibility of legume starches as influenced by their physical and structural properties[J]. Carbohydrate Polymers,71:245-252.

Sasaki T,Yasui T,Matsuki J, 2000. Effect of amylose content on gelatinization, retrogradation, and pasting properties of starches from waxy and nonwaxy wheat and their F1 seeds[J]. Cereal Chemistry,77(1):58-63.

Singh U,2001. Functional properties of grain legume flours[J]. Journal of Food Science and Technology, 38(3):191-199.

Singh R P,Sharma G,Mallikarjuna G U,et al,2004. In vivo suppression of hormone-refractory prostate cancer growth by inositol hexaphosphate: induction of insulin-like growth factor binding protein and inhibition of vascular endothelial growth factor[J]. Clinical Cancer Research, 10 (1):244-250.

Takeda C, Takeda Y,Hizukuri S C,1983. Physicochemical properties of lily starch[J]. Cereal Chemistry, 60: 212-216.

Takeoka G R, Dao L T, Tamura H, et al,2005. Delphinidin 3-O-(2-O-β-D-glucopyranosyl-α-L-arabinopyranoside): A novel anthocyanin identified in beluga black lentils[J]. Journal of Agricultural and Food Chemistry, 53(12):4932-4937.

Tester R F, Morrison W R,1990. Swelling and gelatinization of cereal starches. I. Effects of amylopectin, amylose, and lipids[J]. Cereal Chemistry, 67:551-557.

Thompson L U,Yoon J H,Jenkins D J,et al,1984. Relationship between polyphenol intake and blood glucose response of normal and diabetic individuals[J]. The American Journal of Clinical Nutrition,39:745-751.

Vandeputte G E,Derycke V,Geeroms J,et al,2003. Rice starches. II. Structural aspects provide insight into swelling and pasting properties[J]. Journal of Cereal Science, 38(1):53-59.

Viano J, Masotti V,Gaydou E M,et al,1995. Compositional characteristics of 10 wild plant legumes from Mediterranean French pastures[J]. Journal of Agriculture Food Chemistry,43(3):680-681.

Wang B N, Liu H F, Zheng J B, et al,2011. Distribution of phenolic acids in different tissues of jujube and their antioxidant activity[J]. Journal of agricultural and food chemistry, 59 (4):1288-1292.

Witt T,Gidley M J,Gilbert R G,2010. Starch Digestion Mechanistic Information from the Time Evolution of Molecular Size Distributions[J]. Journal of Agricultural and Food Chemistry, 58(14):8444-8452.

Xu B J, Chang S K C,2007. A comparative study on phenolic profiles and antioxidant activities of legumes as affected by extraction solvents[J]. Journal of Food Science, 72(2):S159-S166.

Yamin F F,Lee M,Pollak L M,et al,1999. Thermal properties of starch in corn variants isolated after chemical mutagenesis of inbred line B73[J]. Cereal Chemistry,76:175-181

Yeo J D, Shahidi F,2017. Effect of hydrothermal processing on changes of insoluble-bound phenolics of lentils [J]. Journal of Functional Foods, 38:716-722.

Yoon J H,Thompson LU,Jenkins D J A,1983. The effect of phytic acid on in vitro rate of starch digestibility and blood glucose response[J]. The American Journal of Clinical Nutrition,38(6):835-842.

Zhang B, Deng Z, Ramdath D D, et al, 2015. Phenolic profiles of 20 Canadian lentil cultivars and their contribution to antioxidant activity and inhibitory effects on α-glucosidase and pancreatic lipase[J]. Food Chemistry, 172:862-872.

Zhang J,Chen F,Liu F,2010. Study on structural changes of microwave heat-moisture treated resistant Canna edulis Ker starch during digestion in vitro[J]. Food Hydrocolloids,24(1):27-34.